Abhängigkeitsgraph

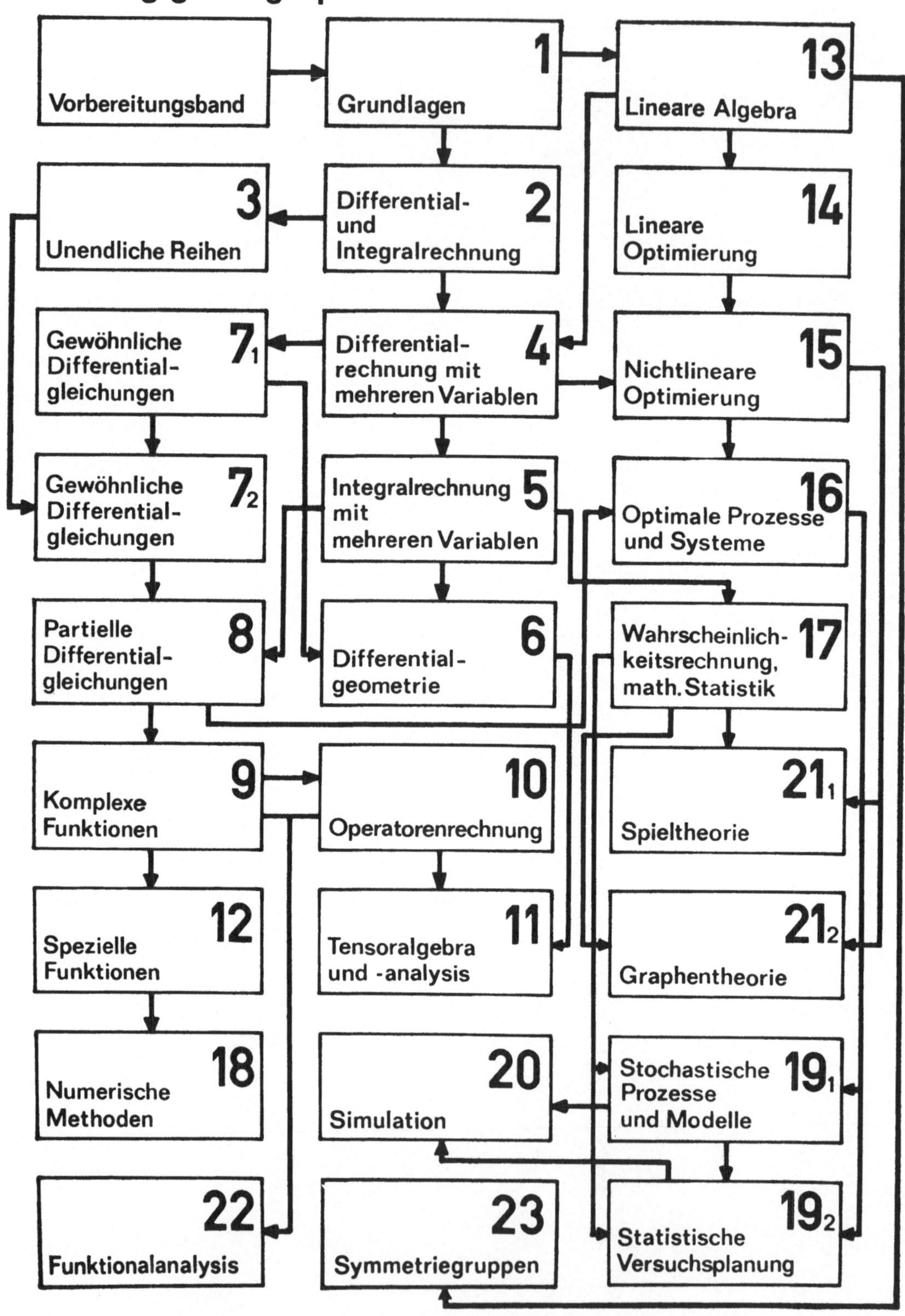

MATHEMATIK FÜR INGENIEURE, NATURWISSENSCHAFTLER,
ÖKONOMEN UND LANDWIRTE · BAND 13

Herausgeber: Prof. Dr. O. Beyer, Magdeburg · Prof. Dr. H. Erfurth, Merseburg
Prof. Dr. O. Greuel † · Prof. Dr. H. Kadner, Dresden
Prof. Dr. K. Manteuffel, Magdeburg · Doz. Dr. G. Zeidler, Berlin

PROF. DR. K. MANTEUFFEL
PROF. DR. E. SEIFFART
DR. K. VETTERS

Lineare Algebra

7., BEARBEITETE AUFLAGE

BSB B. G. TEUBNER VERLAGSGESELLSCHAFT
LEIPZIG 1989

Verantwortlicher Herausgeber:

Dr. rer. nat. habil. Horst Kadner, ordentlicher Professor für Mathematische Kybernetik
und Rechentechnik an der Technischen Universität Dresden

Autoren:

Dr. sc. nat. Karl Manteuffel, ordentlicher Professor für mathematische Methoden der Operationsforschung an der Technischen Universität „Otto von Guericke", Magdeburg
Dr. sc. nat. Egon Seiffart, ordentlicher Professor für mathematische Optimierung
an der Technischen Universität „Otto von Guericke", Magdeburg
Dr. rer. nat. Klaus Vetters, Wissenschaftlicher Oberassistent an der Sektion Mathematik
der Technischen Universität Dresden (Abschnitt 5.2.)

Als Lehrbuch für die Ausbildung an Universitäten und Hochschulen der DDR anerkannt.

Berlin. Juni 1988   Minister für Hoch- und Fachschulwesen

Anerkanntes Lehrbuch seit der 1. Auflage 1975.

Manteuffel, Karl:
Lineare Algebra / K. Manteuffel; E. Seiffart; K. Vetters. –
7. Aufl. – Leipzig: BSB Teubner, 1989. – 208 S.: 55 Abb.
(Mathematik für Ingenieure, Naturwissenschaftler, Ökonomen und
Landwirte; 13)
NE: Seiffart, Egon:; Vetters, Klaus:; GT

ISBN 978-3-322-00364-5   ISBN 978-3-322-92066-9 (eBook)
DOI 10.1007/978-3-322-92066-9

Math. Ing. Nat. wiss. Ökon. Landwirte, Bd. 13

ISSN 0138–1318

© BSB B. G. Teubner Verlagsgesellschaft, Leipzig, 1975

7. Auflage, fotomech. Nachdruck

VLN 294–375/45/89 · LSV 1024

Lektor: Dorothea Ziegler / Jürgen Weiß

Gesamtherstellung: INTERDRUCK Graphischer Großbetrieb Leipzig,
Betrieb der ausgezeichneten Qualitätsarbeit, III/18/97

Bestell-Nr. 665 724 3

01000

Aus dem Vorwort zur ersten Auflage

Vor mehreren Jahrzehnten wurden in der mathematischen Ausbildung der Nichtmathematiker nur einige Ergebnisse aus dem Bereich der linearen Algebra berücksichtigt, und zwar im wesentlichen solche, die zur Herleitung und Formulierung von Sätzen der Differential- und Integralrechnung erforderlich waren. Seit etwa 20 Jahren ist die lineare Algebra ein selbständiges und geschlossen dargestelltes Teilgebiet im Rahmen der obengenannten Ausbildung geworden. Das ist einmal Ausdruck der Tatsache, daß neue, besonders praxiswirksame Teilgebiete der Mathematik wie zum Beispiel lineare Optimierung, Graphentheorie und Netzplantechnik, Spieltheorie, Tensoralgebra und -analysis umfassende Grundkenntnisse der linearen Algebra voraussetzen. Zum anderen gibt es vielfältige Bestrebungen für eine zielbewußte und systematische Umgestaltung der mathematischen Ausbildung der Nichtmathematiker in bezug auf Inhalt, Methode und Organisation. Und ferner kann der Einfluß der Entwicklung der Rechentechnik und der stärkeren Beachtung des Systemaspektes nicht übersehen werden. So ist es diesen und sicher noch manchen anderen Fakten zu danken, daß die lineare Algebra gegenwärtig zu den wichtigsten Ausbildungsgebieten der Mathematik für Nichtmathematiker gehört.

Zahlreiche Kollegen und Mitarbeiter haben das Zustandekommen dieses Bandes unterstützt. Besonders sei Doz. Dr. B. Bank, Berlin, Dipl.-Math. H. Ebmeyer, Dresden, Dipl. agr. ing. H. Seythal, Bernburg, sowie Dr. H. Henning, Dr. M. Holz, Dr. F. Juhnke, Dipl.Math. M. Klaus, Dr. I. Paasche, sämtlich Magdeburg, für Hinweise und Anregungen gedankt.

Vier Studenten waren dankbare Diskussionspartner bei der Erarbeitung des Manuskriptes: Gisela Hinz, Dirk Lau, Hartmut Ortloff und Jürgen Scharf; ihnen gebührt Anerkennung und Dank.

Magdeburg, im Frühjahr 1974   Die Verfasser

Vorwort zur fünften Auflage

Für die vorliegende fünfte Auflage wurde eine generelle Überarbeitung vorgenommen. Das Kapitel „Vektoren" ist an den Anfang gestellt worden; damit wird der Reihenfolge der Stoffbehandlung in der Ausbildung entsprochen. Den Anwendungen der Vektoren in der Geometrie ist mehr Raum gewidmet. In den Kapiteln „Matrizen und Determinanten" sowie „Systeme von linearen Gleichungen und linearen Ungleichungen" werden Grundkenntnisse vermittelt; die Bezüge zwischen den drei einleitenden Kapiteln sind wesentlich erweitert und ausgebaut. Das Kapitel „Lineare Vektorräume und lineare Abbildungen" dient der Systematisierung des gebotenen Stoffes, betrachtet ihn unter übergeordneten Gesichtspunkten und bereitet eine abstrakte Betrachtungsweise vor. Von den vielfältigen, differenzierten und bedeutsamen Anwendungen der linearen Algebra kann im folgenden Kapitel nur eine kleine Auswahl geboten werden. Bemerkungen zur historischen Entwicklung beschließen die Darstellung.

Von der 1. bis zur 5. Auflage haben uns viele Kollegen Anregungen und Vorschläge zukommen lassen; allen möchten wir dafür danken und in diesem Zusammenhange besonders Prof. Dr. Göhde, Zwickau, Dr. Kuhrt, Berlin, Doz. Dr. Purkert, Leipzig, Doz. Dr. Reibiger, Dresden, Prof. Dr. Schoch, Freiberg,

Prof. Dr. Schultz-Piszachich, Köthen, Prof. Dr. Sieber, Leipzig, Prof. Dr. Stolle, Rostock, Dr. Uebrick und Dr. Werner, beide Magdeburg, erwähnen.
Dem verantwortlichen Herausgeber, Prof. Dr. H. Kadner, Dresden, sowie der Leiterin des Lektorates Mathematik des Verlages, Frau D. Ziegler, sei für die stetige und das gesamte Vorhaben fördernde Zusammenarbeit besonders gedankt.

Magdeburg, im Frühjahr 1984   Die Verfasser

Inhalt

Inhalt 5

1. Vektoren

In diesem einleitenden Kapitel wird an bekanntes Wissen über Vektoren angeknüpft, um es auszubauen, zu vertiefen und zu systematisieren. Für das Rechnen mit Vektoren gelten z. T. Gesetze, die anders sind als die, welche vom Zahlenrechnen her bekannt sind; die Rechengesetze bringen Eigenschaften des Rechnens mit Vektoren zum Ausdruck, die teilweise beim Zahlenrechnen nicht zu finden sind, nicht zu finden sein können.

Der Vektorbegriff ist in vieler Hinsicht ein qualitativ neuer Begriff; ganz besonders kommt das in der Vielfalt seiner Anwendungen zum Ausdruck, z. B. in der Technischen Mechanik, der Thermodynamik, der Elektrotechnik, der Ökonomie und der Mathematik – um nur einige Gebiete zu nennen.

1.1. Skalare Größen und Vektoren

1.1.1. Skalare Größen

Betrachtet man Größen, die in Naturwissenschaft und Technik vorkommen, so findet man einmal die skalaren Größen, wie z. B. Länge, Masse, Zeit, Temperatur, Energie, Leitvermögen, Elektrizitätsmenge. Jede skalare Größe besteht aus Maßzahl und Maßeinheit. Die Maßzahl ist eine reelle Zahl und gibt die Quantität der skalaren Größe an. Diese Größen können umkehrbar eindeutig den Punkten einer geraden Linie – der Zahlengeraden – zugeordnet werden. Die Maßeinheit gibt die qualitativen Merkmale der skalaren Größen an.

Beispiel 1.1:

$$\text{Länge } l = \lambda \, \text{cm} = \lambda \cdot 10^{-2} \, \text{m} = \lambda' \, \text{m};$$

λ ist eine reelle Zahl. Bei Änderung der Maßeinheit für die gleiche Größe l muß auch die Maßzahl umgerechnet werden.

1.1.2. Vektoren

Andere Größen sind durch Angabe von Maßzahl und Maßeinheit nicht vollständig bestimmt, wie z. B. die Kraft. Sie kann durch die Geschwindigkeitsänderung gemessen werden, die sie bei einer Masse hervorruft, auf die sie wirkt. Zur Charakterisierung der Kraft benötigt man die Richtung, in der sie wirkt, die Orientierung oder den Richtungssinn und den Betrag der Geschwindigkeitsänderung, die sie hervorruft. Solche Größen werden als Vektoren bezeichnet. Vektoren sind z. B. auch Geschwindigkeit, Beschleunigung, Strömung, Feldstärke. Die vektoriellen Größen kann man nicht den Punkten der Zahlengeraden zuordnen.

Definition 1.1: *Zur vollständigen Bestimmung eines Vektors benötigt man drei An-* **D.1.1**
gaben:

        a) *die Länge oder den Betrag;*
        b) *die Richtung;*
        c) *den Richtungssinn oder die Orientierung.*

Vektoren werden durch gerichtete Strecken dargestellt. Gerichtete Strecken werden oftmals auch als Vektoren interpretiert und z. B. mit $\overrightarrow{P_1 P_2}$ bezeichnet. Die positive Maßzahl der Länge der gerichteten Strecke gibt den Betrag des Vektors an.

Der Betrag des Vektors ist ein Skalar. Die Richtung des Vektors gibt seine Lage im Raum an. Der Richtungssinn gibt an, nach welcher Seite der Richtung der Vektor positiv zu nehmen ist.

Vektoren werden in diesem Buch durch halbfett gedruckte kleine lateinische Buchstaben gekennzeichnet.

Die Bezeichnung Vektor wurde vermutlich zuerst in England benutzt; sie geht zurück auf das lateinische Verb „vehere" – bewegen (vgl. auch „Vehikel").

Die beiden Vektoren **a** und **b** (Bild 1.1) haben zwar die gleiche Richtung, aber verschiedenen Richtungssinn; sie sind *kollinear*.

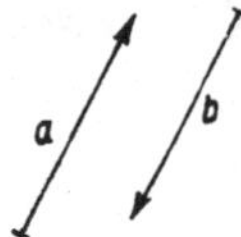

Bild 1.1

Im folgenden werden – falls nicht ausdrücklich ein Hinweis angebracht ist – nur Vektoren in rechtwinkligen, im mathematisch positiven Sinne orientierten kartesischen Koordinatensystemen betrachtet. Werden die für die Darstellung eines Vektors verwendeten Längeneinheiten geändert, so führt dies lediglich zu einer einfachen Umrechnung für den Betrag (vgl. Umrechnung bei Skalaren), geänderte Richtung oder anderer Richtungssinn führen jedoch zur Koordinatentransformation.

Nach der Art der Anwendungen unterscheidet man gebundene Vektoren (z. B. Ortsvektoren und Feldvektoren, die einen festen Anfangspunkt haben, sowie linienflüchtige Vektoren, z. B. Kräfte, die längs ihrer Wirkungslinie verschiebbar sind) und freie Vektoren (beliebige Vektoren). Auf die Rechengesetze der Vektoren hat diese Einteilung keinen Einfluß. Im folgenden beziehen wir uns i. allg. auf freie Vektoren.

D.1.2 **Definition 1.2:** *Zwei Vektoren werden als gleich angesehen, wenn sie in Betrag, Richtung und Orientierung übereinstimmen. Dabei soll es gleichgültig sein, wo ihre Anfangspunkte liegen.*

Bei Parallelverschiebung ändert ein Vektor den Anfangspunkt und damit seine Lage im Koordinatensystem, unverändert bleiben Betrag, Richtung und Orientierung.

1.2.   Grundgesetze der Vektorrechnung

1.2.1.   Multiplikation eines Vektors mit einem Zahlenfaktor

Gegeben sei ein Vektor **a** mit dem Betrag $|a| > 0$. Wenn λ eine reelle Zahl ist, dann besitzt der Vektor $\mathbf{b} = \lambda\mathbf{a}$ die gleiche Richtung wie der Vektor **a**, d. h., **a** und **b** sind parallel.

D.1.3 **Definition 1.3:** *Wenn* $\mathbf{b} = \lambda\mathbf{a}$ *ist, dann heißen* **a** *und* **b** *kollinear, falls* $\lambda \neq 0$; *für* $\lambda = 0$ *ergibt sich der sog. Nullvektor.*

Für $\lambda > 0$ haben **a** und **b** die gleiche Orientierung; für $\lambda < 0$ sind die Orientierungen von **a** und **b** entgegengesetzt (vgl. Bild 1.2).

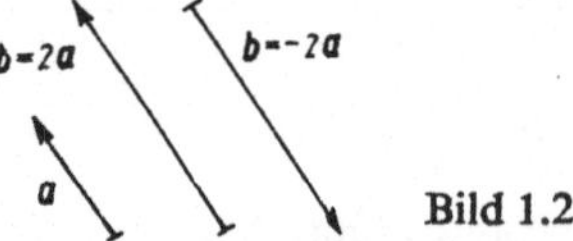

Bild 1.2

Der Nullvektor hat den Betrag Null; er besitzt weder Richtung noch Orientierung (vgl. auch 1.3.2.).

1.2.2. Der Einheitsvektor

Setzt man $\lambda = \dfrac{1}{|\mathbf{a}|}$, dann wird

$$\mathbf{b} = \frac{1}{|\mathbf{a}|}\,\mathbf{a},$$

und sein Betrag ist

$$|\mathbf{b}| = \frac{1}{|\mathbf{a}|}\,|\mathbf{a}| = 1.$$

Definition 1.4: *Ein Vektor, der mit* **a** *die gleiche Richtung und die gleiche Orientierung* **D.1.4** *hat und vom Betrag 1 ist, wird der zu* **a** *gehörige Einheitsvektor* **a**° *genannt:*

$$\mathbf{a}^\circ = \frac{1}{|\mathbf{a}|}\,\mathbf{a}, \quad |\mathbf{a}^\circ| = 1.$$

Multipliziert man $\mathbf{a}^\circ$ mit $|\mathbf{a}|$, so erhält man den Vektor **a**:

$$\mathbf{a}^\circ|\mathbf{a}| = \mathbf{a}.$$

Der Vektor **a** ist bestimmt durch seinen Betrag $|\mathbf{a}|$ und durch die Richtung und die Orientierung seines zugehörigen Einheitsvektors. Jeder Vektor läßt sich als Produkt aus einem Skalar (seinem Betrag) und einem Vektor (seinem zugehörigen Einheitsvektor) darstellen. Der Vektor **a** und sein zugehöriger Einheitsvektor $\mathbf{a}^\circ$ sind kollinear.

Sind zwei Vektoren **a** und **b** zueinander kollinear (**a** ∥ **b**), so gilt $\mathbf{a}^\circ = +\mathbf{b}^\circ$, wenn **a** und **b** gleiche Orientierung haben, und $\mathbf{a}^\circ = -\mathbf{b}^\circ$, wenn **a** und **b** entgegengesetzte Orientierung haben.

Nehmen wir an, **e** sei ein Einheitsvektor ($|\mathbf{e}| = 1$), der mit **a** die Richtung gemeinsam hat. Dann kann **a** dargestellt werden durch $\mathbf{a} = \alpha\mathbf{e}$. Je nachdem, ob die Orientierung von **a** mit der von **e** übereinstimmt oder nicht, ist $\alpha = +|\mathbf{a}|$ oder $\alpha = -|\mathbf{a}|$.

Satz 1.1: *Jeder Vektor – mit Ausnahme des Nullvektors – ist als Produkt aus einer* **S.1.1** *Maßzahl, deren Betrag gleich dem Betrag des Vektors ist, und einem (gleichgerichteten) Einheitsvektor darstellbar:* $\mathbf{a} = \alpha\mathbf{e}$ *mit* $\alpha = \pm|\mathbf{a}|$, *je nach der Orientierung von* **e**; *im Falle von* $\alpha = +|\mathbf{a}|$ *ist* **e** *der zugehörige Einheitsvektor* $\mathbf{a}^\circ$ *von* **a**.

(Für den Nullvektor ist eine Darstellung $\mathbf{o} = 0\mathbf{e}$ möglich, nur werden hier keine Voraussetzungen über die Richtung von **e** gemacht.)

1.2.3. Addition und Subtraktion von Vektoren

Gegeben seien die Vektoren **a** und **b** (vgl. Bild 1.3). Die Addition der beiden Vektoren kann als geometrische Addition gerichteter Strecken aufgefaßt werden.

Definition 1.5: *Verschiebt man den Vektor* **b** *parallel bis sein Anfangspunkt im End-* **D.1.5** *punkt von* **a** *liegt, dann stellt der vom Anfangspunkt von* **a** *zum Endpunkt von* **b** *führende Vektor* **s** *die Summe der Vektoren* **a** *und* **b** *dar (vgl. Bild 1.4):*

$$\mathbf{s} = \mathbf{a} + \mathbf{b}.$$

Dabei ist es gleichgültig, ob **b** an **a** oder **a** an **b** angetragen wird: $\mathbf{a} + \mathbf{b} = \mathbf{b} + \mathbf{a} = \mathbf{s}$ (vgl. Bild 1.5). Das kommutative Gesetz der Addition hat also Gültigkeit. Stellen **a** und **b** Kräfte dar, dann ist **s** die Resultierende in diesem durch **a** und **b** bestimmten Kräfteparallelogramm.

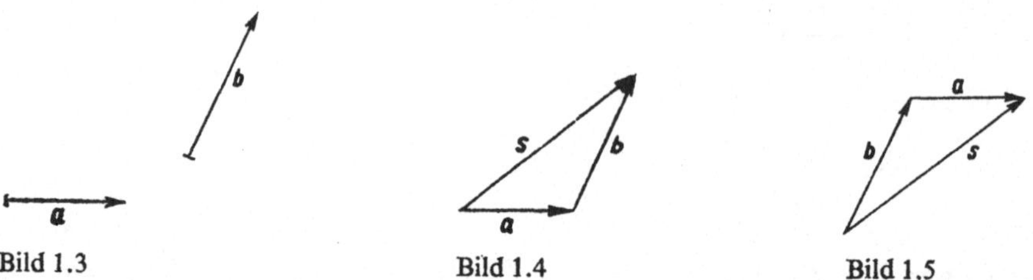

Bild 1.3   Bild 1.4   Bild 1.5

Das assoziative Gesetz der Addition gilt ebenfalls. Das läßt sich für drei Vektoren leicht veranschaulichen (vgl. Bild 1.6):

$$(\mathbf{a} + \mathbf{b}) + \mathbf{c} = \overrightarrow{AG},$$
$$\mathbf{a} + (\mathbf{b} + \mathbf{c}) = \overrightarrow{AG},$$
$$\mathbf{a} + \mathbf{b} + \mathbf{c} = \overrightarrow{AG}.$$

Weiterhin kann man die Reihenfolge der Vektoren (bei festem Ausgangspunkt A) beliebig wählen, ihre Summe ist davon unabhängig:

$$\mathbf{a} + \mathbf{b} + \mathbf{c} = \mathbf{b} + \mathbf{c} + \mathbf{a} = \mathbf{c} + \mathbf{a} + \mathbf{b} = \mathbf{a} + \mathbf{c} + \mathbf{b} = \mathbf{b} + \mathbf{a} + \mathbf{c} = \mathbf{c} + \mathbf{b} + \mathbf{a}.$$

Die Subtraktion des Vektors **b** vom Vektor **a** kann als Addition des Vektors $-\mathbf{b}$ zum Vektor **a** aufgefaßt werden:

$\mathbf{a} - \mathbf{b} = \mathbf{a} + (-\mathbf{b}) = \mathbf{d}$. Dann ist **d** der Vektor, der vom Anfangspunkt des Vektors **a** zum Endpunkt des Vektors $-\mathbf{b}$ gerichtet ist (vgl. Bild 1.7).

Summe **s** und Differenz **d** zweier Vektoren **a** und **b** lassen sich als die Diagonalen in dem von diesen beiden Vektoren bestimmten Parallelogramm darstellen (vgl. Bild 1.8).

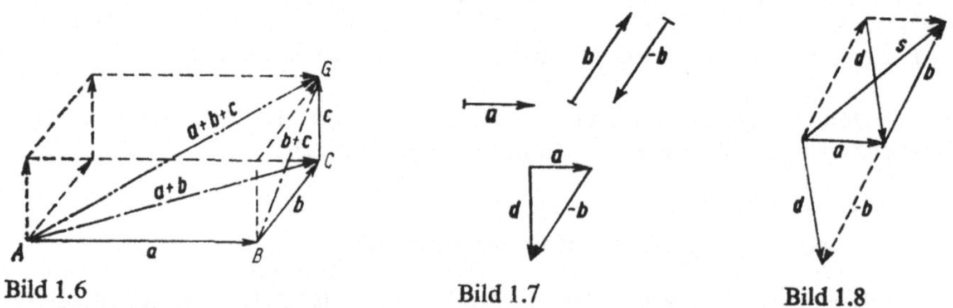

Bild 1.6   Bild 1.7   Bild 1.8

Für die Multiplikation von Vektoren mit Skalaren gelten die distributiven Gesetze:

I. $(\lambda \pm \mu)\mathbf{a} = \lambda\mathbf{a} \pm \mu\mathbf{a},$

II. $\lambda(\mathbf{a} \pm \mathbf{b}) = \lambda\mathbf{a} \pm \lambda\mathbf{b},$

a, b Vektoren; λ, μ Skalare.

Die Gültigkeit dieser Relationen ist leicht einzusehen. Im besonderen kann das Ergebnis von Vektoradditionen (oder Vektorsubtraktionen) der Nullvektor sein, z. B. $\mathbf{a} + \mathbf{b} + \mathbf{c} = \mathbf{o}$; d. h., die Vektoren sind so aneinandergefügt, daß der Endpunkt von $\mathbf{c}$ mit dem Anfangspunkt von $\mathbf{a}$ zusammenfällt (vgl. Bild 1.9). Durch $\mathbf{a} + \mathbf{b} + \mathbf{c} = \mathbf{o}$ wird ein Dreieck beschrieben. Gilt allgemein

$$\sum_{\nu=1}^{n} \mathbf{a}_\nu = \mathbf{o},$$

so liegt ein geschlossener n-teiliger Polygonzug vor (vgl. Bild 1.9 und 1.2.7., Def. 1.7).

1.2.4. Darstellung in vektoriellen Komponenten

Für praktische Rechnungen ist es üblich, Vektoren mittels ihrer Komponenten in Koordinatensystemen darzustellen. Dazu benutzen wir ein rechtwinkliges Rechtssystem (rechtwinkliges kartesisches Koordinatensystem). Wir zeichnen einen Vektor in der Ebene, also dem zweidimensionalen Raum R^2, und zerlegen ihn in die Komponenten $\mathbf{a}_1$ und $\mathbf{a}_2$ parallel zu den Koordinatenachsen (vgl. Bild 1.10). Dann gilt:

$$\mathbf{a} = \mathbf{a}_1 + \mathbf{a}_2.$$

Der Betrag $|\mathbf{a}|$ kann nach Bild 1.10 berechnet werden:

$$|\mathbf{a}|^2 = |\mathbf{a}_1|^2 + |\mathbf{a}_2|^2;$$
$$|\mathbf{a}_1| = |x_2 - x_1|, \qquad |\mathbf{a}_2| = |y_2 - y_1|;$$
$$|\mathbf{a}| = \sqrt{|\mathbf{a}_1|^2 + |\mathbf{a}_2|^2}.$$

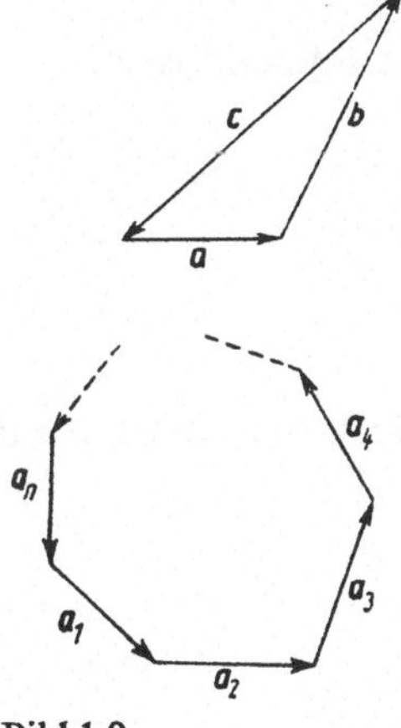

Bild 1.9

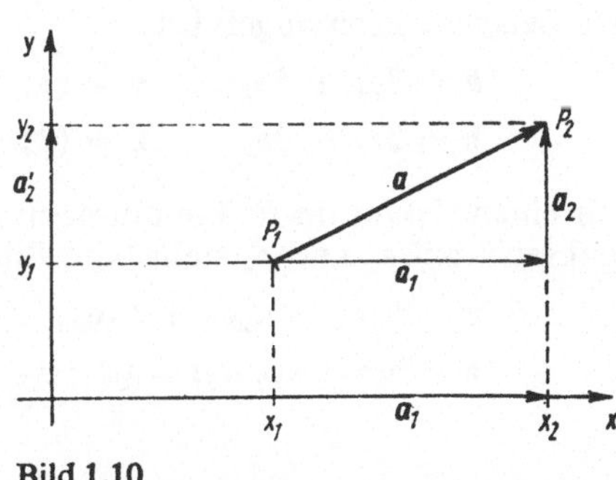

Bild 1.10

Wenn wir nun den R^2, also die Ebene, verlassen, dann bereitet die anschauliche Übertragung der gefundenen Ergebnisse auf den dreidimensionalen Raum R^3 bzw. die formale Übertragung auf den n-dimensionalen Raum R^n keine Schwierigkeiten. Für die Darstellung eines Vektors im R^3 gilt:

$$\mathbf{a} = \mathbf{a}_1 + \mathbf{a}_2 + \mathbf{a}_3$$

bei analoger Interpretation wie im R^2, und für den R^n gilt:

$$\mathbf{a} = \mathbf{a}_1 + \mathbf{a}_2 + \dots + \mathbf{a}_n.$$

1.2.5. Grundvektoren

Jeder Vektor läßt sich mit Hilfe eines Einheitsvektors gleicher Richtung darstellen (vgl. 1.2.2.), also auch die Vektorkomponenten a_1 und a_2.

e_1 sei Einheitsvektor in Richtung der x-Achse,

e_2 sei Einheitsvektor in Richtung der y-Achse. Dann ist

$$a_1 = \alpha_1 e_1 \quad \text{und} \quad a_2 = \alpha_2 e_2,$$

wobei

$$\alpha_1 = x_2 - x_1 \quad \text{und} \quad \alpha_2 = y_2 - y_1$$

sind, und es gilt

$$|a_1| = |\alpha_1|, \quad |a_2| = |\alpha_2|.$$

Wegen der Zerlegung

$$a = a_1 + a_2$$

in Vektorkomponenten gilt

$$a = \alpha_1 e_1 + \alpha_2 e_2.$$

Die Größen α_1 und α_2 sind die skalaren Komponenten des Vektors a, die man auch als Koordinaten des Vektors bezeichnet. Die Einheitsvektoren e_1 und e_2 werden als Grundvektoren bezeichnet. Mit ihrer Hilfe kann jeder Vektor im rechtwinkligen ebenen Koordinatensystem dargestellt werden.

Die Vektordarstellung mit Hilfe der skalaren Komponenten hat die Form:

$$a = a(\alpha_1; \alpha_2) \quad \text{oder} - \text{wenn Verwechslungen ausgeschlossen} -$$
$$a = (\alpha_1; \alpha_2).$$

Als Beispiele seien angeführt:

$$a = 3e_1 + 5e_2; \quad a = (3; 5);$$
$$b = 2e_1 - 3e_2; \quad b = (2; -3).$$

Für einen Vektor im R^3 kommt noch ein dritter Grundvektor e_3 dazu, der dann also senkrecht auf e_1 und e_2 steht (vgl. Bild 1.11):

$$a = \alpha_1 e_1 + \alpha_2 e_2 + \alpha_3 e_3,$$
$$a = a(\alpha_1; \alpha_2; \alpha_3) = (\alpha_1; \alpha_2; \alpha_3).$$

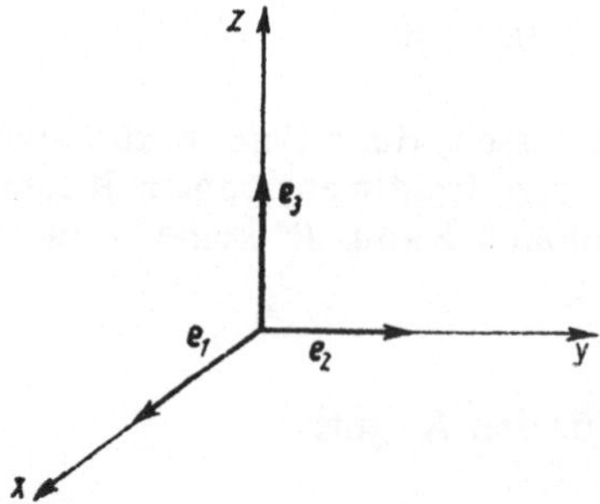

Bild 1.11

Die skalaren Komponenten der Grundvektoren e_1, e_2, e_3 sind:

$$e_1 = (1; 0; 0);$$
$$e_2 = (0; 1; 0);$$
$$e_3 = (0; 0; 1).$$

Satz 1.2: *Im R^n wird ein Vektor* **a** *folgendermaßen dargestellt:*

S.1.2

$$a = \sum_{i=1}^{n} a_i = \sum_{i=1}^{n} \alpha_i e_i,$$

wobei a_i ($i = 1, 2, ..., n$) die vektoriellen Komponenten, α_i ($i = 1, 2, ..., n$) die skalaren Komponenten von a sind, $|\alpha_i| = |a_i|$ gilt und die e_i die n Grundvektoren, d. h. die Einheitsvektoren in Richtung der Koordinatenachsen sind; Komponentenschreibweise für a:

$$a = a(\alpha_1; \alpha_2; ...; \alpha_n) = (\alpha_1; \alpha_2; ...; \alpha_n),$$

für den Nullvektor:

$$o = (0; 0; ...; 0).$$

Bei ganzzahligen Komponenten oder wenn keine Verwechslungen möglich sind, kann man die Komponenten auch durch Kommata voneinander trennen.

Es ist auch möglich, die Komponenten eines Vektors in einer Reihe anzuordnen, und zwar entweder in einer senkrechten Reihe, einer Spalte, oder in einer waagerechten Reihe, einer Zeile. Dann ist z. B.

$$a = \begin{bmatrix} \alpha_1 \\ \alpha_2 \\ \alpha_3 \end{bmatrix}, \quad e_1 = \begin{bmatrix} 1 \\ 0 \\ 0 \end{bmatrix}, \quad e_2 = \begin{bmatrix} 0 \\ 1 \\ 0 \end{bmatrix}, \quad e_3 = \begin{bmatrix} 0 \\ 0 \\ 1 \end{bmatrix}; \quad a = \begin{bmatrix} \alpha_1 \\ \alpha_2 \\ \vdots \\ \alpha_n \end{bmatrix}$$

die Anordnung der Komponenten in einer Spalte. Die zeilenweise Anordnung der Komponenten bezeichnen wir im Unterschied dazu mit

$$a^T = [\alpha_1, \alpha_2, \alpha_3] \quad \text{usf. sowie} \quad a^T = [\alpha_1, \alpha_2, ..., \alpha_n].$$

(Die Begründung für diese Darstellung wird im Kapitel 2 gegeben.)

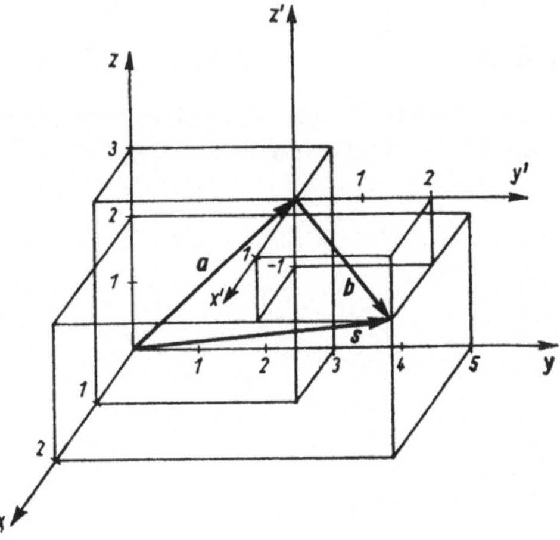

Bild 1.12

Die Addition von Vektoren in Komponentenschreibweise kann man anschaulich darstellen. Die beiden Vektoren

$$\mathbf{a} = \mathbf{a}_1 + \mathbf{a}_2 + \mathbf{a}_3 = \mathbf{e}_1 + 3\mathbf{e}_2 + 3\mathbf{e}_3 = (1; 3; 3),$$
$$\mathbf{b} = \mathbf{b}_1 + \mathbf{b}_2 + \mathbf{b}_3 = \mathbf{e}_1 + 2\mathbf{e}_2 - \mathbf{e}_3 = (1; 2; -1)$$

sollen addiert werden (vgl. Bild 1.12). Es gilt

$$\mathbf{a} + \mathbf{b} = \mathbf{s} = 2\mathbf{e}_1 + 5\mathbf{e}_2 + 2\mathbf{e}_3 = (2; 5; 2).$$

S.1.3 Satz 1.3: *Vektoren werden addiert, indem ihre entsprechenden Komponenten addiert werden*:

$$\mathbf{a} + \mathbf{b} = \mathbf{s} = (\mathbf{a}_1 + \mathbf{b}_1) + (\mathbf{a}_2 + \mathbf{b}_2) + (\mathbf{a}_3 + \mathbf{b}_3)$$
$$= (\alpha_1 + \beta_1)\,\mathbf{e}_1 + (\alpha_2 + \beta_2)\,\mathbf{e}_2 + (\alpha_3 + \beta_3)\,\mathbf{e}_3$$
$$= \sigma_1\mathbf{e}_1 + \sigma_2\mathbf{e}_2 + \sigma_3\mathbf{e}_3$$

oder mit der vorhin eingeführten Darstellung

$$\begin{bmatrix} \alpha_1 \\ \alpha_2 \\ \alpha_3 \end{bmatrix} + \begin{bmatrix} \beta_1 \\ \beta_2 \\ \beta_3 \end{bmatrix} = \begin{bmatrix} \alpha_1 + \beta_1 \\ \alpha_2 + \beta_2 \\ \alpha_3 + \beta_3 \end{bmatrix} = \begin{bmatrix} \sigma_1 \\ \sigma_2 \\ \sigma_3 \end{bmatrix}$$

bzw. im R^n

$$\begin{bmatrix} \alpha_1 \\ \alpha_2 \\ \vdots \\ \alpha_n \end{bmatrix} + \begin{bmatrix} \beta_1 \\ \beta_2 \\ \vdots \\ \beta_n \end{bmatrix} = \begin{bmatrix} \alpha_1 + \beta_1 \\ \alpha_2 + \beta_2 \\ \vdots \\ \alpha_n + \beta_n \end{bmatrix} = \begin{bmatrix} \sigma_1 \\ \sigma_2 \\ \vdots \\ \sigma_n \end{bmatrix}.$$

Für die Subtraktion gilt das Entsprechende.

Im R^3 enthält eine Vektorgleichung drei skalare Gleichungen. Im R^n enthält eine Vektorgleichung n skalare Gleichungen.

$\mathbf{a} = \mathbf{b}$ oder $\mathbf{a} - \mathbf{b} = \mathbf{o}$ bedeutet in Komponentendarstellung $\alpha_i = \beta_i, i = 1, 2, ..., n$. Daraus folgt:

S.1.4 Satz 1.4: *Zwei Vektoren* **a** *und* **b** *sind gleich, wenn sie in ihren Komponenten* $(\alpha_1; \alpha_2; ...; \alpha_n)$ *und* $(\beta_1; \beta_2; ...; \beta_n)$ *übereinstimmen.*

1.2.6. Die Richtungskosinus eines Vektors

Betrachten wir einen Vektor in der Ebene. Er soll parallel so verschoben werden, daß sein Anfangspunkt im Ursprung des Koordinatensystems liegt (vgl. Bild 1.13).

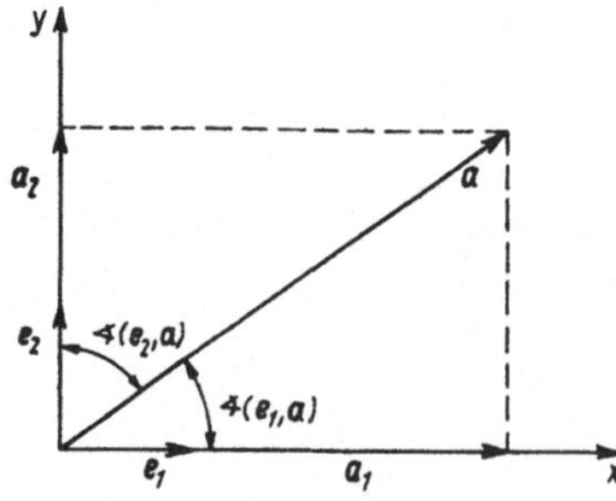

Bild 1.13

Definition 1.6: *Die Größen* $\qquad$ **D.1.6**

$$\cos (x; \mathbf{a}) = \cos (\mathbf{e}_1; \mathbf{a}) = \frac{\alpha_1}{|\mathbf{a}|},$$

$$\cos (y; \mathbf{a}) = \cos (\mathbf{e}_2; \mathbf{a}) = \frac{\alpha_2}{|\mathbf{a}|}$$

heißen Richtungskosinus des Vektors **a**.

(Man beachte, daß als Zähler die – vorzeichenbehafteten – skalaren Komponenten des Vektors auftreten; es darf nicht mit den Beträgen $|\alpha|$ gerechnet werden, weil sonst nicht zu erkennen wäre, in welchem Quadranten die Winkel liegen.)

Dabei sollen die Winkel $(\mathbf{e}_1; \mathbf{a})$, $(\mathbf{e}_2; \mathbf{a})$ stets im Intervall $[0; \pi]$ liegen. Die Winkel werden zwischen den positiven Achsen und dem Vektor gemessen (vgl. Bild 1.14).

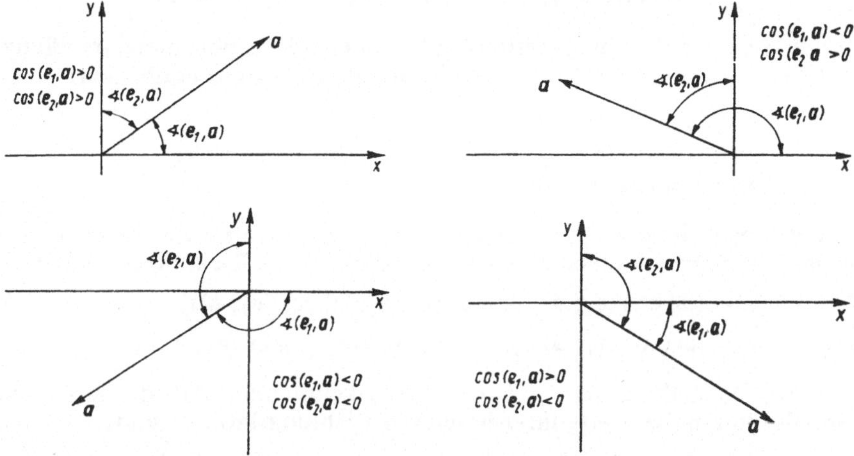

Bild 1.14

Dadurch kann jede Lage eines Vektors im R^2 mit Hilfe der Richtungskosinus charakterisiert werden (vgl. Bild 1.14). Durch die Angabe der beiden Richtungskosinus sind Richtung und Orientierung des Vektors **a** festgelegt. Berücksichtigt man, daß nach dem Satz von Pythagoras

$$|\alpha_1|^2 + |\alpha_2|^2 = |\mathbf{a}^2|$$

ist, dann lassen sich die folgenden Beziehungen zwischen den Richtungskosinus herleiten:

$$\cos^2 (\mathbf{e}_1; \mathbf{a}) + \cos^2 (\mathbf{e}_2; \mathbf{a}) = \frac{\alpha_1^2}{|\mathbf{a}|^2} + \frac{\alpha_2^2}{|\mathbf{a}|^2} = 1.$$

Multipliziert man die Richtungskosinus mit α_1 bzw. α_2, so erhält man:

$$\alpha_1 \cos (\mathbf{e}_1; \mathbf{a}) + \alpha_2 \cos (\mathbf{e}_2; \mathbf{a}) = \frac{\alpha_1^2 + \alpha_2^2}{|\mathbf{a}|} = |\mathbf{a}|.$$

Beispiel 1.2.:

$$\mathbf{a} = 4\mathbf{e}_1 + 3\mathbf{e}_2; \quad |\mathbf{a}| = \sqrt{4^2 + 3^2} = 5;$$

$$\cos (\mathbf{e}_1; \mathbf{a}) = \tfrac{4}{5}; \quad \cos (\mathbf{e}_2; \mathbf{a}) = \tfrac{3}{5};$$

$$(\tfrac{4}{5})^2 + (\tfrac{3}{5})^2 = 1; \quad 4 \cdot \tfrac{4}{5} + 3 \cdot \tfrac{3}{5} = 5.$$

Ein Vektor im Raum besitzt drei Richtungskosinus (vgl. Bild 1.15):

$$\cos(e_1; a) = \frac{\alpha_1}{|a|};$$

$$\cos(e_2, a) = \frac{\alpha_2}{|a|};$$

$$\cos(e_3; a) = \frac{\alpha_3}{|a|}.$$

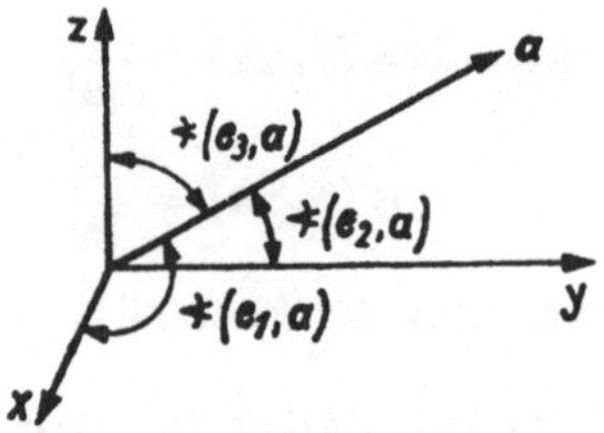

Bild 1.15

Mit $\alpha_1^2 + \alpha_2^2 + \alpha_3^2 = |a|^2$ gelten für den Vektor im R^3 analoge Beziehungen wie für den Vektor in der Ebene:

$$\cos^2(e_1; a) + \cos^2(e_2; a) + \cos^2(e_3; a) = 1,$$

$$\alpha_1 \cos(e_1; a) + \alpha_2 \cos(e_2; a) + \alpha_3 \cos(e_3; a) = |a|.$$

Mit Hilfe der Richtungskosinus läßt sich eine Komponentendarstellung der Vektoren herleiten. Aus der Definition der Richtungskosinus ergibt sich:

$$\alpha_1 = |a| \cos(e_1; a),$$

$$\alpha_2 = |a| \cos(e_2; a),$$

$$\alpha_3 = |a| \cos(e_3; a).$$

Damit haben wir neben den Darstellungen eines Vektors durch seine vektoriellen und skalaren Komponenten eine Darstellung durch seine Richtungskosinus:

$$a = (|a| \cos(e_1; a); |a| \cos(e_2; a); |a| \cos(e_3; a)),$$

$$a = |a| (\cos(e_1; a)\, e_1 + \cos(e_2; a)\, e_2 + \cos(e_3; a)\, e_3).$$

Aus der Darstellung der e_i, $i = 1, 2, 3$, erkennt man, daß die Komponenten der Grundvektoren die Werte ihrer jeweiligen Richtungskosinus sind:

$$e_1 = (\cos(e_1; e_1); \cos(e_2; e_1); \cos(e_3; e_1)) = (1; 0; 0),$$

$$e_2 = (\cos(e_1; e_2); \cos(e_2; e_2); \cos(e_3; e_2)) = (0; 1; 0),$$

$$e_3 = (\cos(e_1; e_3); \cos(e_2; e_3); \cos(e_3; e_3)) = (0; 0; 1).$$

Die Übertragung auf den R^n führt zu folgenden Darstellungen: Es ist $\cos(e_i; a) = \frac{\alpha_i}{|a|}$ für $i = 1, 2, \ldots, n$ und $\sum_{i=1}^{n} \cos^2(e_i; a) = 1$.

S.1.5 Satz 1.5: *Im R^n gilt für* a *die folgende Darstellung:*

$$a = |a| \sum_{i=1}^{n} e_i \cos(e_i; a), \quad i = 1, 2, \ldots, n.$$

Die skalaren Komponenten der Grundvektoren e_i *($i = 1, 2, \ldots, n$) sind die Werte der jeweiligen n Richtungskosinus:*

$$e_i = (\cos(e_1; e_i); \cos(e_2; e_i); \ldots; \cos(e_n; e_i)), \quad i = 1, 2, \ldots, n.$$

Beispiel 1.3.:

$$a = 3e_1 + 2e_2 - 6e_3;$$

$$|a| = \sqrt{9 + 4 + 36} = 7;$$

$$\cos{(e_1; a)} = \frac{3}{7}; \quad \cos{(e_2; a)} = \frac{2}{7}; \quad \cos{(e_3; a)} = -\frac{6}{7};$$

$$\angle{(e_1; a)} \approx 64°\,37'; \quad \angle{(e_2; a)} \approx 73°\,24'; \quad \angle{(e_3; a)} \approx 149°;$$

$$\cos^2{(e_1; a)} + \cos^2{(e_2; a)} + \cos^2{(e_3; a)} = \left(\frac{3}{7}\right)^2 + \left(\frac{2}{7}\right)^2 + \left(-\frac{6}{7}\right)^2 = 1;$$

$$\alpha_1 \cos{(e_1; a)} + \alpha_2 \cos{(e_2; a)} + \alpha_3 \cos{(e_3; a)}$$

$$= 3 \cdot \frac{3}{7} + 2 \cdot \frac{2}{7} + (-6)\left(-\frac{6}{7}\right) = 7 = |a|.$$

1.2.7. Lineare Abhängigkeit

Zwei Vektoren **a** und **b**, für die **b** = λ**a** gilt, heißen *linear abhängig*. Zwei linear abhängige Vektoren sind *kollinear*. Sind die beiden Vektoren **a** und **b** nicht voneinander linear abhängig, so bestimmen sie eine Ebene. Liegt ein dritter Vektor **c** in dieser Ebene, so muß er von **a** und **b** linear abhängig sein.

Drei linear abhängige Vektoren heißen *komplanar*. Für drei linear abhängige Vektoren **a**, **b**, **c** gibt es immer eine Lösung der Gleichung

$$\lambda a + \mu b + \nu c = o,$$

wobei λ, μ, ν nicht alle zugleich null sein dürfen ($\lambda^2 + \mu^2 + \nu^2 \neq 0$).

Es sei $\nu \neq 0$, dann läßt sich **c** als Linearkombination von **a** und **b** darstellen:

$$c = -\frac{\lambda}{\nu}a - \frac{\mu}{\nu}b.$$

Für die Bestimmung von λ, μ, ν ergibt sich aus der Gleichung $\lambda a + \mu b + \nu c = o$ ein System von drei linearen Gleichungen:

$$\lambda\alpha_1 + \mu\beta_1 + \nu\gamma_1 = 0,$$
$$\lambda\alpha_2 + \mu\beta_2 + \nu\gamma_2 = 0,$$
$$\lambda\alpha_3 + \mu\beta_3 + \nu\gamma_3 = 0.$$

Dieses Gleichungssystem hat nur dann von null verschiedene Lösungen, wenn seine Koeffizientendeterminante verschwindet (vgl. Abschnitt 3.1.).

Aus Zweckmäßigkeitsgründen wollen wir jetzt den Begriff der Determinante einführen, und zwar anhand einer Determinante 3. Ordnung (vgl. auch 2.4.).

Unter einer Determinante 3. Ordnung versteht man folgenden Ausdruck:

$$D = \begin{vmatrix} a_{11} & a_{12} & a_{13} \\ a_{21} & a_{22} & a_{23} \\ a_{31} & a_{32} & a_{33} \end{vmatrix},$$

wobei die Elemente a_{ik} ($i, k = 1, 2, 3$) Zahlen, Rechengrößen oder sonstige mathematische Objekte sind.

Den Wert einer solchen Determinante berechnet man folgendermaßen nach einem einfachen Schema, das der französische Mathematiker *Sarrus* angegeben hat. Man schreibt die erste und zweite Spalte der Determinante noch einmal hinter die Determinante.

Die Produkte aus den Elementen der drei sogenannten Hauptdiagonalen ($a_{11}a_{22}a_{33}$, $a_{12}a_{23}a_{31}$, $a_{13}a_{21}a_{32}$) werden addiert, die Produkte aus den Elementen der so-

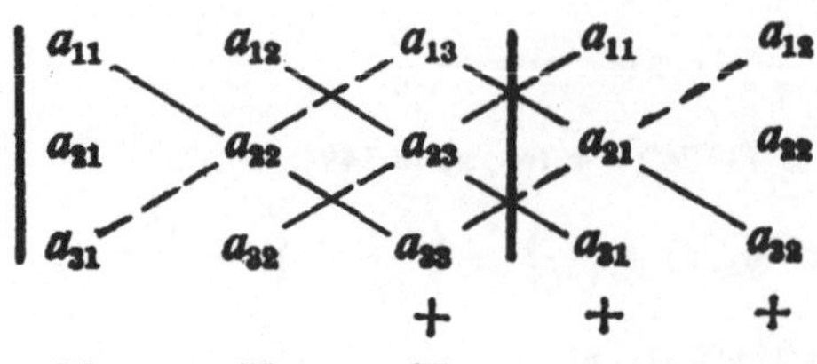

genannten drei Nebendiagonalen ($a_{13}a_{22}a_{31}$, $a_{11}a_{23}a_{32}$, $a_{12}a_{21}a_{33}$) werden subtrahiert, und das Ergebnis ist der Wert der Determinante, d. h.

$$D = a_{11}\,a_{22}\,a_{33} + a_{12}\,a_{23}\,a_{31} + a_{13}\,a_{21}\,a_{32}$$
$$- a_{13}\,a_{22}\,a_{31} - a_{11}\,a_{23}\,a_{32} - a_{12}\,a_{21}\,a_{33}.$$

Dieses Verfahren heißt *Regel von Sarrus* und gilt nur für Determinanten dritter Ordnung.

Beispiel 1.4:

$$D = \begin{bmatrix} 1 & 3 & 4 \\ 2 & 0 & 1 \\ 3 & 1 & 2 \end{bmatrix};$$

$$D = 1\cdot 0\cdot 2 + 3\cdot 1\cdot 3 + 4\cdot 2\cdot 1 - 4\cdot 0\cdot 3 - 1\cdot 1\cdot 1 - 3\cdot 2\cdot 2$$
$$= 0 + 9 + 8 - 0 - 1 - 12 = 4.$$

Mit Hilfe des Begriffs der Determinanten 3. Ordnung können wir folgenden Satz formulieren:

S.1.6 **Satz 1.6:** *Drei Vektoren* **a**, **b**, **c** *im R^3 sind linear abhängig, wenn die aus den Koordinaten der drei Vektoren gebildete Determinante*

$$D = \begin{vmatrix} a_1 & \beta_1 & \gamma_1 \\ \alpha_2 & \beta_2 & \gamma_2 \\ \alpha_3 & \beta_3 & \gamma_3 \end{vmatrix} = 0$$

ist.

Ist $D \neq 0$, so gibt es nur die Lösung $\lambda = \mu = \nu = 0$, d. h., die drei Vektoren sind voneinander *linear unabhängig*; sie liegen nicht in einer Ebene. Allgemein gilt

D.1.7 **Definition 1.7:** *n Vektoren* **a**$_1$, **a**$_2$, ..., **a**$_n$ *im R^n heißen voneinander* **linear abhängig**, *wenn es eine Lösung der Gleichung*

$$\sum_{\nu=1}^{n} \lambda_\nu \mathbf{a}_\nu = \mathbf{0}$$

derart gibt, daß nicht alle λ_ν, $\nu = 1, 2, ..., n$, zugleich null sind. Gibt es nur die Lösung $\lambda_\nu = 0$, $\nu = 1, 2, ..., n$, dann heißen die Vektoren voneinander **linear unabhängig**.

Wenn n Vektoren linear abhängig sind, so stimmt der Endpunkt von $\lambda_n \mathbf{a}_n$ mit dem Anfangspunkt von $\lambda_1 \mathbf{a}_1$ überein; es liegt also ein geschlossener Polygonzug vor (vgl. 1.2.3. und Bild 1.9).

Vier Vektoren im R^3 sind immer voneinander linear abhängig, denn $\lambda_1 a_1 + \lambda_2 a_2 + \lambda_3 a_3 + \lambda_4 a_4 = o$ hat immer Lösungen derart, daß nicht alle diese Koeffizienten gleichzeitig null sind. In den drei Gleichungen mit vier Unbekannten ist eine Unbekannte ungleich null wählbar. Im R^3 gibt es höchstens drei voneinander linear unabhängige Vektoren.

Entsprechende Überlegungen im R^n führen zu

Satz 1.7: *Im R^n sind höchstens n Vektoren voneinander* **linear unabhängig,** *$n + 1$* **S.1.7** *Vektoren sind stets linear abhängig.*

Beispiele für linear abhängige bzw. linear unabhängige Vektoren:

Beispiel 1.5:

$$e_1 = \begin{bmatrix} 1 \\ 0 \\ 0 \end{bmatrix}, \quad e_2 = \begin{bmatrix} 0 \\ 1 \\ 0 \end{bmatrix}; \quad e_3 = \begin{bmatrix} 0 \\ 0 \\ 1 \end{bmatrix};$$

die Gleichung $\lambda_1 e_1 + \lambda_2 e_2 + \lambda_3 e_3 = o$ hat nur die Lösung $\lambda_1 = \lambda_2 = \lambda_3 = 0$, weil

$$\begin{vmatrix} 1 & 0 & 0 \\ 0 & 1 & 0 \\ 0 & 0 & 1 \end{vmatrix} = 1$$

ist; e_1, e_2 und e_3 sind also linear unabhängig.

Beispiel 1.6: Die Vektoren $e_1 = \begin{bmatrix} 1 \\ 0 \\ \vdots \\ 0 \end{bmatrix}$, $e_2 = \begin{bmatrix} 0 \\ 1 \\ \vdots \\ 0 \end{bmatrix}$, ..., $e_n = \begin{bmatrix} 0 \\ 0 \\ \vdots \\ 1 \end{bmatrix}$ sind ebenfalls linear

unabhängig, weil die Gleichung

$$\sum_{i=1}^{n} \lambda_i e_i = o$$

nur für $\lambda_i = 0$, $i = 1, 2, ..., n$, erfüllt ist.

Beispiel 1.7: Für die Vektoren $e_1 = \begin{bmatrix} 1 \\ 0 \\ 0 \end{bmatrix}$, $e_2 = \begin{bmatrix} 0 \\ 1 \\ 0 \end{bmatrix}$, $a = \begin{bmatrix} 3 \\ 2 \\ 0 \end{bmatrix}$ ist $\begin{vmatrix} 1 & 0 & 3 \\ 0 & 1 & 2 \\ 0 & 0 & 0 \end{vmatrix} = 0$; sie sind

linear abhängig. Mit $\lambda_1 = -3$, $\lambda_2 = -2$, $\lambda_3 = 1$ und $a = 3e_1 + 2e_2$ gilt $-3e_1 - 2e_2 + a = o$.

Beispiel 1.8: Die Vektoren

$$\begin{aligned} a_1 &= e_1 - e_2 + e_3 - 2e_4, \\ a_2 &= 3e_1 - 5e_2 + 2e_3 - e_4, \\ a_3 &= -2e_1 + e_2 - 2e_3 + 2e_4, \\ a_4 &= -e_1 - e_3 + e_4 \end{aligned}$$

sind linear unabhängige Vektoren; denn

$$\sum_{i=1}^{4} \lambda_i a_i = o \quad \text{gilt nur für} \quad \lambda_1 = \lambda_2 = \lambda_3 = \lambda_4 = 0.$$

Beispiel 1.9: Dagegen sind die vier Vektoren

$$a_1 = \quad e_1 - \quad e_2 + e_3 - 2e_4,$$
$$a_2 = \quad 3e_1 - 5e_2 + 2e_3 - \quad e_4,$$
$$a_3 = -2e_1 + \quad e_2 - 2e_3 + 2e_4,$$
$$a_4 = \quad e_1 - 5e_2 \qquad\quad - \quad e_4$$

linear abhängig; denn es gilt

$$2a_1 + a_2 + 2a_3 - a_4 = o.$$

1.3.   Multiplikation von Vektoren

Im Hinblick auf die Anwendungen sind für die multiplikative Verknüpfung zweier Vektoren zwei verschiedene Produkte erklärt. Die erste Verknüpfungsart – *das skalare Produkt zweier Vektoren* – liefert als Produkt einen *Skalar*; die zweite Verknüpfungsart – *das vektorielle Produkt zweier Vektoren* – liefert als Produkt einen *Vektor*. Bei der Produktbildung von Vektoren werden wir Eigenschaften feststellen, die sich von den bei der Multiplikation von Zahlen auftretenden Eigenschaften unterscheiden.

1.3.1.   Das skalare oder innere Produkt

Wenn ein Körper, an dem eine konstante Kraft angreift, um eine Strecke s verschoben werden soll, so muß Arbeit aufgewendet werden; die Kraft k sei konstant, und k und s ($|s| = s$) sollen den Winkel ϑ einschließen (vgl. Bild 1.16). Die in Richtung s wirkende Kraftkomponente ist $|k| \cos \vartheta \cdot s°$, wenn $s = |s|\, s°$ gilt.

Die zu leistende Arbeit A ist dann Betrag der Kraft in Richtung des Weges mal Betrag des Weges, d. h.

$$A = |k| \cos \vartheta\, |s°| \cdot ||s|\, s°| = |k|\, |s| \cos \vartheta.$$

Für $\vartheta = 0$ wird die Arbeit $A = |k|\, |s|$ geleistet.

Da auch bei vielen anderen Anwendungen eine solche multiplikative Verknüpfung auftritt, definiert man das skalare Produkt zweier Vektoren a und b:

D.1.8   **Definition 1.8:** *Das skalare oder innere Produkt* $ab = a \cdot b = (ab)$ *der Vektoren* a *und* b *ist folgendermaßen erklärt:*

$$ab = |a|\, |b| \cos(a; b), \quad 0 \leqq \sphericalangle(a; b) \leqq \pi.$$

Dabei versteht man unter $\cos(a; b)$ den Kosinus des von den Vektoren a und b eingeschlossenen Winkels. Dieses Produkt liefert eine skalare Größe. Der Wert dieses Produktes hängt von den Beträgen der Vektoren und dem Kosinus des von ihnen eingeschlossenen Winkels $\sphericalangle(a; b)$ ab, aber nicht von der Lage der Vektoren im Koordinatensystem.

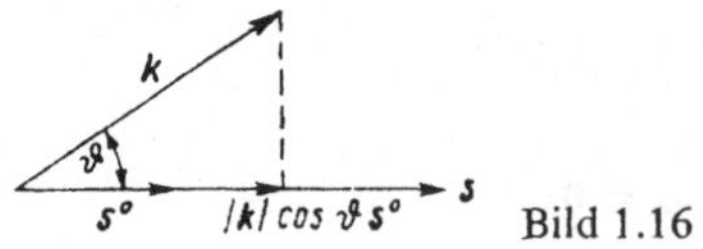

Bild 1.16

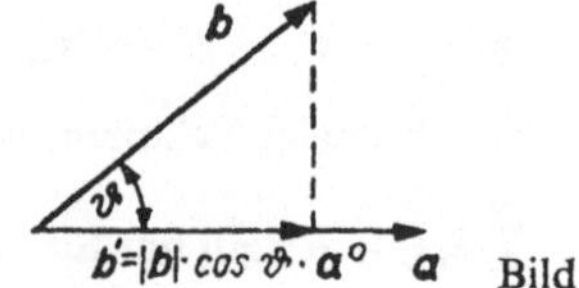

Bild 1.17

Satz 1.8: *Das skalare Produkt zweier Vektoren ist invariant gegenüber Koordinaten-* S.1.8
transformationen (Translation und Drehung).

Das skalare Produkt läßt sich geometrisch deuten (vgl. Bild 1.17). Wenn wir $\measuredangle\,(\mathbf{a};\mathbf{b}) = \vartheta$ setzen, dann läßt sich das skalare Produkt als Produkt des Betrages von $\mathbf{a}$ mit dem Betrag der Projektion $\mathbf{b}'$ von $\mathbf{b}$ auf $\mathbf{a}$ (die Projektion von $\mathbf{b}$ auf $\mathbf{a}$ ist ihrem Betrage nach gleich $|\mathbf{b}|\cos\vartheta$) auffassen.

Demnach läßt sich die Arbeit als skalares Produkt aus der aufgewendeten Kraft $\mathbf{k}$ und dem zurückgelegten Weg $\mathbf{s}$ bestimmen:

$$A = \mathbf{ks}.$$

Aus der Definition des skalaren Produktes ergibt sich sofort die Gültigkeit des kommutativen Gesetzes, weil die Reihenfolge der Faktoren $|\mathbf{a}|$, $|\mathbf{b}|$, $\cos(\mathbf{a};\mathbf{b})$ beliebig ist:

$$\mathbf{ab} = \mathbf{ba}.$$

Wenn nun z. B. der Vektor $\mathbf{a}$ mit der reellen Zahl λ multipliziert wird, dann folgt aus der Definition des skalaren Produktes für das Produkt $(\lambda\mathbf{a})\,\mathbf{b}$ sofort:

$$(\lambda\mathbf{a})\,\mathbf{b} = \lambda(\mathbf{ab}) = \lambda\mathbf{ab}.$$

Dagegen kann es für das skalare Produkt zweier Vektoren kein assoziatives Gesetz geben, weil dieses Produkt eben nur für zwei Vektoren erklärt ist. Wollte man aus drei gegebenen Vektoren $\mathbf{a}$, $\mathbf{b}$, $\mathbf{c}$ ein skalares Produkt bilden, dann müßte man auf Grund der Definition des skalaren Produktes entweder $\mathbf{a}$ mit $\mathbf{b}$ oder $\mathbf{b}$ mit $\mathbf{c}$ skalar multiplizieren; in beiden Fällen wäre das Ergebnis dieser Multiplikation ein Skalar, der dann jeweils mit dem dritten Vektor (also mit $\mathbf{c}$ oder mit $\mathbf{a}$) zu multiplizieren wäre. Aber das Ergebnis der letzten Multiplikation ist dann in beiden Fällen ein Vektor.

Das distributive Gesetz gilt (vgl. Bild 1.18):

$$\mathbf{a}(\mathbf{b} + \mathbf{c}) = \mathbf{ab} + \mathbf{ac} = \mathbf{as} \quad \text{mit} \quad \mathbf{b} + \mathbf{c} = \mathbf{s}.$$

Die Gültigkeit dieses Gesetzes läßt sich durch Ausrechnen (mit Hilfe der Komponentendarstellung) oder geometrisch nachweisen; denn die Summe der Projektionen von $\mathbf{b}$ und $\mathbf{c}$ auf $\mathbf{a}$ ist gleich der Projektion der Summe $\mathbf{s} = \mathbf{b} + \mathbf{c}$ auf $\mathbf{a}$.

Satz 1.9: *Es gibt keine eindeutige Umkehrung der skalaren Multiplikation.* S.1.9

Wenn $\mathbf{a}$ ein gegebener Vektor und $\varkappa$ ein gegebener Skalar ist, dann ist die Frage nach der Existenz eines eindeutig bestimmten Vektors $\mathbf{x}$, der die Gleichung $\mathbf{ax} = \varkappa$ erfüllt, die Frage nach der eindeutigen Umkehrung der Multiplikation. Es gibt jedoch entweder keinen oder unendlich viele Vektoren, die obige Gleichung erfüllen, d. h. also, es kann keine eindeutige Umkehrung geben. Für $\mathbf{a} = \mathbf{o}$ und $\varkappa \neq 0$ gibt es keine Lösung. Für $\mathbf{a} = \mathbf{o}$ und $\varkappa = 0$ gibt es unendlich viele Vektoren $\mathbf{x}$, die diese Gleichung erfüllen. Für $\mathbf{a} \neq \mathbf{o}$ und $\varkappa \neq 0$ erfüllt der zu $\mathbf{a}$ parallele Vektor $\mathbf{x}_1 = \lambda\mathbf{a}$ die Gleichung, wobei $\lambda = \dfrac{\varkappa}{|\mathbf{a}|^2}$ ist. Aber es gibt unendlich viele weitere Lösungen; denn wenn $\mathbf{y}^{(i)} \perp \mathbf{a}$ ist, so ist auch $\mathbf{x}^{(i)} = \mathbf{x}_1 + \mathbf{y}^{(i)}$ eine Lösung von $\mathbf{ax} = \varkappa$ wegen

$$\mathbf{a}(\mathbf{x}_1 + \mathbf{y}^{(i)}) = \mathbf{ax}^{(i)} = |\mathbf{a}||\mathbf{x}^{(i)}|\cos(\mathbf{a};\mathbf{x}^{(i)}) = |\mathbf{a}||\mathbf{x}_1| = \mathbf{ax}_1$$

(vgl. Bild 1.19).

Bild 1.18

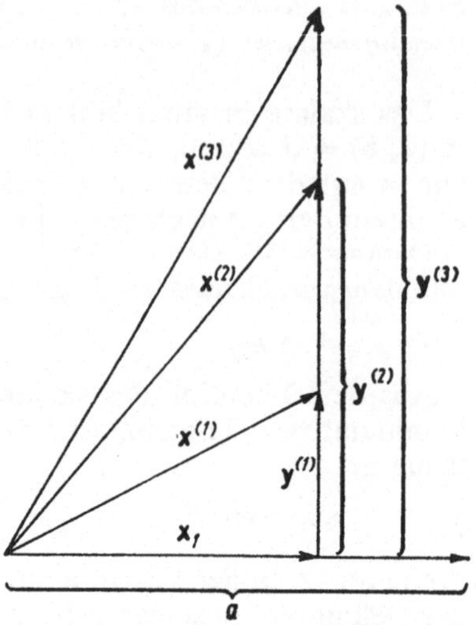

Bild 1.19

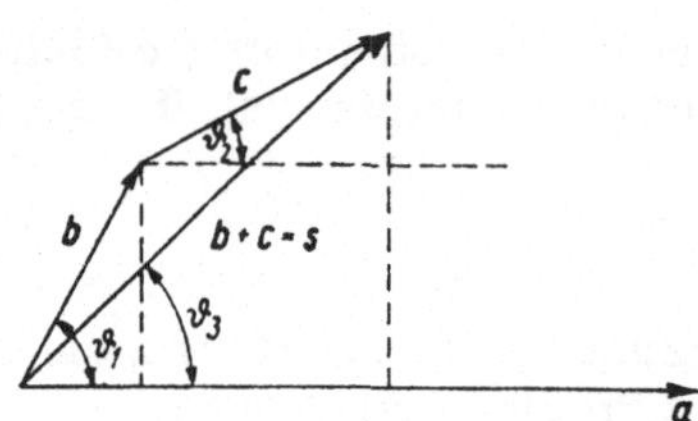

Unter welchen Voraussetzungen ist $\mathbf{ab} = 0$?

Für $\mathbf{a} = \mathbf{o}$ oder $\mathbf{b} = \mathbf{o}$ oder $\mathbf{a} = \mathbf{b} = \mathbf{o}$ ist die obige Gleichung erfüllt. Außerdem kann auch $\cos(\mathbf{a};\mathbf{b}) = 0$ sein, und $\mathbf{a}$ und $\mathbf{b}$ sind beide ungleich dem Nullvektor ($\mathbf{a} \neq \mathbf{o}$ und $\mathbf{b} \neq \mathbf{o}$); dann muß $\sphericalangle (\mathbf{a};\mathbf{b}) = \dfrac{\pi}{2}$ sein, also $\mathbf{a} \perp \mathbf{b}$.

S.1.10   Satz 1.10: *Gilt* $\mathbf{ab} = 0$ *für* $\mathbf{a} \neq \mathbf{o}$ *und* $\mathbf{b} \neq \mathbf{o}$, *so stehen die Vektoren* $\mathbf{a}$ *und* $\mathbf{b}$ *aufeinander senkrecht; sie sind zueinander orthogonal.*

Die Grundvektoren $\mathbf{e}_1$, $\mathbf{e}_2$, $\mathbf{e}_3$ sind zueinander orthogonal; für ihre Skalarprodukte gilt demnach:

$$\mathbf{e}_i\mathbf{e}_k = \delta_{ik} = \begin{cases} 1 & \text{für } i = k, \\ 0 & \text{für } i \neq k. \end{cases} \tag{*}$$

(δ_{ik} ist das sog. Kronecker-Symbol.)

Wenn $\mathbf{a} \parallel \mathbf{b}$ ist, wird

$$\mathbf{ab} = \pm|\mathbf{a}|\,|\mathbf{b}|,$$

je nachdem, ob $\cos(\mathbf{a};\mathbf{b}) = +1$ oder -1, d. h., ob $\sphericalangle (\mathbf{a};\mathbf{b}) = 0$ oder $\sphericalangle (\mathbf{a};\mathbf{b}) = \pi$ ist. Ist im besonderen $\mathbf{b} = \mathbf{e}$ ein Einheitsvektor, dann gilt

$$\mathbf{ae} = \pm|\mathbf{a}|.$$

Für $\mathbf{b} = \mathbf{a}$ erhalten wir

$$\mathbf{aa} = |\mathbf{a}|^2$$

oder

$$|\mathbf{a}| = \sqrt{\mathbf{aa}}.$$

1.3.2. Das skalare Produkt in Komponentendarstellung

Wenn der Winkel zwischen zwei Vektoren nicht bekannt ist, kann man das skalare Produkt unter Benutzung der skalaren Komponenten der Vektoren berechnen. Aus

$$\mathbf{a} = \alpha_1\mathbf{e}_1 + \alpha_2\mathbf{e}_2 + \alpha_3\mathbf{e}_3,$$
$$\mathbf{b} = \beta_1\mathbf{e}_1 + \beta_2\mathbf{e}_2 + \beta_3\mathbf{e}_3$$

bilden wir

$$\begin{aligned}
\mathbf{ab} = {}& \alpha_1\beta_1\mathbf{e}_1\mathbf{e}_1 + \alpha_1\beta_2\mathbf{e}_1\mathbf{e}_2 + \alpha_1\beta_3\mathbf{e}_1\mathbf{e}_3 \\
& + \alpha_2\beta_1\mathbf{e}_2\mathbf{e}_1 + \alpha_2\beta_2\mathbf{e}_2\mathbf{e}_2 + \alpha_2\beta_3\mathbf{e}_2\mathbf{e}_3 \\
& + \alpha_3\beta_1\mathbf{e}_3\mathbf{e}_1 + \alpha_3\beta_2\mathbf{e}_3\mathbf{e}_2 + \alpha_3\beta_3\mathbf{e}_3\mathbf{e}_3 ;
\end{aligned}$$

berücksichtigen wir (*), so ergibt sich

$$\mathbf{ab} = \alpha_1\beta_1 + \alpha_2\beta_2 + \alpha_3\beta_3,$$

also eine skalare Größe.

Für $\mathbf{a} = \mathbf{b}$ wird $\mathbf{aa} = |\mathbf{a}|^2 = \alpha_1^2 + \alpha_2^2 + \alpha_3^2 = |\mathbf{a}_1|^2 + |\mathbf{a}_2|^2 + |\mathbf{a}_3|^2$. Für $\mathbf{b} = \mathbf{o}$ ergibt sich $\mathbf{ao} = 0$, wie bereits vorher festgestellt.

Satz 1.11: *Die Orthogonalitätsrelation lautet in Komponentendarstellung*   S.1.11

$$\alpha_1\beta_1 + \alpha_2\beta_2 + \alpha_3\beta_3 = 0.$$

Aus der Definition des skalaren Produktes und aus der Definition des Betrages eines Vektors ergibt sich für $\mathbf{a} \neq \mathbf{o}$ und $\mathbf{b} \neq \mathbf{o}$ durch Auflösung nach $\cos(\mathbf{a};\mathbf{b})$:

$$\cos(\mathbf{a};\mathbf{b}) = \frac{\mathbf{ab}}{|\mathbf{a}|\,|\mathbf{b}|} = \frac{\alpha_1\beta_1 + \alpha_2\beta_2 + \alpha_3\beta_3}{\sqrt{\alpha_1^2 + \alpha_2^2 + \alpha_3^2}\,\sqrt{\beta_1^2 + \beta_2^2 + \beta_3^2}}.$$

Damit ist es möglich, den Winkel zwischen zwei Vektoren $\mathbf{a}$ und $\mathbf{b}$ zu berechnen.

Setzen wir z. B. $\mathbf{a} = \mathbf{e}_1$, $\mathbf{b} = \mathbf{e}_2$, dann wird $\cos(\mathbf{e}_1;\mathbf{e}_2) = \dfrac{\mathbf{e}_1\mathbf{e}_2}{|\mathbf{e}_1|\,|\mathbf{e}_2|} = \dfrac{0}{1} = 0$ und $\measuredangle(\mathbf{e}_1;\mathbf{e}_2) = \dfrac{\pi}{2}$, für $\mathbf{a} = \mathbf{b} = \mathbf{e}_2$ wird $\cos(\mathbf{e}_2;\mathbf{e}_2) = \dfrac{\mathbf{e}_2\mathbf{e}_2}{|\mathbf{e}_2|\,|\mathbf{e}_2|} = 1$ und $\measuredangle(\mathbf{e}_2;\mathbf{e}_2) = 0$; für $\mathbf{b} = \mathbf{o}$ wird $\cos(\mathbf{a};\mathbf{o}) = \dfrac{\mathbf{ao}}{|\mathbf{a}|\,|\mathbf{o}|} = \dfrac{0}{0}$, d. h., es ergibt sich ein unbestimmter Ausdruck, womit auch rechnerisch gezeigt ist, daß dem Nullvektor keine Richtung zukommt (vgl. auch 1.2.1.).

Die Darstellung des Winkels zwischen zwei Vektoren ist allgemein mit Hilfe der Richtungskosinus der beiden Vektoren möglich. Mit

$$\mathbf{a} = |\mathbf{a}|\,(\mathbf{e}_1\cos(\mathbf{e}_1;\mathbf{a}) + \mathbf{e}_2\cos(\mathbf{e}_2;\mathbf{a}) + \mathbf{e}_3\cos(\mathbf{e}_3;\mathbf{a})),$$
$$\mathbf{b} = |\mathbf{b}|\,(\mathbf{e}_1\cos(\mathbf{e}_1;\mathbf{b}) + \mathbf{e}_2\cos(\mathbf{e}_2;\mathbf{b}) + \mathbf{e}_3\cos(\mathbf{e}_3;\mathbf{b}))$$

wird

$$\mathbf{ab} = |\mathbf{a}|\,|\mathbf{b}|\,(\cos(\mathbf{e}_1;\mathbf{a})\cos(\mathbf{e}_1;\mathbf{b}) + \cos(\mathbf{e}_2;\mathbf{a})\cos(\mathbf{e}_2;\mathbf{b}) + \cos(\mathbf{e}_3;\mathbf{a})\cos(\mathbf{e}_3;\mathbf{b}));$$

andererseits ist $\mathbf{ab} = |\mathbf{a}|\,|\mathbf{b}|\cos(\mathbf{a};\mathbf{b})$, d. h. also

$$\cos(\mathbf{a};\mathbf{b}) = \cos(\mathbf{e}_1;\mathbf{a})\cos(\mathbf{e}_1;\mathbf{b}) + \cos(\mathbf{e}_2;\mathbf{a})\cos(\mathbf{e}_2;\mathbf{b}) + \cos(\mathbf{e}_3;\mathbf{a})\cos(\mathbf{e}_3;\mathbf{b});$$

für $\mathbf{b} = \mathbf{a}$ gilt:

$$\cos(\mathbf{a};\mathbf{a}) = \cos^2(\mathbf{e}_1;\mathbf{a}) + \cos^2(\mathbf{e}_2;\mathbf{a}) + \cos^2(\mathbf{e}_3;\mathbf{a}) = 1.$$

Die Summe der Quadrate der Richtungskosinus eines Vektors ist gleich eins.

Entsprechende Beziehungen gelten im R^n; z. B. ist

$$\cos(\mathbf{a}; \mathbf{b}) = \frac{\mathbf{ab}}{|\mathbf{a}|\,|\mathbf{b}|} = \frac{\alpha_1\beta_1 + \alpha_2\beta_2 + \ldots + \alpha_n\beta_n}{\sqrt{\alpha_1^2 + \alpha_2^2 + \ldots + \alpha_n^2}\,\sqrt{\beta_1^2 + \beta_2^2 + \ldots + \beta_n^2}}$$

und

$$\cos(\mathbf{a}; \mathbf{b}) = \cos(\mathbf{e}_1; \mathbf{a})\cos(\mathbf{e}_1; \mathbf{b}) + \cos(\mathbf{e}_2; \mathbf{a})\cos(\mathbf{e}_2; \mathbf{b}) + \ldots + \cos(\mathbf{e}_n; \mathbf{a})\cos(\mathbf{e}_n; \mathbf{b}).$$

Beispiel 1.10:

Wenn $\mathbf{a} = 4\mathbf{e}_1 - 2\mathbf{e}_2 + 4\mathbf{e}_3$ und $\mathbf{b} = 3\mathbf{e}_1 + 2\mathbf{e}_2 + 6\mathbf{e}_3$ ist, dann werden

$$|\mathbf{a}| = 6, \quad \cos(\mathbf{e}_1; \mathbf{a}) = \frac{2}{3}, \quad \cos(\mathbf{e}_2; \mathbf{a}) = -\frac{1}{3}, \quad \cos(\mathbf{e}_3; \mathbf{a}) = \frac{2}{3},$$

$$|\mathbf{b}| = 7, \quad \cos(\mathbf{e}_1; \mathbf{b}) = \frac{3}{7}, \quad \cos(\mathbf{e}_2; \mathbf{b}) = \frac{2}{7}, \quad \cos(\mathbf{e}_3; \mathbf{b}) = \frac{6}{7},$$

$$\cos(\mathbf{a}; \mathbf{b}) = \frac{16}{21} \text{ (mit Hilfe der Richtungskosinus)}, \quad \sphericalangle\,(\mathbf{a}; \mathbf{b}) = 40°\,20',$$

$$\mathbf{ab} = |\mathbf{a}|\,|\mathbf{b}|\cos(\mathbf{a}; \mathbf{b}) = 32, \quad \mathbf{ab} = \alpha_1\beta_1 + \alpha_2\beta_2 + \alpha_3\beta_3 = 32.$$

1.3.3. Die Cauchy-Schwarzsche Ungleichung

Für zwei Vektoren $\mathbf{a}$ und $\mathbf{b}$ gilt

$$(\mathbf{ab})(\mathbf{ab}) \leq (\mathbf{aa})(\mathbf{bb});$$

dabei gilt das Gleichheitszeichen, wenn einer der beiden Vektoren gleich dem Null-vektor ist ($\mathbf{a} = \mathbf{o}$ oder $\mathbf{b} = \mathbf{o}$) oder wenn $\mathbf{a}$ und $\mathbf{b}$ kollinear sind ($\mathbf{a} \parallel \mathbf{b}$, d. h. $\mathbf{a} = \lambda\mathbf{b}$, $\lambda \neq 0$).

Durch Ausrechnen erhalten wir:

$$(\mathbf{ab})(\mathbf{ab}) = |\mathbf{a}|^2\,|\mathbf{b}|^2 \cos^2(\mathbf{a}; \mathbf{b}),$$

$$(\mathbf{aa})(\mathbf{bb}) = |\mathbf{a}|^2\,|\mathbf{b}|^2,$$

woraus wegen $0 \leq \cos^2(\mathbf{a}; \mathbf{b}) \leq 1$ die Behauptung folgt.

1.3.4. Vektorielles Produkt

D.1.9 **Definition 1.9:** *Als vektorielles oder äußeres Produkt* $\mathbf{p} = \mathbf{a} \times \mathbf{b} = [\mathbf{ab}]$ *der beiden Vektoren* $\mathbf{a}$ *und* $\mathbf{b}$ *wird der folgende Vektor* $\mathbf{p}$ *definiert*:

$$\mathbf{p} = \mathbf{a} \times \mathbf{b} = |\mathbf{a}|\,|\mathbf{b}|\sin(\mathbf{a}; \mathbf{b})\,\mathbf{p}°;$$

dabei ist $\mathbf{p}°$ *der zu* $\mathbf{p}$ *gehörige Einheitsvektor* (vgl. Definition 1.4 und Satz 1.1), *und es gilt* $0 \leq \sphericalangle\,(\mathbf{a}; \mathbf{b}) \leq \pi$.

Der Vektor $\mathbf{p}$ *hat folgende Eigenschaften*:

$$\mathbf{p} \perp \mathbf{a},$$
$$\mathbf{p} \perp \mathbf{b},$$

$\mathbf{a}, \mathbf{b}, \mathbf{p}$ *bilden* (*in dieser Reihenfolge*) *ein Rechtssystem* (vgl. Bild 1.20),

$$|\mathbf{p}| = |\mathbf{a}|\,|\mathbf{b}|\sin(\mathbf{a}; \mathbf{b});$$

der Betrag des Produktvektors ist gleich der Maßzahl der Fläche des von den Vektoren $\mathbf{a}$ *und* $\mathbf{b}$ *aufgespannten Parallelogramms* (vgl. Bild 1.20).

Aus der Definition des vektoriellen Produktes folgt, daß dies weder im R^2 noch im R^n, $n > 3$, definiert werden kann.

Auch für die vektorielle Multiplikation gibt es keine eindeutige Umkehrung. Denn es müßte dann $\mathbf{a} \times \mathbf{x} = \mathbf{k}$ bei gegebenem $\mathbf{a}$ und $\mathbf{k}$ eine eindeutige Lösung haben. Diese Gleichung ist nur lösbar, wenn $\mathbf{k} \perp \mathbf{a}$; ist $\mathbf{x}_0$ eine Lösung, dann ist auch $(\mathbf{x}_0 + \lambda\mathbf{a})$ eine Lösung, denn es ist $\mathbf{a} \times (\mathbf{x}_0 + \lambda\mathbf{a}) = \mathbf{a} \times \mathbf{x}_0 + \mathbf{a} \times \lambda\mathbf{a} = \mathbf{a} \times \mathbf{x}_0 + \mathbf{o} = \mathbf{k}$ (die Gültigkeit des distributiven Gesetzes wird später nachgewiesen).

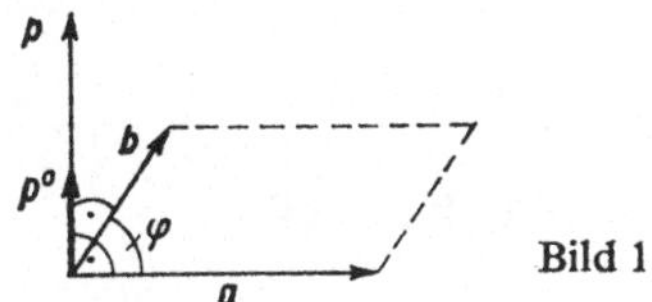

Bild 1.20

Satz 1.12: *Für die vektorielle Multiplikation gibt es keine eindeutige Umkehrung.*   **S.1.12**

Das vektorielle Produkt der beiden Vektoren $\mathbf{a}$ und $\mathbf{b}$ ist gleich dem Nullvektor $\mathbf{o}$, wenn einer der beiden Vektoren oder beide zugleich $\mathbf{o}$ sind oder wenn $\sin(\mathbf{a};\mathbf{b}) = 0$ ist.

Satz 1.13: *Gilt $\mathbf{a} \times \mathbf{b} = \mathbf{o}$ für $\mathbf{a} \neq \mathbf{o}$ und $\mathbf{b} \neq \mathbf{o}$, so sind die beiden Vektoren $\mathbf{a}$ und $\mathbf{b}$*   **S.1.13** *kollinear.*

Durch die obige Relation können kollineare Vektoren charakterisiert werden.

Sind $\mathbf{a} \neq \mathbf{o}$ und $\mathbf{b} \neq \mathbf{o}$ zueinander senkrecht, $\mathbf{a} \perp \mathbf{b}$, dann ist $|\mathbf{p}| = |\mathbf{a}|\,|\mathbf{b}|$, weil $\sin\dfrac{\pi}{2} = 1$ ist.

Wird einer der Vektoren $\mathbf{a}$ und $\mathbf{b}$ mit der reellen Zahl λ multipliziert, dann folgt aus der Definition des vektoriellen Produktes

$$(\lambda\mathbf{a}) \times \mathbf{b} = \lambda(\mathbf{a} \times \mathbf{b}),$$
$$\mathbf{a} \times (\lambda\mathbf{b}) = \lambda(\mathbf{a} \times \mathbf{b}).$$

Ebenfalls folgt daraus, daß

$$\mathbf{a} \times \mathbf{b} \neq \mathbf{b} \times \mathbf{a},$$

aber

$$\mathbf{a} \times \mathbf{b} = -\mathbf{b} \times \mathbf{a}$$

gilt; das kommutative Gesetz besitzt keine Gültigkeit. Die vektorielle Multiplikation ist *alternativ*.

Für die vektoriellen Produkte der Grundvektoren gilt (vgl. Schema):

$$\mathbf{e}_1 \times \mathbf{e}_1 = \mathbf{e}_2 \times \mathbf{e}_2 = \mathbf{e}_3 \times \mathbf{e}_3 = \mathbf{o},$$
$$\mathbf{e}_1 \times \mathbf{e}_2 = \mathbf{e}_3 = -\mathbf{e}_2 \times \mathbf{e}_1, \qquad \mathbf{e}_2 \times \mathbf{e}_1 = -\mathbf{e}_3,$$
$$\mathbf{e}_2 \times \mathbf{e}_3 = \mathbf{e}_1 = -\mathbf{e}_3 \times \mathbf{e}_2, \qquad \mathbf{e}_3 \times \mathbf{e}_2 = -\mathbf{e}_1,$$
$$\mathbf{e}_3 \times \mathbf{e}_1 = \mathbf{e}_2 = -\mathbf{e}_1 \times \mathbf{e}_3, \qquad \mathbf{e}_1 \times \mathbf{e}_3 = -\mathbf{e}_2.$$

Die Frage nach der Gültigkeit des assoziativen Gesetzes ist hier berechtigt, denn beide Produkte $\mathbf{a} \times (\mathbf{b} \times \mathbf{c})$ und $(\mathbf{a} \times \mathbf{b}) \times \mathbf{c}$ existieren und sind jeweils wieder Vektoren. Aber im allgemeinen ist (vgl. 1.3.6.)

$$\mathbf{p}_1 = \mathbf{a} \times (\mathbf{b} \times \mathbf{c}) \neq (\mathbf{a} \times \mathbf{b}) \times \mathbf{c} = \mathbf{p}_2,$$

das assoziative Gesetz besitzt keine Gültigkeit. Wenn z. B.

$$a = 4e_1 - 2e_2 + 4e_3,$$
$$b = 3e_1 + 2e_2 + 6e_3,$$
$$c = -2e_1 + e_2 - 3e_3$$

ist, dann gilt (vgl. 1.3.5.)

$$a \times (b \times c) = -2e_1 - 76e_2 - 36e_3,$$

aber

$$(a \times b) \times c = 22e_1 - 88e_2 - 44e_3.$$

Das distributive Gesetz dagegen *besitzt Gültigkeit*, d. h., es gilt

$$a \times (b + c) = a \times b + a \times c.$$

Um dies einzusehen, bedenken wir, daß a mit dem Vektor b dieselbe Ebene aufspannt wie mit der Projektion $\bar{b}$ von b in die zu a (in dessen Anfangspunkt) senkrechte Ebene; dann haben a × b und a × $\bar{b}$ dieselbe Richtung. Durch a und b wird ein Parallelogramm, durch a und $\bar{b}$ ein Rechteck aufgespannt, die aber flächengleich sind (vgl. Bild 1.21). Dann haben die beiden Vektoren a × b und a × $\bar{b}$ auch denselben Betrag, und es ist

$$a \times b = a \times \bar{b}.$$

Bereits bei der Untersuchung des skalaren Produktes hatten wir festgestellt, daß die Projektion einer Summe von Vektoren gleich der Summe der Projektionen der Summanden ist; damit gilt:

$$a \times (b + c) = a \times \overline{(b + c)} = a \times (\bar{b} + \bar{c}).$$

Nun ist noch die Gültigkeit von

$$a \times (\bar{b} + \bar{c}) = a \times \bar{b} + a \times \bar{c}$$

nachzuweisen. Ohne Einschränkung der Allgemeinheit dürfen wir annehmen, daß $\bar{b}$ und $\bar{c}$ in einer zu a senkrechten Ebene liegen; dann liegen a × $\bar{b}$ und a × $\bar{c}$ in derselben Ebene (vgl. Bild 1.22). Außerdem gelten (a × $\bar{b}$) ⊥ $\bar{b}$, (a × $\bar{c}$) ⊥ $\bar{c}$, {a × ($\bar{b}$ + $\bar{c}$)} ⊥ ($\bar{b}$ + $\bar{c}$), wobei a × $\bar{b}$, a × $\bar{c}$ und a × ($\bar{b}$ + $\bar{c}$) im gleichen Sinne gegenüber $\bar{b}$, $\bar{c}$, $\bar{b}$ + $\bar{c}$ um $\frac{\pi}{2}$ gedreht sind. Auf Grund der Ähnlichkeit der durch a × $\bar{b}$, a × $\bar{c}$, a × ($\bar{b}$ + $\bar{c}$) und durch $\bar{b}$, $\bar{c}$, $\bar{b}$ + $\bar{c}$ aufgespannten Dreiecke folgt a × ($\bar{b}$ + $\bar{c}$) = a × $\bar{b}$ + a × $\bar{c}$ und damit die Gültigkeit des distributiven Gesetzes.

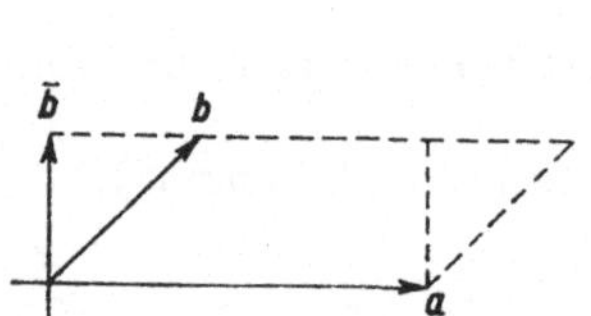

Bild 1.21

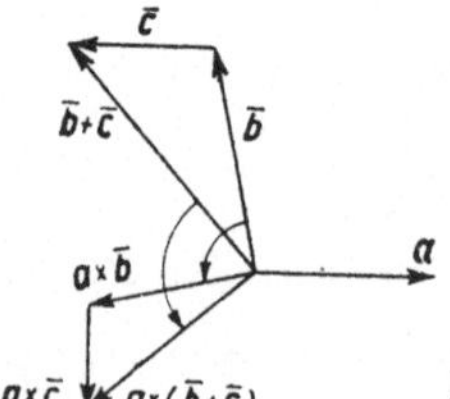

Bild 1.22

1.3.5.   Das vektorielle Produkt in Komponentendarstellung

Wenn wir

$$a = \alpha_1 e_1 + \alpha_2 e_2 + \alpha_3 e_3,$$
$$b = \beta_1 e_1 + \beta_2 e_2 + \beta_3 e_3$$

vektoriell miteinander multiplizieren, dann ergibt sich

$$\mathbf{a} \times \mathbf{b} = \alpha_1\beta_1(\mathbf{e}_1 \times \mathbf{e}_1) + \alpha_2\beta_1(\mathbf{e}_2 \times \mathbf{e}_1) + \alpha_3\beta_1(\mathbf{e}_3 \times \mathbf{e}_1)$$
$$+ \alpha_1\beta_2(\mathbf{e}_1 \times \mathbf{e}_2) + \alpha_2\beta_2(\mathbf{e}_2 \times \mathbf{e}_2) + \alpha_3\beta_2(\mathbf{e}_3 \times \mathbf{e}_2)$$
$$+ \alpha_1\beta_3(\mathbf{e}_1 \times \mathbf{e}_3) + \alpha_2\beta_3(\mathbf{e}_2 \times \mathbf{e}_3) + \alpha_3\beta_3(\mathbf{e}_3 \times \mathbf{e}_3)$$
$$= (\alpha_2\beta_3 - \alpha_3\beta_2)\,\mathbf{e}_1 + (\alpha_3\beta_1 - \alpha_1\beta_3)\,\mathbf{e}_2 + (\alpha_1\beta_2 - \alpha_2\beta_1)\,\mathbf{e}_3$$

oder, unter Benutzung der Determinantenschreibweise (vgl. 1.2.7.),

$$\mathbf{a} \times \mathbf{b} = \begin{vmatrix} \mathbf{e}_1 & \mathbf{e}_2 & \mathbf{e}_3 \\ \alpha_1 & \alpha_2 & \alpha_3 \\ \beta_1 & \beta_2 & \beta_3 \end{vmatrix}.$$

Wenn z. B. $\mathbf{a} = 4\mathbf{e}_1 - 2\mathbf{e}_2 + 4\mathbf{e}_3$ und $\mathbf{b} = 3\mathbf{e}_1 + 2\mathbf{e}_2 + 6\mathbf{e}_3$ ist, dann wird

$$\mathbf{a} \times \mathbf{b} = \begin{vmatrix} \mathbf{e}_1 & \mathbf{e}_2 & \mathbf{e}_3 \\ 4 & -2 & 4 \\ 3 & 2 & 6 \end{vmatrix}; \qquad \begin{vmatrix} \mathbf{e}_1 & \mathbf{e}_2 & \mathbf{e}_3 \\ 4 & -2 & 4 \\ 3 & 2 & 6 \end{vmatrix} \begin{matrix} \mathbf{e}_1 & \mathbf{e}_2 \\ 4 & -2 \\ 3 & 2 \end{matrix},$$

$$\mathbf{a} \times \mathbf{b} = -20\mathbf{e}_1 - 12\mathbf{e}_2 + 14\mathbf{e}_3.$$

Mit Hilfe der skalaren Komponenten der Vektoren $\mathbf{a}$ und $\mathbf{b}$ läßt sich der Betrag ihres vektoriellen Produktes folgendermaßen berechnen:

$$(\mathbf{a} \times \mathbf{b})^2 = (\alpha_2\beta_3 - \alpha_3\beta_2)^2 + (\alpha_3\beta_1 - \alpha_1\beta_3)^2 + (\alpha_1\beta_2 - \alpha_2\beta_1)^2$$
$$= (\alpha_1^2 + \alpha_2^2 + \alpha_3^2)(\beta_1^2 + \beta_2^2 + \beta_3^2) - (\alpha_1\beta_1 + \alpha_2\beta_2 + \alpha_3\beta_3)^2,$$

d. h.

$$(\mathbf{a} \times \mathbf{b})^2 = |\mathbf{a}|^2\,|\mathbf{b}|^2 - (\mathbf{ab})^2$$

oder

$$(\mathbf{a} \times \mathbf{b})^2 = (|\mathbf{a}|\,|\mathbf{b}| + \mathbf{ab})(|\mathbf{a}|\,|\mathbf{b}| - \mathbf{ab}).$$

Wegen

$$|\mathbf{a} \times \mathbf{b}| = |\mathbf{a}|\,|\mathbf{b}|\,\sin(\mathbf{a};\,\mathbf{b})$$

gilt stets

$$|\mathbf{a} \times \mathbf{b}| \leqq |\mathbf{a}|\,|\mathbf{b}|.$$

1.3.6. Gemischte und mehrfache Produkte

Durch drei vom Nullpunkt ausgehende Vektoren $\mathbf{a}$, $\mathbf{b}$, $\mathbf{c}$, die nicht alle in einer Ebene liegen, wird ein Parallelepiped aufgespannt (vgl. Bild 1.23). Das durch $\mathbf{b}$ und $\mathbf{c}$ bestimmte Parallelogramm wollen wir als Grundfläche betrachten; dann ist $\mathbf{f} = \mathbf{b} \times \mathbf{c}$ die zugehörige Plangröße. Zur Berechnung des Volumens V des Parallelepipeds ist deren Betrag mit der Höhe $h = |\mathbf{a}|\cos\vartheta$ zu multiplizieren, d. h.

$$V = |\mathbf{a}|\,|\mathbf{b}|\,|\mathbf{c}|\,\cos\vartheta\,\sin(\mathbf{b};\,\mathbf{c}) = \mathbf{a}(\mathbf{b} \times \mathbf{c}).$$

Da aber auch die durch $\mathbf{c}$, $\mathbf{a}$ bzw. $\mathbf{a}$, $\mathbf{b}$ bestimmten Parallelogramme als Grundfläche genommen werden können, gilt

$$V = \mathbf{a}(\mathbf{b} \times \mathbf{c}) = \mathbf{b}(\mathbf{c} \times \mathbf{a}) = \mathbf{c}(\mathbf{a} \times \mathbf{b}).$$

Wegen der Kommutativität der skalaren Produkte folgt daraus

$$(\mathbf{a} \times \mathbf{b})\,\mathbf{c} = \mathbf{a}(\mathbf{b} \times \mathbf{c});$$

das ist der sogenannte **Vertauschungssatz.**

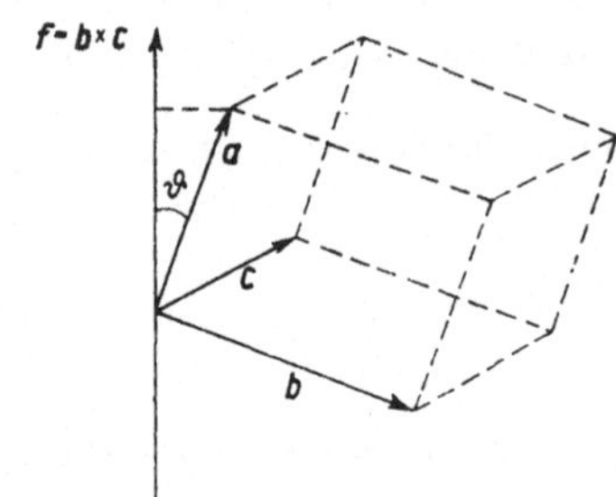

Bild 1.23

S.1.14 **Satz 1.14:** *Bei gleicher Reihenfolge dreier Vektoren mit je einer skalaren und vektoriellen multiplikativen Verknüpfung können die skalare und die vektorielle Multiplikation in ihrer Reihenfolge vertauscht werden, d. h.* $(\mathbf{a} \times \mathbf{b})\,\mathbf{c} = \mathbf{a}(\mathbf{b} \times \mathbf{c})$.

Wegen der Charakterisierung des Volumens eines Parallelepipeds oder Spates nennt man das Produkt $\mathbf{a}(\mathbf{b} \times \mathbf{c})$ *Spatprodukt* und bezeichnet es folgendermaßen:

$$[\mathbf{abc}] = [\mathbf{bca}] = [\mathbf{cab}].$$

Da die vektorielle Multiplikation nicht kommutativ, sondern alternativ ist, gilt

$$[\mathbf{abc}] = -[\mathbf{acb}] = -[\mathbf{bac}] = -[\mathbf{cba}].$$

S.1.15 **Satz 1.15:** *Das Spatprodukt* $[\mathbf{abc}]$, $\mathbf{a} \neq \mathbf{o}$, $\mathbf{b} \neq \mathbf{o}$, $\mathbf{c} \neq \mathbf{o}$, *ist genau dann gleich null, wenn die drei Vektoren in einer Ebene liegen, d. h., wenn sie komplanar sind.*

Das Spatprodukt hat auch den Wert Null, wenn es zwei gleiche Vektoren enthält, d. h. $[\mathbf{aab}] = 0$, $\mathbf{a} \neq \mathbf{b}$, $\mathbf{a} \neq \mathbf{o}$, $\mathbf{b} \neq \mathbf{o}$.
Für die Grundvektoren $\mathbf{e}_1$, $\mathbf{e}_2$, $\mathbf{e}_3$ gilt: $[\mathbf{e}_1\mathbf{e}_2\mathbf{e}_3] = 1$.
In Komponentendarstellung ist wegen

$$\mathbf{b} \times \mathbf{c} = (\beta_2\gamma_3 - \beta_3\gamma_2)\,\mathbf{e}_1 - (\beta_1\gamma_3 - \beta_3\gamma_1)\,\mathbf{e}_2 + (\beta_1\gamma_2 - \beta_2\gamma_1)\,\mathbf{e}_3$$

und

$$\begin{aligned}
\mathbf{a}(\mathbf{b} \times \mathbf{c}) &= (\alpha_1\mathbf{e}_1 + \alpha_2\mathbf{e}_2 + \alpha_3\mathbf{e}_3)\,[(\beta_2\gamma_3 - \beta_3\gamma_2)\,\mathbf{e}_1 \\
&\quad - (\beta_1\gamma_3 - \beta_3\gamma_1)\,\mathbf{e}_2 + (\beta_1\gamma_2 - \beta_2\gamma_1)\,\mathbf{e}_3] \\
&= \alpha_1(\beta_2\gamma_3 - \beta_3\gamma_2) - \alpha_2(\beta_1\gamma_3 - \beta_3\gamma_1) + \alpha_3(\beta_1\gamma_2 - \beta_2\gamma_1),
\end{aligned}$$

und damit gilt

$$[\mathbf{abc}] = \begin{vmatrix} \alpha_1 & \alpha_2 & \alpha_3 \\ \beta_1 & \beta_2 & \beta_3 \\ \gamma_1 & \gamma_2 & \gamma_3 \end{vmatrix};$$

das Verschwinden dieser Determinante hatten wir bereits in 1.2.7. als notwendige und hinreichende Bedingung für komplanare Vektoren, also linear abhängige Vektoren erkannt.

Wenn die Vektoren $\mathbf{a}$, $\mathbf{b}$, $\mathbf{c}$ miteinander vektoriell multipliziert werden, so sind die beiden Produkte $\mathbf{a} \times (\mathbf{b} \times \mathbf{c})$ und $(\mathbf{a} \times \mathbf{b}) \times \mathbf{c}$ möglich. Wir betrachten zunächst $\mathbf{p} = \mathbf{a} \times (\mathbf{b} \times \mathbf{c})$; Ergebnis dieser Multiplikation ist sicher ein Vektor. Dieser Vektor $\mathbf{p}$ muß senkrecht auf $\mathbf{a}$ und senkrecht auf $(\mathbf{b} \times \mathbf{c})$ stehen (vgl. Bild 1.24), d. h., er muß in der durch $\mathbf{b}$ und $\mathbf{c}$ aufgespannten Ebene liegen. Daher läßt sich $\mathbf{p}$ darstellen in der Form $\mathbf{p} = \lambda\mathbf{b} + \mu\mathbf{c}$, λ und μ skalare Faktoren. Dann ist

$$\mathbf{a} \times (\mathbf{b} \times \mathbf{c}) = \begin{vmatrix} \mathbf{e}_1 & \mathbf{e}_2 & \mathbf{e}_3 \\ \alpha_1 & \alpha_2 & \alpha_3 \\ \beta_2\gamma_3 - \beta_3\gamma_2 & \beta_3\gamma_1 - \beta_1\gamma_3 & \beta_1\gamma_2 - \beta_2\gamma_1 \end{vmatrix},$$

woraus sich die Komponenten π_1, π_2, π_3 ergeben zu

$$\pi_1 = \mathbf{ca}\beta_1 - \mathbf{ab}\gamma_1, \qquad \pi_2 = \mathbf{ca}\beta_2 - \mathbf{ab}\gamma_2, \qquad \pi_3 = \mathbf{ca}\beta_3 - \mathbf{ab}\gamma_3;$$

damit ist $\lambda = \mathbf{ca}$, $\mu = -\mathbf{ab}$, und es gilt

Satz 1.16: S.1.16
$$\mathbf{a} \times (\mathbf{b} \times \mathbf{c}) = (\mathbf{ca})\mathbf{b} - (\mathbf{ab})\mathbf{c};$$

das ist der **Entwicklungssatz.**

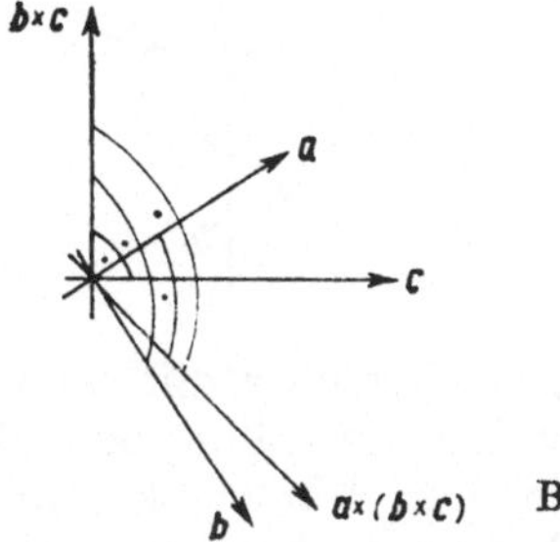

Bild 1.24

Wenden wir diesen Satz auf das Produkt $(\mathbf{a} \times \mathbf{b}) \times \mathbf{c}$ an, dann ergibt sich

$$(\mathbf{a} \times \mathbf{b}) \times \mathbf{c} = -\mathbf{c} \times (\mathbf{a} \times \mathbf{b}) = -(\mathbf{bc})\mathbf{a} + (\mathbf{ca})\mathbf{b}.$$

Mit Hilfe der soeben abgeleiteten Sätze können wir auch vierfache Produkte berechnen. Zum Beispiel ist

$$(\mathbf{a} \times \mathbf{b})(\mathbf{c} \times \mathbf{d}) = (\mathbf{a} \times \mathbf{b})\mathbf{p} = [\mathbf{abp}],$$

wenn wir $\mathbf{p} = \mathbf{c} \times \mathbf{d}$ setzen; weiter wird

$$[\mathbf{abp}] = \mathbf{a}(\mathbf{b} \times \mathbf{p}) = \mathbf{a}\{\mathbf{b} \times (\mathbf{c} \times \mathbf{d})\} = \mathbf{a}\{(\mathbf{db})\,\mathbf{c} - (\mathbf{bc})\,\mathbf{d}\},$$

also

$$(\mathbf{a} \times \mathbf{b})(\mathbf{c} \times \mathbf{d}) = (\mathbf{ac})(\mathbf{bd}) - (\mathbf{ad})(\mathbf{bc}) = \begin{vmatrix} \mathbf{ac} & \mathbf{ad} \\ \mathbf{bc} & \mathbf{bd} \end{vmatrix}.$$

Um $(\mathbf{a} \times \mathbf{b}) \times (\mathbf{c} \times \mathbf{d})$ zu berechnen, gehen wir folgendermaßen vor: Wir setzen $\mathbf{a} \times \mathbf{b} = \mathbf{p}_1$, dann wird

$$(\mathbf{a} \times \mathbf{b}) \times (\mathbf{c} \times \mathbf{d}) = \mathbf{p}_1 \times (\mathbf{c} \times \mathbf{d}) = (\mathbf{dp}_1)\mathbf{c} - (\mathbf{p}_1\mathbf{c})\mathbf{d} = [\mathbf{dab}]\mathbf{c} - [\mathbf{abc}]\mathbf{d};$$

setzen wir $\mathbf{c} \times \mathbf{d} = \mathbf{p}_2$, dann wird

$$(\mathbf{a} \times \mathbf{b}) \times (\mathbf{c} \times \mathbf{d}) = (\mathbf{a} \times \mathbf{b}) \times \mathbf{p}_2 = -(\mathbf{bp}_2)\mathbf{a} + (\mathbf{p}_2\mathbf{a})\mathbf{b} = -[\mathbf{bcd}]\mathbf{a} + [\mathbf{cda}]\mathbf{b};$$

bilden wir die Differenz aus der ersten und der zweiten Gleichung, dann erhalten wir

$$\mathbf{a}[\mathbf{bcd}] - \mathbf{b}[\mathbf{cda}] + \mathbf{c}[\mathbf{dab}] - \mathbf{d}[\mathbf{abc}] = \mathbf{o};$$

diese Beziehung sagt aus, daß vier Vektoren im R^3 stets voneinander linear abhängig sind.

1.4.   Anwendungen der Vektoralgebra

1.4.1.   Moment einer Kraft. Tangentialgeschwindigkeit

In einem Punkte P eines Körpers, der in dem Punkte O festgehalten wird, greift unter dem Winkel ϑ zum Vektor $\mathbf{r} = \overrightarrow{OP}$ eine Kraft $\mathbf{k}$ an. Dann entsteht ein Drehmoment vom Betrage $|\mathbf{r}|\,|\mathbf{k}|\sin\vartheta$, dessen Achse auf der von den Vektoren $\mathbf{r}$ und $\mathbf{k}$ aufgespannten Ebene senkrecht steht (vgl. Bild 1.25). Das Drehmoment $\mathbf{m}$ kann also durch das vektorielle Produkt $\mathbf{m} = \mathbf{r} \times \mathbf{k}$ dargestellt werden.

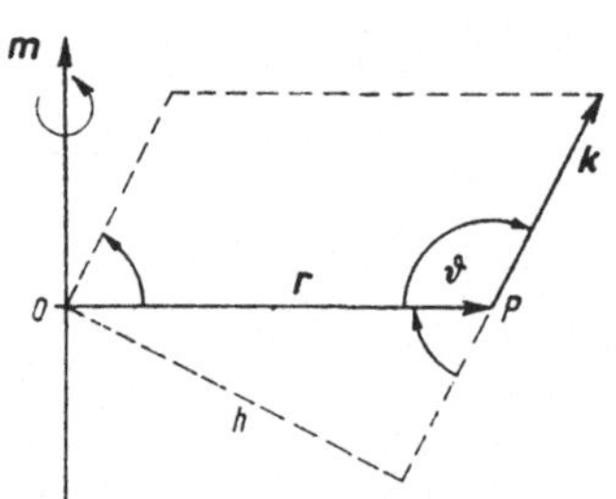

Bild 1.25

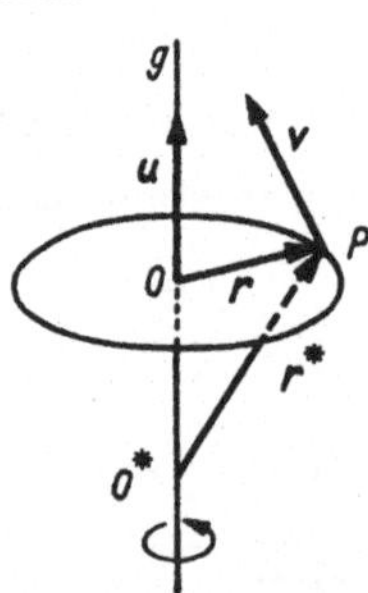

Bild 1.26

Wenn sich ein starrer Körper als Ganzes um eine Gerade g mit einer Winkelgeschwindigkeit $\mathbf{u}$ dreht, so spricht man von einer Kreisbewegung oder Rotation, und die Gerade heißt Dreh- oder Rotationsachse. Die Winkelgeschwindigkeit $\mathbf{u}$ ist an eine Trägergerade – in diesem Fall an die Rotationsachse – gebunden. ($\mathbf{u}$ ist also nicht parallel verschiebbar.) Jeder Massenpunkt des Körpers beschreibt in einer Ebene, die senkrecht zur Rotationsachse liegt, eine Kreisbahn um den Durchstoßpunkt O der Achse durch die Ebene; O heißt Dreh- oder Rotationszentrum. Die Bahngeschwindigkeit $\mathbf{v}$ eines beliebigen Punktes P des Körpers, der nicht auf der Rotationsachse liegt, ist zu bestimmen (vgl. Bild 1.26).

Da P eine Rotationsbewegung ausführt, wirkt $\mathbf{v}$ in Richtung der Tangenten in P an den Kreis, d. h., es gilt $\mathbf{v} = \mathbf{u} \times \mathbf{r}$.

Ist nicht O, sondern ein anderer Punkt O^* der Drehachse Ursprung des Ortsvektors nach P (vgl. Bild 1.26), dann gilt $\mathbf{v} = \mathbf{u} \times \mathbf{r}^*$; $\mathbf{v}$ steht senkrecht auf der durch $\mathbf{u}$ und $\mathbf{r}^*$ bestimmten Ebene.

1.4.2.   Reziproke Vektorsysteme[1])

Wie wir gesehen haben, sind vier Vektoren im R^3 stets voneinander linear abhängig, d. h., jeder Vektor ($\neq\mathbf{o}$) läßt sich durch drei nicht komplanare Vektoren darstellen. In der Beziehung

$$\mathbf{a}[\mathbf{bcd}] - \mathbf{b}[\mathbf{cda}] + \mathbf{c}[\mathbf{dab}] - \mathbf{d}[\mathbf{abc}] = \mathbf{o}$$

---

[1]) Vgl. Bd. 23, 6.

ersetzen wir $\mathbf{d}$ durch den Vektor $\mathbf{r}$, während $\mathbf{a}$, $\mathbf{b}$, $\mathbf{c}$ drei nicht komplanare Vektoren sein sollen (über die Winkel, die diese Vektoren miteinander bilden, werden keine Voraussetzungen gemacht). Dann wird

$$[\mathbf{rbc}]\mathbf{a} + [\mathbf{rca}]\mathbf{b} + [\mathbf{rab}]\mathbf{c} = \mathbf{r}[\mathbf{abc}]$$

oder – da nach Voraussetzung $\mathbf{abc} \neq 0$ ist –

$$\mathbf{r} = \mathbf{r}\frac{(\mathbf{b} \times \mathbf{c})}{[\mathbf{abc}]}\,\mathbf{a} + \mathbf{r}\frac{(\mathbf{c} \times \mathbf{a})}{[\mathbf{abc}]}\,\mathbf{b} + \mathbf{r}\frac{(\mathbf{a} \times \mathbf{b})}{[\mathbf{abc}]}\,\mathbf{c}, \tag{1.1}$$

wofür wir

$$\mathbf{r} = (\mathbf{ra}^*)\mathbf{a} + (\mathbf{rb}^*)\mathbf{b} + (\mathbf{rc}^*)\mathbf{c} \tag{1.2}$$

schreiben mit

$$\mathbf{a}^* \perp \mathbf{b}, \quad \mathbf{a}^* \perp \mathbf{c}, \quad \mathbf{b}^* \perp \mathbf{c}, \quad \mathbf{b}^* \perp \mathbf{a}, \quad \mathbf{c}^* \perp \mathbf{a}, \quad \mathbf{c}^* \perp \mathbf{b}$$

und

$$\mathbf{a}^* = \frac{(\mathbf{b} \times \mathbf{c})}{[\mathbf{abc}]}, \quad \mathbf{b}^* = \frac{(\mathbf{c} \times \mathbf{a})}{[\mathbf{abc}]}, \quad \mathbf{c}^* = \frac{(\mathbf{a} \times \mathbf{b})}{[\mathbf{abc}]}; \tag{1.3}$$

beziehen wir $\mathbf{r}$ auf die Grundvektoren $\mathbf{e}_1$, $\mathbf{e}_2$, $\mathbf{e}_3$, dann ist

$$\mathbf{r} = \varrho_1\mathbf{e}_1 + \varrho_2\mathbf{e}_2 + \varrho_3\mathbf{e}_3, \tag{1.4}$$

und es gilt

$$\varrho_1 = r\cos(\mathbf{e}_1;\mathbf{r}) = \mathbf{re}_1, \quad \varrho_2 = r\cos(\mathbf{e}_2;\mathbf{r}) = \mathbf{re}_2, \quad \varrho_3 = r\cos(\mathbf{e}_3;\mathbf{r}) = \mathbf{re}_3$$

und damit

$$\mathbf{r} = (\mathbf{re}_1)\,\mathbf{e}_1 + (\mathbf{re}_2)\,\mathbf{e}_2 + (\mathbf{re}_3)\,\mathbf{e}_3. \tag{1.5}$$

Setzen wir im besonderen $\mathbf{a} = \mathbf{e}_1$, $\mathbf{b} = \mathbf{e}_2$, $\mathbf{c} = \mathbf{e}_3$, dann wird $\mathbf{a}^* = \mathbf{e}_1$, $\mathbf{b}^* = \mathbf{e}_2$, $\mathbf{c}^* = \mathbf{e}_3$, und (1.2) geht in (1.5) über. Bei unserem Ansatz (1.1) bzw. der Darstellung (1.2) handelt es sich also um eine gegenüber (1.5) allgemeinere Darstellung.

Die Systeme $\mathbf{a}$, $\mathbf{b}$, $\mathbf{c}$ und $\mathbf{a}^*$, $\mathbf{b}^*$, $\mathbf{c}^*$ heißen *zueinander reziprok*. Wir wollen nunmehr den Vektor $\mathbf{r}$ bezüglich der Vektoren $\mathbf{a}^*$, $\mathbf{b}^*$, $\mathbf{c}^*$ zerlegen:

$$\mathbf{r} = \mu_1\mathbf{a}^* + \mu_2\mathbf{b}^* + \mu_3\mathbf{c}^*; \tag{1.6}$$

darin setzen wir für $\mathbf{a}^*$, $\mathbf{b}^*$, $\mathbf{c}^*$ die Werte aus (1.3) ein und erhalten nach Multiplikation mit $[\mathbf{abc}]$

$$[\mathbf{abc}]\mathbf{r} = \mu_1(\mathbf{b} \times \mathbf{c}) + \mu_2(\mathbf{c} \times \mathbf{a}) + \mu_3(\mathbf{a} \times \mathbf{b}). \tag{1.7}$$

(1.7) multiplizieren wir nacheinander skalar mit $\mathbf{a}$, $\mathbf{b}$, $\mathbf{c}$ und erhalten

$$\mu_1 = \mathbf{ra}, \tag{1.7a}$$
$$\mu_2 = \mathbf{rb}, \tag{1.7b}$$
$$\mu_3 = \mathbf{rc}. \tag{1.7c}$$

Damit geht (1.6) über in

$$\mathbf{r} = (\mathbf{ra})\mathbf{a}^* + (\mathbf{rb})\mathbf{b}^* + (\mathbf{rc})\mathbf{c}^*, \tag{1.8}$$

und diese Beziehung heißt zu (1.2) reziprok.

Mit Hilfe der Gleichungen (1.3) berechnen wir die skalaren Produkte $\mathbf{aa}^*$, $\mathbf{bb}^*$, $\mathbf{cc}^*$, $\mathbf{a}^*\mathbf{a}$, $\mathbf{b}^*\mathbf{b}$, $\mathbf{c}^*\mathbf{c}$ und erhalten

$$\mathbf{aa}^* = \mathbf{bb}^* = \mathbf{cc}^* = 1 = \mathbf{a}^*\mathbf{a} = \mathbf{b}^*\mathbf{b} = \mathbf{c}^*\mathbf{c}; \tag{1.9}$$

ebenso berechnen wir die skalaren Produkte $a*b$, $ba*$, $a*c$, $ca*$, $b*a$, $ab*$, $b*c$, $cb*$, $c*a$, $ac*$, $c*b$, $bc*$:

$$a*b = ba* = a*c = ca* = b*a = ab* = b*c = cb* = c*a$$
$$= ac* = c*b = bc* = 0; \tag{1.10}$$

denn bei der entsprechenden Multiplikation der Gleichungen (1.3) werden alle Zähler gleich null. Ferner gelten

$$a = \frac{b* \times c*}{[a*b*c*]}, \quad b = \frac{c* \times a*}{[a*b*c*]}, \quad c = \frac{a* \times b*}{[a*b*c*]} \tag{1.11}$$

und

$$[abc]\,[a*b*c*] = 1. \tag{1.12}$$

Aus (1.3), (1.11), (1.12) ergibt sich, daß entweder beide Systeme Rechts- oder beide Systeme Linkssysteme sein müssen. Wenn a, b, c zueinander orthogonal sind, dann ergibt sich dasselbe System, d. h., $a*$, $b*$, $c*$ sind durch dieselben Vektoren a, b, c darstellbar, nur sind die entsprechenden Beträge zueinander reziprok; so wird aus (1.3) z. B.

$$a* = \frac{b \times c}{[abc]} = \frac{a}{a(b \times c)} = \frac{a}{aa} = \frac{1}{|a|}\,a^\circ$$

und entsprechend $b* = \dfrac{1}{|b|}\,b^\circ$, $c* = \dfrac{1}{|c|}\,c^\circ$. Orthogonale Systeme sind also zu sich selbst reziprok. (Für den Fall der Darstellung durch die Grundvektoren e_1, e_2, e_3, d. h., für $a = e_1$, $b = e_2$, $c = e_3$ wird, wie wir oben bereits gesehen haben, $a* = e_1$, $b* = e_2$, $c* = e_3$, weil ja $|e_1| = |e_2| = |e_3| = 1$ und das von den Grundvektoren gebildete Orthogonalsystem zu sich selbst reziprok ist.)

1.4.3. Die Höhen im Dreieck

Da h_a und h_c Vektoren in Richtung der Höhen bis zum Höhenschnittpunkt H sind (vgl. Bild 1.27), gilt

$$h_a \perp a, \; h_c \perp c \text{ oder } h_a a = 0,\; h_c c = 0.$$

Es soll gezeigt werden, daß x (der Vektor vom Eckpunkt B bis zum Höhenschnittpunkt H) senkrecht auf b ist, die drei Höhen eines Dreiecks sich also in einem Punkte schneiden.

Es ist $h_c = x - a$ und $h_a = x + c$; werden diese Werte für h_a und h_c in die obigen Gleichungen eingesetzt, ergeben sich

$$a(x + c) = ax + ac = 0$$

und

$$c(x - a) = cx - ca = 0.$$

Durch Addition beider Gleichungen erhält man

$$x(a + c) = 0;$$

nun ist $a + b + c = o$, also $a + c = -b$, womit sich

$$x(-b) = -(xb) = 0$$

ergibt. Wegen $b \neq o$ ist $x \perp b$, d. h., x ist ein Vektor in Richtung der Höhe vom Punkte B auf die Seite b; damit ist die obige Behauptung bewiesen.

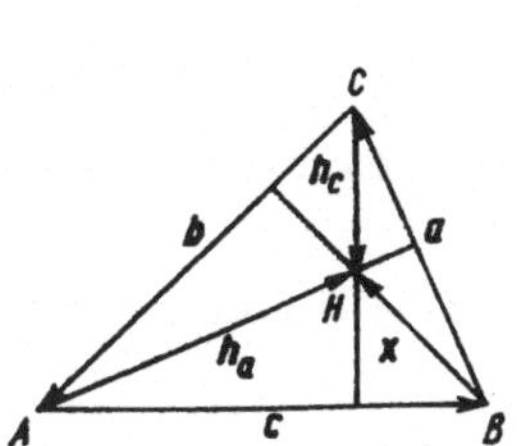

Bild 1.27

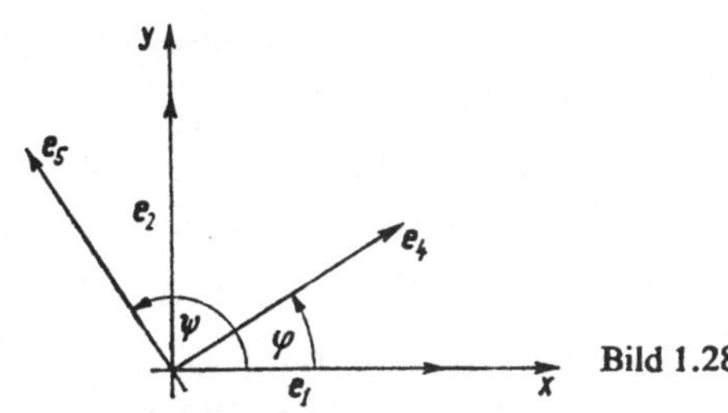

Bild 1.28

1.4.4. Additionstheorem der Sinusfunktion

Für die beiden Einheitsvektoren e_4 und e_5 gilt (vgl. Bild 1.28):

$$e_4 = e_1 \cos \varphi + e_2 \sin \varphi,$$

$$e_5 = e_1 \cos \psi + e_2 \sin \psi;$$

das vektorielle Produkt ist

$$e_4 \times e_5 = \begin{vmatrix} e_1 & e_2 & e_3 \\ \cos \varphi & \sin \varphi & 0 \\ \cos \psi & \sin \psi & 0 \end{vmatrix} = (\cos \varphi \sin \psi - \sin \varphi \cos \psi)\, e_3;$$

nach der Definition des vektoriellen Produktes ist $e_4 \times e_5 = 1 \cdot 1 \sin (e_4; e_5)\, e_3$
$= e_3 \sin (\psi - \varphi)$. Der Vergleich beider Ergebnisse liefert

$$\sin (\psi - \varphi) = \sin \psi \cos \varphi - \cos \psi \sin \varphi.$$

(Der Beweis gilt für $0 \leqq \psi - \varphi \leqq \pi$.)

1.4.5. Gleichungen einer Geraden

Jeder Punkt P der Ebene oder des Raumes kann bei gegebenem Koordinatenanfangspunkt O durch einen Vektor $\mathbf{a} = \overrightarrow{OP}$, den Ortsvektor, festgelegt werden. Es gilt dann

$$\mathbf{r} = \varrho_1 e_1 + \varrho_2 e_2 \quad \text{bzw.} \quad \mathbf{r} = \varrho_1 e_1 + \varrho_2 e_2 + \varrho_3 e_3,$$

wenn (ϱ_1, ϱ_2) bzw. $(\varrho_1, \varrho_2, \varrho_3)$ die Koordinaten von P in der Ebene bzw. im Raum sind. Damit sind zugleich die Zerlegungen von $\mathbf{r}$ in seine vektoriellen Komponenten gegeben.

Wenn P Punkt der durch den Koordinatenanfangspunkt O gehenden Geraden g ist und $\mathbf{a}$ der Richtungsvektor von g, dann erhält man durch

$$\mathbf{r} = \lambda \mathbf{a}, \quad -\infty < \lambda < +\infty,$$

alle Punkte der Geraden g, also die vektorielle Darstellung einer Geraden durch O.

Die Koordinatendarstellung in der Ebene ergibt sich folgendermaßen: P habe die Koordinaten (x, y) in der Ebene. Es ist

$$\mathbf{a} = \alpha_1 e_1 + \alpha_2 e_2 = |\mathbf{a}| \left\{ \cos (e_1, \mathbf{a})\, e_1 + \cos (e_2, \mathbf{a})\, e_2 \right\}$$

Richtungsvektor von g und damit

$$\mathbf{r} = \lambda\, |\mathbf{a}| \left\{ \cos (e_1, \mathbf{a})\, e_1 + \cos (e_2, \mathbf{a})\, e_2 \right\}$$

bzw., wenn man die Koordinaten von P berücksichtigt,

$$\mathbf{r} = x\mathbf{e}_1 + y\mathbf{e}_2$$

Ortsvektor von P. Dann gilt $x = \lambda|\mathbf{a}|\cos(\mathbf{e}_1, \mathbf{a})$, $y = \lambda|\mathbf{a}|\cos(\mathbf{e}_2, \mathbf{a}) = \lambda|\mathbf{a}|\sin(\mathbf{e}_1, \mathbf{a})$, weil $\measuredangle(\mathbf{e}_1, \mathbf{a})$ und $\measuredangle(\mathbf{e}_2, \mathbf{a})$ Komplementwinkel sind.

Schließlich wird $\dfrac{y}{x} = \tan(\mathbf{e}_1, \mathbf{a}) = m$ für $\cos(\mathbf{e}_1, \mathbf{a}) \neq 0$ und $y = mx$ die Gleichung einer Geraden durch O.

Ist $\mathbf{a}$ wiederum der Richtungsvektor der Geraden g und P_1 ein Punkt auf g, der durch den Ortsvektor $\mathbf{r}_1 = x_1\mathbf{e}_1 + y_1\mathbf{e}_2 + z_1\mathbf{e}_3$ bestimmt ist, dann lautet die Vektorform der *Punkt-Richtungsgleichung* (vgl. Bild 1.29)

$$\mathbf{r} = \mathbf{r}_1 + \lambda\mathbf{a}, \qquad -\infty < \lambda < +\infty.$$

(Die Koordinatenform dieser Geradengleichung in der Ebene ergibt sich wie oben aus

$$\mathbf{r} - \mathbf{r}_1 = \lambda\mathbf{a} \quad \text{und} \quad \mathbf{r} = x\mathbf{e}_1 + y\mathbf{e}_2.)$$

P_1 und P_2 seien zwei voneinander verschiedene Punkte (der Ebene oder des Raumes), deren Lage durch die Ortsvektoren $\mathbf{r}_1$ und $\mathbf{r}_2$ bestimmt ist (vgl. Bild 1.30). Dann ist der Ortsvektor $\mathbf{r} = \overrightarrow{OP}$ zu einem beliebigen Punkt P der durch P_1 und P_2 bestimmten Geraden g wie folgt zu bestimmen:

$$\mathbf{r} = \overrightarrow{OP} = \overrightarrow{OP_1} + \lambda\overrightarrow{P_1P_2}, \quad \text{d. h.} \quad \mathbf{r} = \mathbf{r}_1 + \lambda(\mathbf{r}_2 - \mathbf{r}_1),$$

(*Zwei-Punkte-Gleichung* der Geraden in der Vektorform).

Aus

$$\mathbf{r} - \mathbf{r}_1 = \lambda(\mathbf{r}_2 - \mathbf{r}_1) \quad \text{und} \quad \begin{aligned} \mathbf{r}_1 &= x_1\mathbf{e}_1 + y_1\mathbf{e}_2 \\ \mathbf{r}_2 &= x_2\mathbf{e}_1 + y_2\mathbf{e}_2 \end{aligned}$$

läßt sich die Koordinatenform der Zwei-Punkte-Gleichung einer Geraden in der Ebene herleiten.

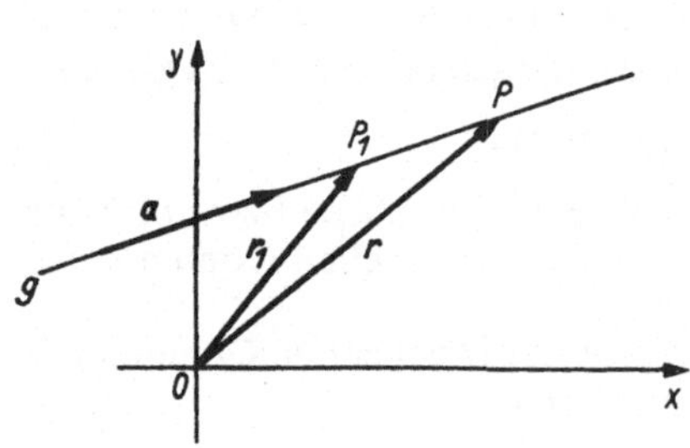

Bild 1.29

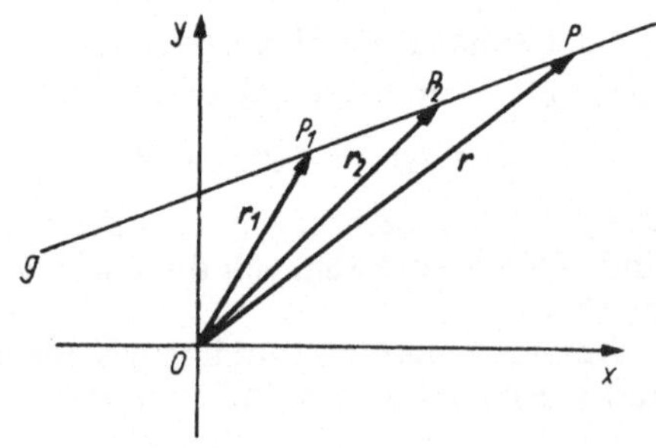

Bild 1.30

Liegen insbesondere die Punkte P_1 und P_2 auf der Abszissen- bzw. Ordinatenachse (vgl. Bild 1.31) und setzt man

$$\overline{OP_1} = a, \qquad \overline{OP_2} = b,$$

dann lautet die Vektorform der Achsenabschnittsgleichung

$$\mathbf{r} = a\mathbf{e}_1 + \lambda(b\mathbf{e}_2 - a\mathbf{e}_1) = (1 - \lambda)\,a\mathbf{e}_1 + \lambda b\mathbf{e}_2.$$

Die Koordinatenform der Geradengleichung erhält man unter Berücksichtigung der Gleichung des Ortsvektors zu einem beliebigen Punkt P dieser Geraden $\mathbf{r} = x\mathbf{e}_1 + y\mathbf{e}_2$:

$$x = (1 - \lambda)\,a, \qquad y = \lambda b;$$

$$\frac{x}{a} = 1 - \lambda, \qquad \frac{y}{b} = \lambda;$$

$$\frac{x}{a} + \frac{y}{b} = 1$$

(*Achsenabschnittsgleichung* einer Geraden mit $a \neq 0$, $b \neq 0$).

Die Gerade g gehe durch die Punkte P_1 und P_2, die durch die Ortsvektoren $\mathbf{r}_1$ und $\mathbf{r}_2$ festgelegt sind; P_3 ist ein beliebiger zwischen P_1 und P_2 gelegener Punkt, der durch den Ortsvektor $\mathbf{r}$ gegeben ist und $\overline{P_1P_2}$ (innen) im Verhältnis $n:m$ teilt (vgl. Bild 1.32). Es gilt

$$(\mathbf{r} - \mathbf{r}_1) = \lambda(\mathbf{r}_2 - \mathbf{r}_1),$$
$$\mathbf{r} = (1 - \lambda)\,\mathbf{r}_1 + \lambda\mathbf{r}_2,$$
$$\mathbf{r} = \mu_1\mathbf{r}_1 + \mu_2\mathbf{r}_2 \quad \text{mit} \quad \mu_1 + \mu_2 = 1;$$

unter Berücksichtigung des Teilverhältnisses $\lambda = \dfrac{n}{m + n}$ ist

$$\mathbf{r} = \frac{m\mathbf{r}_1 + n\mathbf{r}_2}{m + n}.$$

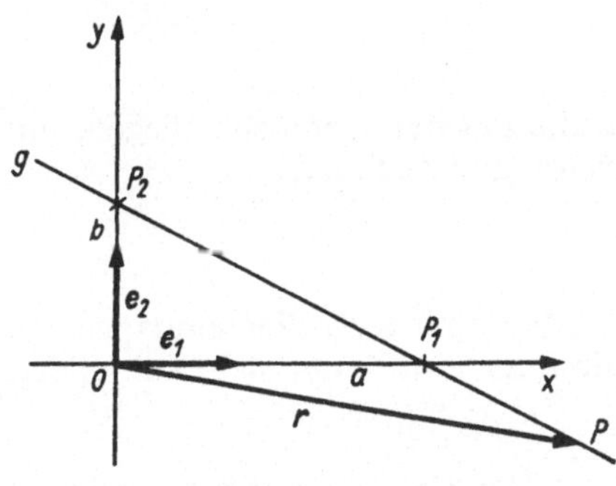

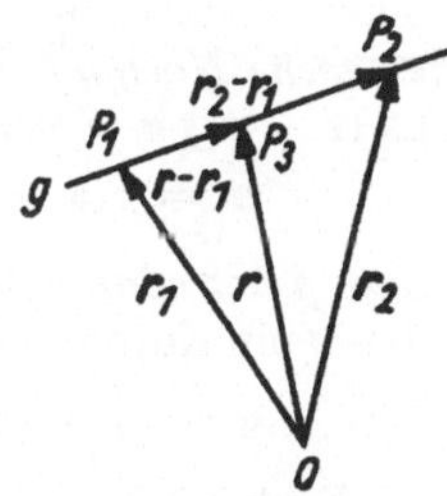

Bild 1.31   Bild 1.32

Die letzte Darstellung gestattet folgende Deutung:

P_3 kann als Massenmittelpunkt der mit den Massen m und n belegten Punkte P_1 und P_2 aufgefaßt werden; setzt man $m + n = -1$, dann stellt

$$1 \cdot \mathbf{r} + m\mathbf{r}_1 + n\mathbf{r}_2 = \mathbf{o} \quad \text{mit} \quad 1 + m + n = 0$$

die Gleichung dreier Vektoren $\mathbf{r}$, $\mathbf{r}_1$, $\mathbf{r}_2$ dar, deren Endpunkte auf einer Geraden liegen.

Der Punkt P_1 sei ein fester Punkt der Geraden g, der durch den Ortsvektor $\mathbf{r}_1$ festgelegt ist; durch $\overrightarrow{P_1P_2} = \mathbf{a}$ sei die Richtung von g bestimmt, wenn P_2 ein beliebiger anderer Punkt der Geraden g ist (vgl. Bild 1.33). Dann ist $(\mathbf{r} - \mathbf{r}_1) \parallel \mathbf{a}$, d. h., es gilt

$$(\mathbf{r} - \mathbf{r}_1) \times \mathbf{a} = \mathbf{o}.$$

3*

Die Hessesche Normalform einer Geradengleichung in der Vektorform entsteht aus der Gleichung

$$\mathbf{r} = \mathbf{r}_1 + \lambda\mathbf{a}, \qquad -\infty < \lambda < +\infty,$$

wobei $\mathbf{r}_1$ der Ortsvektor eines Geradenpunktes P_1 und $\mathbf{a}$ Richtungsvektor der Geraden g ist. $\mathbf{r}$ ist Ortsvektor eines beliebigen Punktes auf g, $\mathbf{n}$ sei der vom Nullpunkt weg positiv orientierte Normaleneinheitsvektor auf g, $|\mathbf{n}|^2 = \mathbf{nn} = 1$ (vgl. Bild 1.34).

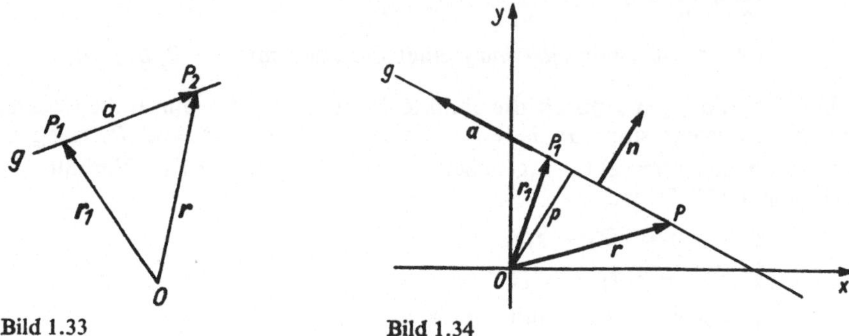

Bild 1.33   Bild 1.34

Multipliziert man die umgeformte Gleichung

$$\mathbf{r} - \mathbf{r}_1 = \lambda\mathbf{a}$$

mit dem Normaleneinheitsvektor $\mathbf{n}$ skalar, so entsteht

$$(\mathbf{r} - \mathbf{r}_1)\,\mathbf{n} = \lambda\mathbf{an} = 0,$$

da $\mathbf{n} \perp \mathbf{a}$.

Diese Gleichung gilt für alle Punkte, die auf der Geraden g liegen, und wird als *Hessesche Normalform* der Geradengleichung bezeichnet.

Aus $(\mathbf{r} - \mathbf{r}_1)\,\mathbf{n} = 0$ erhält man

$$\mathbf{rn} = \mathbf{r}_1\mathbf{n} = |\mathbf{r}_1| \cdot \cos(\mathbf{r}_1, \mathbf{n}) = p,$$

wobei p der senkrechte Abstand der Geraden vom Koordinatenursprung ist.

Ist Q ein durch den Ortsvektor $\mathbf{q}$ bestimmter Punkt, der nicht auf g liegt, dann gilt

$$\mathbf{q} = \mathbf{r}_1 + \lambda\mathbf{a} + \delta\mathbf{n}$$

(vgl. Bild 1.35), wobei δ den Abstand des Punktes Q von der Geraden g bedeutet. Multipliziert man diese Gleichung skalar mit dem Normaleneinheitsvektor $\mathbf{n}$, so entsteht

$$\mathbf{qn} = \mathbf{r}_1\mathbf{n} + \lambda\mathbf{an} + \delta\mathbf{nn},$$

$$\mathbf{qn} = p + 0 + \delta \quad \text{oder} \quad \mathbf{qn} - p = \delta;$$

dabei ist $\delta < 0$, wenn O und Q auf derselben Seite von g liegen, und $\delta > 0$, wenn O und Q auf verschiedenen Seiten von g liegen.

1.4.6. Gleichungen einer Ebene

P_1, P_2 und P_3 seien drei durch die Ortsvektoren $\mathbf{r}_1$, $\mathbf{r}_2$ und $\mathbf{r}_3$ festgelegte Punkte einer Ebene; P_4 sei ein beliebiger, durch den Ortsvektor $\mathbf{r}$ gegebener Punkt derselben Ebene (vgl. Bild 1.36). Dann ist

$$(\mathbf{r} - \mathbf{r}_1) = \lambda(\mathbf{r}_2 - \mathbf{r}_1) + \mu(\mathbf{r}_3 - \mathbf{r}_1);$$
$$\mathbf{r} = (1 - \lambda - \mu)\,\mathbf{r}_1 + \lambda\mathbf{r}_2 + \mu\mathbf{r}_3$$

oder

$$\mathbf{r} = \lambda_1\mathbf{r}_1 + \lambda_2\mathbf{r}_2 + \lambda_3\mathbf{r}_3 \quad \text{mit} \quad \lambda_1 + \lambda_2 + \lambda_3 = 1;$$

da man diese Ebenengleichung auch in der Form

$$\mathbf{r} = \frac{\lambda_1\mathbf{r}_1 + \lambda_2\mathbf{r}_2 + \lambda_3\mathbf{r}_3}{\lambda_1 + \lambda_2 + \lambda_3}$$

schreiben kann, erhält man mit $-\lambda_4 = \lambda_1 + \lambda_2 + \lambda_3$

$$\lambda_1\mathbf{r}_1 + \lambda_2\mathbf{r}_2 + \lambda_3\mathbf{r}_3 + \lambda_4\mathbf{r} = \mathbf{o}$$

die Bedingung dafür, daß die vier Punkte P_1, P_2, P_3, P_4 in einer Ebene liegen.

Ist die Ebene durch einen Punkt P_0 mit dem Ortsvektor $\mathbf{r}_0$ und einem Normalenvektor $\mathbf{n}$ – senkrecht zur Ebene – bestimmt (vgl. Bild 1.37), so gilt

$$\mathbf{n}(\mathbf{r} - \mathbf{r}_0) = 0 \quad \text{oder} \quad \mathbf{nr} = \mathbf{nr}_0$$

als Gleichung der Ebene (*Hessesche Normalform der Ebenengleichung*).

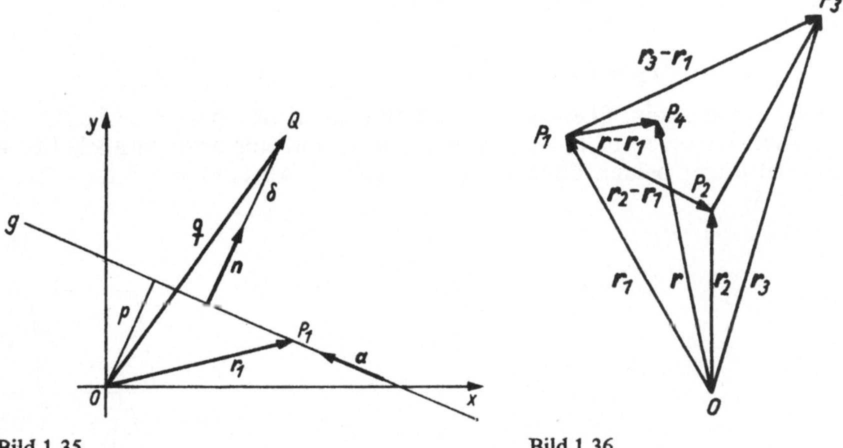

Bild 1.35   Bild 1.36

Der Normalenvektor $\mathbf{n}$ (auch Stellungsvektor der Ebene genannt) habe die Gleichung

$$\mathbf{n} = a_1\mathbf{e}_1 + a_2\mathbf{e}_2 + a_3\mathbf{e}_3;$$

für $\mathbf{r}$ gelte

$$\mathbf{r} = x_1\mathbf{e}_1 + x_2\mathbf{e}_2 + x_3\mathbf{e}_3.$$

Wir setzen

$$\mathbf{nr}_0 = b = |\mathbf{n}|\,p, \quad p \text{ Abstand der Ebene vom Nullpunkt;}$$

dann folgt aus der Ebenengleichung

$$\mathbf{nr} = \mathbf{nr}_0 = b$$

als Gleichung einer Ebene in kartesischen Koordinaten

$$a_1 x_1 + a_2 x_2 + a_3 x_3 = b,$$

wobei a_1, a_2, a_3 die Skalarkomponenten des Stellungsvektors der Ebene sind.
Mit Hilfe der Gleichung

$$\mathbf{n r} = \mathbf{n r}_0$$

läßt sich z. B. auch der Abstand eines Punktes P_1 von der Ebene bestimmen. Der Vektor des von P_1 auf die Ebene gefällten Lotes sei $\mathbf{d}$, wobei $\mathbf{d} \| \mathbf{n}$. Dann gilt:

$$\mathbf{n}(\mathbf{r}_0 - \mathbf{r}_1) = \mathbf{n d},$$

da $\mathbf{d}$ gleich der Projektion von $(\mathbf{r}_0 - \mathbf{r}_1)$ auf $\mathbf{n}$ ist (vgl. 1.3.1. und Bild 1.17) und $\mathbf{n d} = |\mathbf{n}|\,|\mathbf{d}|$. Der Abstand des Punktes P_1 von der Ebene ist demnach $|\mathbf{d}|$, und es ist

$$|\mathbf{d}| = \frac{|\mathbf{n}(\mathbf{r}_0 - \mathbf{r}_1)|}{|\mathbf{n}|}.$$

1.4.7. Abstand zweier windschiefer Geraden

Zwei Geraden seien gegeben durch

$$g_1 : \mathbf{r} = \mathbf{r}_1 + \lambda \mathbf{a},$$
$$g_2 : \mathbf{r} = \mathbf{r}_2 + \mu \mathbf{b}.$$

$\mathbf{a}$ und $\mathbf{b}$ spannen eine Ebene auf. Es gibt unendlich viele parallele Ebenen, die $\mathbf{a}$ bzw. $\mathbf{b}$ enthalten, davon enthält genau eine Ebene g_1 und eine dazu parallele Ebene g_2. Der Abstand dieser beiden Ebenen ist zugleich der Abstand der beiden Geraden (vgl. Bild 1.38).

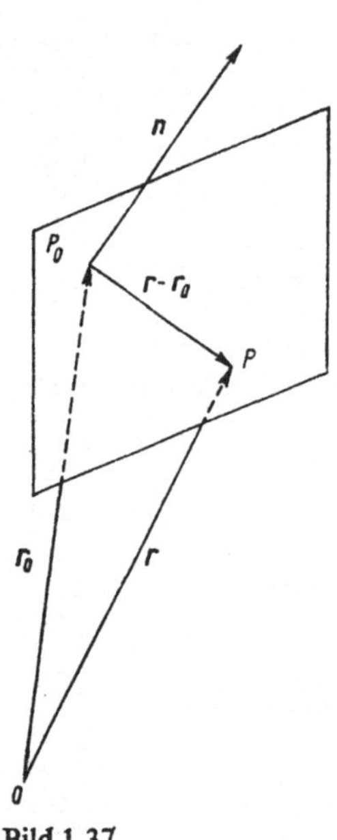

Bild 1.37

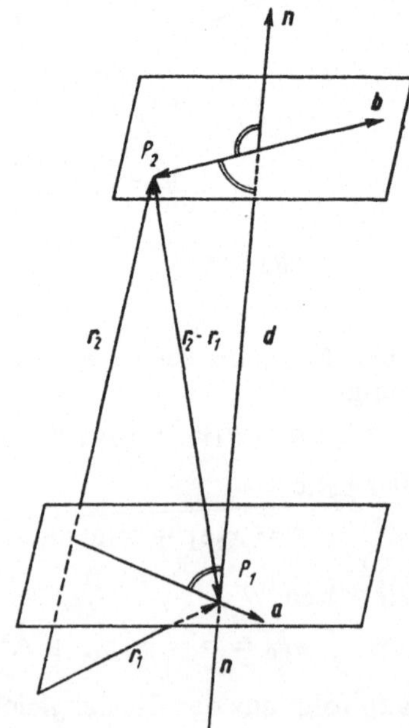

Bild 1.38

$n = a \times b$ ist ein Vektor, der senkrecht auf beiden Ebenen steht. Es gilt:

$$(r_2 - r_1)\, n = (r_2 - r_1)_n\, n.$$

($(r_2 - r_1)_n$ ist die Projektion des Vektors $(r_2 - r_1)$ auf n, eine Komponente d dieses Vektors in Richtung von n. Der Betrag dieser Komponente ist gleich dem Abstand.) Daraus folgt:

$$(r_2 - r_1)\, n = dn,$$

und da $n \| d$ ist, gilt

$$(r_2 - r_1)n = +|d|\,|n|, \quad |d| = \frac{|(r_2 - r_1)n|}{|n|}$$

und mit $n = a \times b$

$$|d| = \frac{|(r_2 - r_1)\,(a \times b)|}{|a \times b|}.$$

1.4.8. Gleichungen von Kreis und Kugel

Wenn der Koordinatenanfangspunkt O Mittelpunkt eines Kreises vom Radius a und r der Ortsvektor von O zu einem beliebigen Punkt P dieses Kreises ist (vgl. Bild 1.39), dann gilt

$$|r| = a, \quad \text{und} \quad r^2 = a^2$$

ist die Gleichung des Kreises in vektorieller Form.

Im R^3 stellt $r^2 = a^2$ die vektorielle Form der Gleichung der Kugel dar, deren Mittelpunkt O und deren Radius a ist.

Fallen Mittelpunkt M des Kreises bzw. der Kugel und Koordinatenanfangspunkt O nicht zusammen (vgl. Bild 1.40), und ist $\overrightarrow{OM} = m$ der Ortsvektor von M, dann werden Kreis bzw. Kugel durch die Gleichung $(r - m)^2 = a^2$ beschrieben.

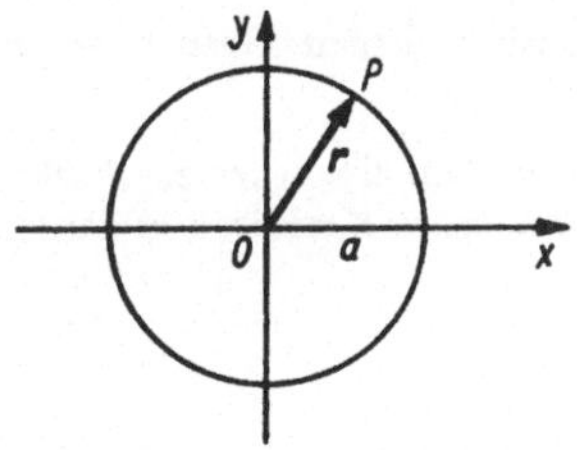

Bild 1.39

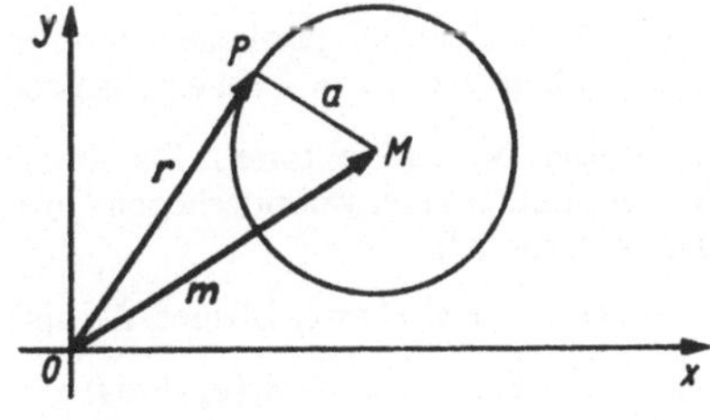

Bild 1.40

1.5.   Aufgaben

1.1: Man zeige, daß die Ortsvektoren

$$a_1 = \begin{bmatrix} 10 \\ -5 \\ 10 \end{bmatrix}, \quad a_2 = \begin{bmatrix} -11 \\ -2 \\ +10 \end{bmatrix} \quad \text{und} \quad a_3 = \begin{bmatrix} -2 \\ -14 \\ -5 \end{bmatrix}$$

die Kanten eines Würfels bilden, und bestimme dessen Volumen.

* **1.2:** Zwei Ortsvektoren a, b weisen nach den Endpunkten einer gegebenen Strecke AB. Auf der Strecke AB liege der Punkt P, und es sei $\dfrac{AP}{BP} = \dfrac{\lambda}{\mu}$. Wie heißt der Ortsvektor zum Punkt P?

* **1.3:** Unter dem Flächenvektor f einer ebenen Fläche F versteht man einen Vektor, der senkrecht auf der Fläche steht und dessen Betrag gleich der Maßzahl des Flächeninhaltes von F ist. Man beweise: Für ein beliebiges Tetraeder ist die Summe der nach außen orientierten Flächenvektoren $f_1, ..., f_4$ gleich dem Nullvektor.

* **1.4:** Ein starrer Körper rotiere mit $n = 250$ Umdrehungen pro Minute um eine Achse a, deren Gleichung in vektorieller Form $a = \lambda(e_1 - 3e_2 + 2e_3)$ ist. Blickt man in der orientierten Richtung des Vektors a, so soll die Drehung als Rechtsdrehung erscheinen. Man gebe den Geschwindigkeitsvektor v der augenblicklichen Bewegung des Punktes $P(-1, 4, 3)$ an und bestimme den Betrag der Geschwindigkeit (Längeneinheit $= 1$ m).

* **1.5:** Verbindet man eine Ecke eines Parallelogramms mit den Mittelpunkten der beiden nicht von dieser Ecke ausgehenden Parallelogrammseiten, so wird die von diesen Verbindungsgeraden im Parallelogramminneren geschnittene Diagonale des Parallelogramms in drei gleiche Teile zerlegt. Das ist vektoriell zu beweisen.

* **1.6:** In welchem Verhältnis schneiden sich die Höhen im gleichseitigen Dreieck?

* **1.7:** In Richtung der Kanten OA, OB und OC eines regelmäßigen Tetraeders $OABC$ mögen Kräfte mit den Beträgen 1, 2 und 3 kp wirken. Man bestimme den Betrag der Resultierenden **R** dieser Kräfte und die Richtungskosinus von **R** bezüglich der Kanten OA, OB und OC (vgl. Bild 1.41).

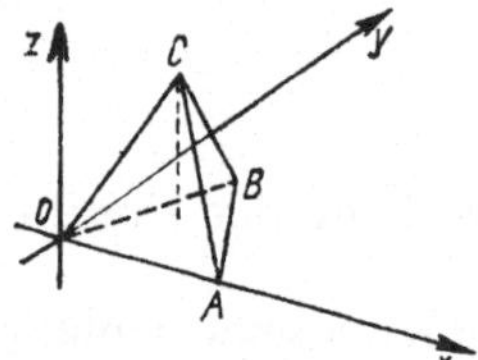

Bild 1.41

* **1.8:** Welche Fläche überstreicht ein Ortsvektor x vom Betrage 1 im Raum, wenn sein Skalarprodukt mit e_1 stets den Wert $\frac{1}{2}$ hat?

* **1.9:** a, b, c seien drei gegebene Vektoren, die nicht in einer Ebene liegen. Gesucht ist ein Vektor g mit $g \perp b$, $g \perp c$; $ga = k$ sei eine gegebene Konstante.

* **1.10:** Man beweise vektoriell: Das Produkt der Abstände zwischen einem festen Punkt P und den Schnittpunkten einer veränderlichen Geraden durch P mit einem festen Kreis ist konstant („Sekanten-Tangentensatz").

* **1.11:** Gegeben sind zwei Ebenen E_1 und E_2:

$$E_1: x = e_2 + \lambda_1(e_1 + e_2) + \mu_1(e_2 + e_3),$$
$$E_2: x = e_1 + \lambda_2 e_2 \qquad + \mu_2(e_1 + e_3).$$

a) Die Schnittgerade von E_1 und E_2 ist zu bestimmen;
b) der Winkel φ zwischen E_1 und E_2 ist zu berechnen;
c) $P_2(3, -2, 2)$ und $Q_2(1, 0, 0)$ seien zwei Punkte in E_2.

$$a = \begin{bmatrix} -1 \\ 2 \\ 1 \end{bmatrix}$$ ist ein Vektor in der orientierten Richtung eines Bündels paralleler Lichtstrahlen.

Welchen Schatten $P_1 Q_1$ wirft $P_2 Q_2$ in E_1? Wie lang ist dieser Schatten?

* **1.12:** Man bestimme die vektorielle Form der Gleichung der Ebene durch die Punkte $P_1(a, 0, 0)$, $P_2(0, b, 0)$ und $P_3(0, 0, c)$.

2. Matrizen und Determinanten

Nach dem Rechnen mit Vektoren werden wir uns nunmehr mit dem Rechnen mit Matrizen vertraut machen.

Die Matrizen treten uns ebenfalls als Hilfsmittel entgegen, das sich vorzüglich für die Beschreibung und Darstellung praktischer Probleme eignet.

Da sich die Matrizen als Systeme von endlich vielen Vektoren auffassen lassen, müssen wir zunächst die entsprechenden Rechengesetze und ihre Eigenschaften herleiten. Wir lernen einen Kalkül kennen, der umfassend einsetzbar ist.

2.1. Einführende Betrachtungen und Definitionen

2.1.1. Einführende Betrachtungen

Wenn nach den Rohstoffmengen gefragt wird, die in einem Betrieb bereitzustellen sind, der aus fünf Rohstoffen zwei Zwischenprodukte herstellt und diese zu einem Teil zu drei Endprodukten weiterverarbeitet, dann werden Angaben über die Produktionsauflagen und über die Materialverbrauchsnormen benötigt. Wir wollen mit R_1, R_2, R_3, R_4, R_5 die Rohstoffe, mit Z_1, Z_2 die Zwischenprodukte und mit E_1, E_2, E_3 die Endprodukte bezeichnen (Bild 2.1). Die Verbrauchsnormen von Rohstoffen zu Zwischenprodukten sowie von Zwischenprodukten zu Endprodukten sind in den beiden folgenden Tabellen enthalten:

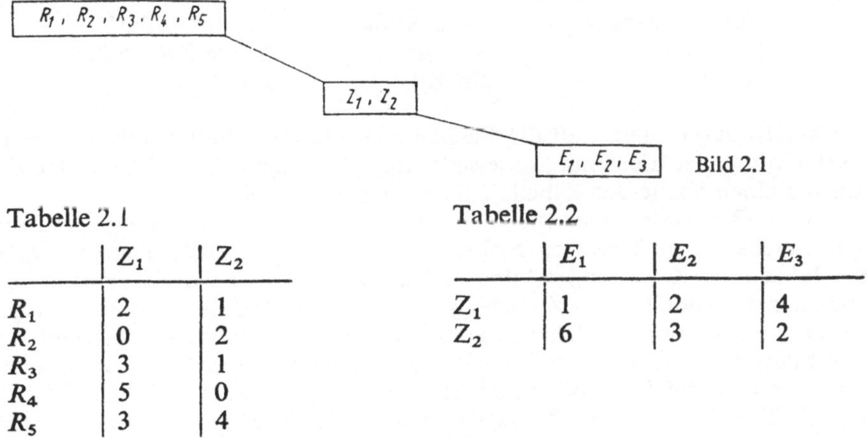

Bild 2.1

Tabelle 2.1

	Z_1	Z_2
R_1	2	1
R_2	0	2
R_3	3	1
R_4	5	0
R_5	3	4

Tabelle 2.2

	E_1	E_2	E_3
Z_1	1	2	4
Z_2	6	3	2

Zum Beispiel werden zur Herstellung von einer Gewichtseinheit Z_1 zwei Gewichtseinheiten R_1 und zur Herstellung von einer Gewichtseinheit Z_2 eine Gewichtseinheit R_1 benötigt usf.

Die Produktionsauflagen sind:

Tabelle 2.3

Z_1	150
Z_2	90

Tabelle 2.4

E_1	80
E_2	20
E_3	100

Die Produktionsauflagen für die Zwischenprodukte sind unabhängig von den für die Endprodukte benötigten Zwischenprodukten.

Mit diesen Angaben können wir die Frage nach den für die Erfüllung der Produktionsauflage bereitzustellenden Rohstoffmengen beantworten.

Für die Erzeugung der geforderten Mengen von Z_1 und Z_2 ergibt sich aus den Tabellen 2.1 und 2.3 die Notwendigkeit, folgende Mengen der einzelnen Rohstoffe bereitzustellen:

für R_1: $(2 \cdot 150 + 1 \cdot 90)$ Gewichtseinheiten,

für R_2: $(0 \cdot 150 + 2 \cdot 90)$ Gewichtseinheiten,

für R_3: $(3 \cdot 150 + 1 \cdot 90)$ Gewichtseinheiten,

für R_4: $(5 \cdot 150 + 0 \cdot 90)$ Gewichtseinheiten,

für R_5: $(3 \cdot 150 + 4 \cdot 90)$ Gewichtseinheiten.

Wenn wir die Tabelle der Verbrauchsnormen und die Angaben über die Produktionsauflagen sowie die oben erhaltenen Ergebnisse ohne Tabelleneingänge aufschreiben, dann erhalten wir:

$$
\begin{bmatrix} 2 & 1 \\ 0 & 2 \\ 3 & 1 \\ 5 & 0 \\ 3 & 4 \end{bmatrix}
\quad
\begin{bmatrix} 150 \\ 90 \end{bmatrix} \rightarrow
\begin{bmatrix} 390 \\ 180 \\ 540 \\ 750 \\ 810 \end{bmatrix},
\tag{2.1}
$$

Verbrauchsnormen zwischen R_i und Z_j,   Produktionsauflage für Z_j;   Rohstoffbedarf für die Zwischenprodukte Z_j.

Daraus ist zu ersehen, daß die Elemente rechts vom Pfeil durch die oben erklärte Verknüpfung der Elemente aus jeweils einer Zeile der Tabelle 2.1 mit den Elementen aus der einen Spalte der Tabelle 2.3 ermittelt werden können.

Um die Rohstoffmengen für die Endprodukte angeben zu können, müssen wir die Verbrauchsnormen zwischen Rohstoffen und Endprodukten kennen. Da die Endprodukte über Zwischenprodukte erzeugt werden und wir die Verbrauchsnormen zwischen Rohstoffen und Zwischenprodukten sowie Zwischen- und Endprodukten kennen, wollen wir versuchen, daraus die Verbrauchsnormen zwischen Rohstoffen und Endprodukten zu ermitteln. Wir müssen Angaben über Beziehungen erhalten, die zwischen den fünf Rohstoffen und den drei Endprodukten bestehen. Dazu benutzen wir die Tabellen 2.1 und 2.2. Daraus ergeben sich z. B. die Verbrauchsnormen

zwischen R_1 und E_1 zu $2 \cdot 1 + 1 \cdot 6 = \ \ 8$,

zwischen R_1 und E_2 zu $2 \cdot 2 + 1 \cdot 3 = \ \ 7$,

zwischen R_1 und E_3 zu $2 \cdot 4 + 1 \cdot 2 = 10$,

zwischen R_2 und E_1 zu $0 \cdot 1 + 2 \cdot 6 = 12$,

zwischen R_2 und E_2 zu $0 \cdot 2 + 2 \cdot 3 = \ \ 6$,

. . . .

zwischen R_5 und E_3 zu $3 \cdot 4 + 4 \cdot 2 = 20$,

so daß wir folgende Verbrauchsnormen zwischen den Rohstoffen R_i ($i = 1, ..., 5$) und den Endprodukten E_k ($k = 1, 2, 3$) erhalten:

Tabelle 2.5

	E_1	E_2	E_3
R_1	8	7	10
R_2	12	6	4
R_3	9	9	14
R_4	5	10	20
R_5	27	18	20

Unter Verzicht auf die Zeilen- und Spalteneingänge läßt sich die Beziehung zwischen den Tabellen 2.1, 2.2 und 2.5 folgendermaßen schreiben, wenn wir die Werte der Tabelle 2.5 wie oben angegeben ermitteln:

$$
\begin{bmatrix} 2 & 1 \\ 0 & 2 \\ 3 & 1 \\ 5 & 0 \\ 3 & 4 \end{bmatrix}
\qquad
\begin{bmatrix} 1 & 2 & 4 \\ 6 & 3 & 2 \end{bmatrix}
\rightarrow
\begin{bmatrix} 8 & 7 & 10 \\ 12 & 6 & 4 \\ 9 & 9 & 14 \\ 5 & 10 & 20 \\ 27 & 18 & 20 \end{bmatrix},
\qquad (2.2)
$$

Verbrauchs- | Verbrauchs- | Verbrauchs-
normen zwischen | normen zwischen | normen zwischen
R_i und Z_j, | Z_j und E_k; | R_i und E_k.

Auch hier entstehen die Zahlen rechts vom Pfeil durch die gleichen Verknüpfungen der Elemente von Zeilen und Spalten, wie sie vorhin erläutert wurden.

Die für die Erzeugung der Endprodukte E_k bereitzustellenden Gewichtseinheiten der Rohstoffe R_i erhalten wir aus den Tabellen 2.5 und 2.4; daraus ergibt sich für die Erzeugung der geforderten Mengen von E_1, E_2, E_3 die Bereitstellung

von $(\ 8 \cdot 80 + \ 7 \cdot 20 + 10 \cdot 100)$ Gewichtseinheiten von R_1,
von $(12 \cdot 80 + \ 6 \cdot 20 + \ 4 \cdot 100)$ Gewichtseinheiten von R_2,
von $(\ 9 \cdot 80 + \ 9 \cdot 20 + 14 \cdot 100)$ Gewichtseinheiten von R_3,
von $(\ 5 \cdot 80 + 10 \cdot 20 + 20 \cdot 100)$ Gewichtseinheiten von R_4,
von $(27 \cdot 80 + 18 \cdot 20 + 20 \cdot 100)$ Gewichtseinheiten von R_5.

Unter Verzicht auf die Zeilen- und Spalteneingänge der Tabellen 2.5 und 2.4 ergibt sich folgende Darstellung:

$$
\begin{bmatrix} 8 & 7 & 10 \\ 12 & 6 & 4 \\ 9 & 9 & 14 \\ 5 & 10 & 20 \\ 27 & 18 & 20 \end{bmatrix}
\qquad
\begin{bmatrix} 80 \\ 20 \\ 100 \end{bmatrix}
\rightarrow
\begin{bmatrix} 1\,780 \\ 1\,480 \\ 2\,300 \\ 2\,600 \\ 4\,520 \end{bmatrix},
\qquad (2.3)
$$

Verbrauchsnormen | Produktions- | Rohstoffbedarf
zwischen | auflage | für die
R_i und E_k, | für E_k; | Endprodukte E_k.

Um die ursprünglich gestellte Frage vollständig beantworten zu können, ist noch der Rohstoffbedarf für die Zwischenprodukte und der für die Endprodukte zu addieren:

$$\begin{bmatrix} 390 \\ 180 \\ 540 \\ 750 \\ 810 \end{bmatrix} + \begin{bmatrix} 1\,780 \\ 1\,480 \\ 2\,300 \\ 2\,600 \\ 4\,520 \end{bmatrix} \rightarrow \begin{bmatrix} 2\,170 \\ 1\,660 \\ 2\,840 \\ 3\,350 \\ 5\,330 \end{bmatrix} \tag{2.4}$$

Rohstoffbedarf für die Zwischenprodukte Z_j,

Rohstoffbedarf für die Endprodukte E_k;

gesamter Rohstoffbedarf.

Wir erhalten die einzelnen Werte für den Gesamtbedarf, indem wir die Summe der jeweils entsprechenden Zahlen bilden, d. h. z. B. $390 + 1780 = 2170$ usf. Das ist möglich, weil an der 1., 2., 3., 4., 5. Stelle der obigen Zahlenschemata jeweils die für R_1, R_2, R_3, R_4, R_5 bereitzustellenden Mengen stehen.

Es werden also benötigt:

2170 Gewichtseinheiten R_1,

1660 Gewichtseinheiten R_2,

2840 Gewichtseinheiten R_3,

3350 Gewichtseinheiten R_4,

5330 Gewichtseinheiten R_5,

um die Produktionsauflagen gemäß den bestehenden Verbrauchsnormen zu erfüllen.

Unsere Überlegungen führen zu der Frage, ob es nicht sinnvoll wäre, für solche Zahlenschemata, wie sie uns entgegengetreten sind, Rechenregeln zu entwickeln, um ohne Umwege und zusätzliche Erläuterungen mit diesen Schemata, mit diesen Systemen von Zahlen zu rechnen.

Aber versuchen wir zunächst, durch Anwendung unserer oben angestellten Überlegungen ein anderes Problem zu lösen. In einer landwirtschaftlichen Produktionsgenossenschaft soll der Bedarf an Futtermitteln für das kommende Jahr geplant werden; dabei wollen wir uns in diesem Beispiel auf die Milch- und Rindfleischproduktion der Genossenschaft beschränken. Es werden in die Bedarfsermittlung einbezogen: die vorhandenen Milchkühe, das zu erzeugende Rindfleisch und die aufzuziehenden Jungtiere. Im einzelnen werden an Futtermitteln benötigt:

Tabelle 2.6

	für 1 Stck. Milchvieh der Kategorie			für 1 t Rindermast	für eine Färse
	I	II	III		
Grünfutter [t]	10	10	12	10	15
Silage [t]	5	5	6	10	5
Heu [t]	1,8	1.5	1,5	1	1,5
Getreide [t]	0,4	0,6	0,8	1	0,7

Folgender Tierbestand ist vorhanden bzw. folgende Mast- und Aufzuchtleistungen sind zu erbringen:

Tabelle 2.7

Milchvieh, Kat. I [Stck.]	150
Milchvieh, Kat. II [Stck.]	150
Milchvieh, Kat. III [Stck.]	150
Rindermast [t]	50
Färsenaufzucht [Stck.]	90

Die Frage nach den Futtermengen, die zu erzeugen sind, beantworten wir durch entsprechendes Vorgehen wie beim vorigen Problem; wir schreiben die Zahlenschemata der Tabellen 2.6 und 2.7 nebeneinander und führen die Berechnung wie beim vorigen Beispiel durch:

$$\begin{bmatrix} 10 & 10 & 12 & 10 & 15 \\ 5 & 5 & 6 & 10 & 5 \\ 1{,}8 & 1{,}5 & 1{,}5 & 1 & 1{,}5 \\ 0{,}4 & 0{,}6 & 0{,}8 & 1 & 0{,}7 \end{bmatrix} \begin{bmatrix} 150 \\ 150 \\ 150 \\ 50 \\ 90 \end{bmatrix} \rightarrow \begin{bmatrix} 6650 \\ 3350 \\ 905 \\ 383 \end{bmatrix}, \qquad (2.5)$$

Bedarf der einzelnen Tier-   Tierbestand   Bedarf an
gruppen an Futtermitteln;   bzw. Auflagen; Futtermitteln.

Die Berechnung erfolgt also wie vorhin; z. B. ist

$$5 \cdot 150 + 5 \cdot 150 + 6 \cdot 150 + 10 \cdot 50 + 5 \cdot 90 = 3350 \text{ usf.}$$

Für die Fütterung des Milchviehs, d. h. also für die Sicherung der Milchproduktion, für die Erfüllung der Rindfleischproduktion und für die Jungtieraufzucht·müssen bereitgestellt werden

6650 t Grünfutter,
3350 t Silagefutter,
905 t Heu,
383 t Getreide.

Wir sehen, daß wir mit entsprechendem Vorgehen wiederum zum Ziele gekommen sind, und wir erkennen, daß die zu entwickelnden Methoden auf unterschiedliche Problemstellungen aus verschiedenen Gebieten angewendet werden können. Deshalb beschäftigen wir uns in diesem und den beiden folgenden Kapiteln zunächst mit den für den Ingenieur, Naturwissenschaftler, Ökonomen und Landwirt erforderlichen Grundlagen der linearen Algebra und wollen im vierten Kapitel einige Anwendungen der linearen Algebra kennenlernen.

2.1.2. Definitionen

Definition 2.1: *Ein rechteckiges System von m · n Zahlen, Rechengrößen oder sonstigen mathematischen Objekten heißt* **Matrix**.   **D.2.1**

Die Objekte einer Matrix bezeichnet man als *Elemente*. Folgende Systeme z. B. sind .Matrizen:

$$
\begin{array}{ccc}
5 & 3 & 2 \\
1 & 6 & 4,
\end{array}
\qquad
\begin{array}{cc}
a_1 & a_2 \\
a_5 & a_3 \\
a_4 & a_6 .
\end{array}
$$

Im allgemeinen setzt man Matrizen in Klammern, und zwar sind folgende Bezeichnungen üblich:

$$
\begin{pmatrix} 1 & 5 & 7 \\ 6 & 3 & 8 \end{pmatrix}
\qquad
\left\|\begin{array}{cc} 2 & 3 \\ 4 & 5 \\ 9 & 8 \\ 0 & 1 \end{array}\right\|,
\qquad
\begin{bmatrix} a_{11} & a_{12} \\ a_{21} & a_{22} \end{bmatrix}.
$$

Wir werden Matrizen immer durch eckige Klammern kennzeichnen. In einer Matrix unterscheiden wir Horizontalreihen oder *Zeilen* und Vertikalreihen oder *Spalten* (oder Kolonnen). Der besseren Übersicht halber verwendet man bei der Bezeichnung der Elemente einer Matrix doppelte Indizes; dabei gibt der erste Index die Nummer der Zeile an, in der das Element steht (man nennt ihn daher auch *Zeilenindex*), während der zweite Index die Nummer der Spalte angibt, in welcher sich das Element befindet (daher auch *Spaltenindex*).

Unter einer beliebigen Matrix **A** wollen wir folgendes System verstehen:

$$
\mathbf{A} = [a_{ik}] = \begin{bmatrix}
a_{11} & a_{12} \ldots a_{1k} \ldots a_{1n} \\
a_{21} & a_{22} \ldots a_{2k} \ldots a_{2n} \\
\cdot\cdot\cdot\cdot\cdot\cdot\cdot\cdot\cdot\cdot\cdot\cdot\cdot\cdot\cdot\cdot \\
a_{i1} & a_{i2} \ldots a_{ik} \ldots a_{in} \\
\cdot\cdot\cdot\cdot\cdot\cdot\cdot\cdot\cdot\cdot\cdot\cdot\cdot\cdot\cdot\cdot \\
a_{m1} & a_{m2} \ldots a_{mk} \ldots a_{mn}
\end{bmatrix}.
$$

Das Element a_{ik} steht also in der i-ten Zeile und in der k-ten Spalte. Wenn eine Matrix m Zeilen und n Spalten hat, so wollen wir sagen, die Matrix hat das *Format* (m, n). Häufig bezeichnet man eine solche Matrix als (m, n)-Matrix, als Matrix $[a_{ik}]_{(m,n)}$ oder $\mathbf{A}_{(m,n)}$ oder man sagt, die Matrix ist vom Typ (m, n).

Eine Matrix $\mathbf{A}_{(m,n)}$ kann auch aufgefaßt werden als aus m Zeilenvektoren $\mathbf{a}_{(i)}$, $i = 1, 2, \ldots, m$, bestehend, wobei

$$
\mathbf{a}_{(i)} = [a_{i1}, a_{i2}, \ldots, a_{in}]
$$

eine Matrix vom Format $(1, n)$, d. h. eine einzeilige Matrix, und

$$
\mathbf{A}_{(m,\,n)} = \begin{bmatrix}
\mathbf{a}_{(1)} \\
\mathbf{a}_{(2)} \\
\vdots \\
\mathbf{a}_{(m)}
\end{bmatrix}
$$

ist; natürlich kann $\mathbf{A}_{(m,n)}$ auch als aus n Spaltenvektoren $\mathbf{a}^{(k)}$, $k = 1, 2, \ldots, n$, bestehend aufgefaßt werden mit

$$
\mathbf{a}^{(k)} = \begin{bmatrix}
a_{1k} \\
a_{2k} \\
\vdots \\
a_{mk}
\end{bmatrix},
$$

d. h., $a^{(k)}$ ist eine Matrix vom Format $(m, 1)$, eine einspaltige Matrix, und $A_{(m.n)} = [a^{(1)}, a^{(2)}, \ldots, a^{(n)}]$. Beide Auffassungen sind für das Arbeiten mit Matrizen außerordentlich bedeutungsvoll.

Definition 2.2: *Zwei Matrizen* $A = [a_{ik}]$ *und* $B = [b_{ik}]$ *sind dann und nur dann gleich,* **D.2.2** *wenn sie gleiches Format haben und alle entsprechenden Elemente gleich sind.*

Gilt die Matrix-Relation

$$\begin{bmatrix} x_1 & y_1 \\ x_2 & y_2 \\ x_3 & y_3 \end{bmatrix} = \begin{bmatrix} 1 & 0 \\ 3 & -1 \\ 3 & 1 \end{bmatrix} ,$$

so bestehen die folgenden sechs Gleichungen:

$$x_1 = 1; \quad x_2 = 3; \quad x_3 = 3;$$
$$y_1 = 0; \quad y_2 = -1; \quad y_3 = 1.$$

Definition 2.3: *Wenn in der Matrix* $A = [a_{ik}]$ *die Zeilen und Spalten miteinander ver-* **D.2.3** *tauscht werden, so nennt man die so entstehende Matrix die gestürzte oder* **transponierte** *Matrix* $A^T = [a_{ki}]$. *Sie wird auch mit* A' *oder* ^TA *bezeichnet.*

Hieraus ergibt sich die Beziehung: $(A^T)^T = A$.

Beispiel 2.1:

$$A = [a_{ik}] = \begin{bmatrix} a_{11} & a_{12} \\ a_{21} & a_{22} \\ a_{31} & a_{32} \end{bmatrix}, \qquad A^T = [a_{ki}] = \begin{bmatrix} a_{11} & a_{21} & a_{31} \\ a_{12} & a_{22} & a_{32} \end{bmatrix}.$$

Definition 2.4: *Ist in einer Matrix* $m = n$, *so nennt man sie* **quadratische** *Matrix von der* **D.2.4** *Ordnung* n *oder vom Format* (n, n).

In einer quadratischen Matrix

$$A = \begin{bmatrix} a_{11} & \cdots & a_{1n} \\ \vdots & & \vdots \\ a_{n1} & \cdots & a_{nn} \end{bmatrix}$$

bilden die Elemente $a_{11}, a_{22}, \ldots, a_{ii}, \ldots, a_{nn}$ die *Hauptdiagonale* und die Elemente $a_{1n}, a_{2, n-1}, \ldots, a_{i, n-i+1}, \ldots, a_{n1}$ die *Nebendiagonale*.

Satz 2.1: *Die Transponierte einer quadratischen Matrix entsteht durch Spiegelung* **S.2.1** *der Elemente an der Hauptdiagonalen.*

Die Richtigkeit dieser Aussage ergibt sich unmittelbar aus den Definitionen 2.3 und 2.4.

Definition 2.5: *Wenn für eine quadratische Matrix* A *gilt:* $A = A^T$, *so nennt man diese* **D.2.5** *Matrix* **symmetrisch.**

Durch Spiegelung an der Hauptdiagonalen geht also eine symmetrische Matrix in sich selbst über. Dies ergibt sich unmittelbar aus Satz 2.1 und Definition 2.5. Die Matrix

$$\begin{bmatrix} a & f & e \\ f & b & d \\ e & d & c \end{bmatrix}$$

ist eine symmetrische Matrix. Für die Elemente einer symmetrischen Matrix gilt:

$$a_{ik} = a_{ki} \quad (i, k = 1, 2, ..., n).$$

D.2.6 Definition 2.6: *Gilt für die Transponierte einer quadratischen Matrix die Beziehung* $\mathbf{A} = -\mathbf{A}^T$, *dann nennt man die Matrix* $\mathbf{A}$ **schiefsymmetrisch** *oder* **antimetrisch.**

Die einzelnen Elemente haben die Eigenschaft $a_{ik} = -a_{ki}, a_{ii} = 0 \, (i, k = 1, 2, ..., n)$. Die Matrix

$$\begin{bmatrix} 0 & a & b \\ -a & 0 & -c \\ -b & c & 0 \end{bmatrix}$$

ist eine schiefsymmetrische Matrix (vgl. auch Def. 2.14).

D.2.7 Definition 2.7: *Enthält eine Matrix* $\mathbf{A} = [a_{ik}]$ *komplexe Elemente, so heißt die Matrix* $\bar{\mathbf{A}} = [\bar{a}_{ik}]$, *die die jeweiligen konjugiert komplexen Elemente enthält,* **konjugierte** *Matrix.*

Daraus folgt unmittelbar die Gleichung $\bar{\bar{\mathbf{A}}} = \mathbf{A}$.

D.2.8 Definition 2.8: *Die Transponierte der Konjugierten einer Matrix* $\mathbf{A} = [a_{ik}]$ *mit komplexen Elementen heißt* **assoziierte** *Matrix* $\mathbf{A}^*$. *Es gilt also*

$$\mathbf{A}^* = \bar{\mathbf{A}}^T = [\bar{a}_{ki}].$$

Beispiel 2.2:

$$\mathbf{A} = \begin{bmatrix} 3i & 2 & 1-i \\ 8+i & 4i & 3 \end{bmatrix}, \quad \bar{\mathbf{A}} = \begin{bmatrix} -3i & 2 & 1+i \\ 8-i & -4i & 3 \end{bmatrix},$$

$$\bar{\mathbf{A}}^T = \mathbf{A}^* = \begin{bmatrix} -3i & 8-i \\ 2 & -4i \\ 1+i & 3 \end{bmatrix}.$$

D.2.9 Definition 2.9: *Wenn für eine Matrix* $\mathbf{A} = [a_{ik}]$ *gilt:* $\mathbf{A}^* = \mathbf{A}$, *d. h.* $a_{ik} = \bar{a}_{ki}$ *für alle* $i, k = 1, 2, ..., n$, *so nennt man diese Matrix* **hermitesch.**

Beispiel 2.3:

$$\mathbf{A} = \begin{bmatrix} 3 & 1-i \\ 1+i & 2 \end{bmatrix}, \quad \bar{\mathbf{A}} = \begin{bmatrix} 3 & 1+i \\ 1-i & 2 \end{bmatrix}, \quad \mathbf{A}^* = \begin{bmatrix} 3 & 1-i \\ 1+i & 2 \end{bmatrix} = \mathbf{A}.$$

Definition 2.10: *Eine Matrix* $A = [a_{ik}]$, *für die* $A^* = -A$ *gilt, heißt* **antihermitesch** **D.2.10**
(schiefhermitesch), d. h., die Elemente genügen der Bedingung $a_{ik} = -\bar{a}_{ki}$ (vgl. auch
Def. 2.7 und 2.14).

Beispiel 2.4:

$$A = \begin{bmatrix} i & \frac{3}{2}i \\ \frac{3}{2}i & 2i \end{bmatrix}, \quad \bar{A} = \begin{bmatrix} -i & -\frac{3}{2}i \\ -\frac{3}{2}i & -2i \end{bmatrix}, \quad A^* = \begin{bmatrix} -i & -\frac{3}{2}i \\ -\frac{3}{2}i & -2i \end{bmatrix} = -A.$$

Aus den vorausgestellten Definitionen ergeben sich vier Folgerungen:
1. Hermitesche und antihermitesche Matrizen sind quadratisch.
2. Bei hermiteschen Matrizen sind die Elemente der Hauptdiagonalen reell.
3. Bei antihermiteschen Matrizen sind die Elemente der Hauptdiagonalen
   rein imaginär.
4. Reelle symmetrische Matrizen sind Spezialfälle hermitescher Matrizen,
   reelle schiefsymmetrische Matrizen sind Spezialfälle schiefhermitescher
   Matrizen.

2.2. Rechnen mit Matrizen

2.2.1. Addition und Subtraktion

Es seien $A = [a_{ik}]$ und $B = [b_{ik}]$ zwei Matrizen mit jeweils m Zeilen und n Spalten.

Definition 2.11: *Zwei Matrizen, die das gleiche Format haben, nennt man* **gleichartige** **D.2.11**
Matrizen.

A und B sind demnach gleichartige Matrizen. Nur für gleichartige Matrizen ist
eine Addition und eine Subtraktion erklärt.

Definition 2.12: *Unter der Summe der Matrizen* A *und* B *versteht man die Matrix* S, **D.2.12**
deren Elemente jeweils die Summen einander entsprechender Elemente von A *und* B
sind:

$$A + B = S$$
$$a_{ik} + b_{ik} = s_{ik} \quad (i = 1, 2, ..., m; k = 1, 2, ..., n). \tag{2.6}$$

Analog versteht man unter der Differenz der beiden Matrizen $A - B = D$, *daß für
entsprechende Elemente die folgende Gleichung besteht:*

$$a_{ik} - b_{ik} = d_{ik} \quad (i = 1, 2, ..., m; k = 1, 2, ..., n).$$

(Man vergleiche mit Satz 1.3, Addition bzw. Subtraktion von Vektoren.)

Satz 2.2: *Für die Addition von Matrizen gelten das kommutative Gesetz* **S.2.2**

$$A + B = B + A$$

sowie das assoziative Gesetz

$$(A + B) + C = A + (B + C) = A + B + C.$$

Auf Grund der Definition entspricht die Addition von Matrizen der Addition
ihrer Elemente, für die das kommutative und das assoziative Gesetz gelten.

D.2.13 Definition 2.13: *Eine Matrix, deren Elemente alle gleich null sind, heißt Nullmatrix.*

$A - A = 0$ ist Nullmatrix. Für das Rechnen mit der Nullmatrix gilt bezüglich der Addition und der Subtraktion

$$A + 0 = A - 0 = 0 + A = A$$

und

$$0 - A = -A,$$

wenn $-A = [-a_{ik}]$ bedeutet (vgl. Definition 2.14). Bezüglich der Addition und der Subtraktion verhalten sich die Matrizen wie Zahlen.

S.2.3 Satz 2.3: *Jede quadratische Matrix A ist in die Summe aus einer symmetrischen Matrix und einer antisymmetrischen (schiefsymmetrischen) Matrix zerlegbar, d. h.*

$$A = A_S + A_A, \tag{2.7}$$

wobei A_S den symmetrischen und A_A den antisymmetrischen (schiefsymmetrischen) Anteil darstellt. Dabei ist

$$A_S = \tfrac{1}{2}(A + A^T),$$
$$A_A = \tfrac{1}{2}(A - A^T). \tag{2.8}$$

So gilt für die Matrix

$$A = \begin{bmatrix} 3 & -1 & 4 \\ 5 & 7 & 8 \\ -4 & 0 & 5 \end{bmatrix}$$

die folgende Zerlegung:

$$A = A_S + A_A = \begin{bmatrix} 3 & 2 & 0 \\ 2 & 7 & 4 \\ 0 & 4 & 5 \end{bmatrix} + \begin{bmatrix} 0 & -3 & 4 \\ 3 & 0 & 4 \\ -4 & -4 & 0 \end{bmatrix}.$$

2.2.2. Multiplikation einer Matrix mit einem Skalar

Diese Multiplikation erklären wir durch wiederholte Addition. Es sei

$$A = \begin{bmatrix} a_{11} & \dots & a_{1n} \\ \vdots & & \vdots \\ a_{m1} & \dots & a_{mn} \end{bmatrix};$$

dann ist

$$A + A + A = 3A = \begin{bmatrix} 3a_{11} & \dots & 3a_{1n} \\ \vdots & \cdot & \vdots \\ 3a_{m1} & \dots & 3a_{mn} \end{bmatrix},$$

und allgemein wird definiert:

Definition 2.14: *Eine Matrix wird mit einem Skalar multipliziert, indem man jedes* **D.2.14**
Element der Matrix mit dem Skalar multipliziert:

$$\varrho A = A\varrho = [\varrho a_{ik}].$$

Diese Definition gilt für beliebige Faktoren (rationale, irrationàle, komplexe Zahlen);
ist $\varrho = -1$, so wird die Matrix ϱA mit $-A$ bezeichnet.

2.2.3. Multiplikation zweier Matrizen

In den einführenden Betrachtungen 2.1.1. wurden Schemata verwendet, die später
(vgl. Definition 2.1) als Matrizen definiert wurden. Durch Verknüpfungen der
Elemente zweier Reihen dieser Schemata ergaben sich Systematisierung und Über-
sichtlichkeit für die vorzunehmenden Berechnungen. Derartige Verknüpfungen werden zur Definition der Multiplikation zweier Matrizen verwendet.

Es seien $(a_1, a_2, ..., a_n)$ und $(b_1, b_2, ..., b_n)$ zwei Reihen von je n Größen, zwei
Zahlen-n-Tupel.

Definition 2.15: *Unter dem inneren oder skalaren Produkt der beiden n-Tupel* **D.2.15**
$(a_1, a_2, ..., a_n)$ *und* $(b_1, b_2, ..., b_n)$ *versteht man den Ausdruck*

$$a_1 b_1 + a_2 b_2 + ... + a_n b_n = \sum_{i=1}^{n} a_i b_i.$$

(Diese Definition ergibt sich sofort, wenn wir das uns im dreidimensionalen Raum
bekannte Produkt zweier Vektoren in Komponentendarstellung auf Vektoren mit n
Komponenten erweitern.)

R sei eine Matrix mit n Spalten, während die Anzahl m der Zeilen beliebig ist,
und S eine Matrix mit n Zeilen und einer beliebigen Anzahl q von Spalten.

Definition 2.16: *Unter dem Produkt RS versteht man die Matrix, die im Kreuzungs-* **D.2.16**
*punkt der α-ten Zeile und der β-ten Spalte – an der Stelle α, β – das skalare Produkt
der Zeile α von R mit der Spalte β von S enthält.*

Das heißt also: Die Zeilen von R werden mit den Spalten von S multipliziert, und
das Produkt RS ist nur erklärt, wenn die Anzahl der Spalten von R mit der Anzahl
der Zeilen von S übereinstimmt; man sagt dann, die Matrizen R und S sind verkettbar:

$$RS = \begin{bmatrix} a_{11} & a_{12} \cdots a_{1n} \\ \vdots & \vdots \quad \vdots \\ a_{m1} & a_{m2} \cdots a_{mn} \end{bmatrix} \begin{bmatrix} b_{11} & b_{12} \cdots b_{1q} \\ \vdots & \vdots \quad \vdots \\ b_{n1} & b_{n2} \cdots b_{nq} \end{bmatrix}$$

$$= \begin{bmatrix} \sum_{\nu=1}^{n} a_{1\nu} b_{\nu 1} & \sum_{\nu=1}^{n} a_{1\nu} b_{\nu 2} \cdots \sum_{\nu=1}^{n} a_{1\nu} b_{\nu q} \\ \vdots & \vdots \quad \vdots \\ \sum_{\nu=1}^{n} a_{m\nu} b_{\nu 1} & \sum_{\nu=1}^{n} a_{m\nu} b_{\nu 2} \cdots \sum_{\nu=1}^{n} a_{m\nu} b_{\nu q} \end{bmatrix}.$$

S.2.4 Satz 2.4: *Wenn* **RS** = **P** *ist und die Matrix* **R** *das Format* (m, n) *hat und* **S** *das Format* (n, q), *dann hat die Produktmatrix* **P** *das Format* (m, q).

Damit sind Rechenregeln für die Matrizen so aufgestellt, daß sie auch den in den einführenden Beispielen verlangten Anforderungen genügen. Vergleicht man mit dem Einführungsbeispiel, so ergibt sich das Zahlenschema in Tab. 2.5 (S. 43) z. B. als Matrixprodukt aus den Zahlenschemata in Tab. 2.1 und 2.2 (S. 41):

$$
\begin{bmatrix} 2 & 1 \\ 0 & 2 \\ 3 & 1 \\ 5 & 0 \\ 3 & 4 \end{bmatrix}
\begin{bmatrix} 1 & 2 & 4 \\ 6 & 3 & 2 \end{bmatrix}
=
\begin{bmatrix} 8 & 7 & 10 \\ 12 & 6 & 4 \\ 9 & 9 & 14 \\ 5 & 10 & 20 \\ 27 & 18 & 20 \end{bmatrix}.
$$

Bei der praktischen Berechnung des Produktes zweier Matrizen hat es sich als günstig erwiesen, dies in einem von *Falk* angegebenen Schema durchzuführen. Die Elemente der Produktmatrix $\mathbf{P} = \mathbf{RS} = [c_{ik}]_{(m,\,q)}$, die die allgemeine Form $c_{ik} = \sum_{v=1}^{n} a_{iv} b_{vk}$ $(i = 1, 2, ..., m; \, k = 1, 2, ..., q)$ haben, treten im Schema jeweils im Schnittpunkt der i-ten Zeile der Matrix **R** und der k-ten Spalte der Matrix **S** auf.

$$
\begin{array}{c}
q\ \text{Spalten} \\
n\ \text{Zeilen}
\begin{bmatrix}
b_{11} & b_{12} \ldots b_{1k} & \ldots b_{1q} \\
\vdots & \vdots \quad \vdots & \vdots \\
b_{n1} & b_{n2} \ldots b_{nk} & \ldots b_{nq}
\end{bmatrix} \mathbf{S}
\end{array}
$$

$$
\begin{array}{c}
n\ \text{Spalten} \\
m\ \text{Zeilen}
\begin{bmatrix}
a_{11} & a_{12} \ldots a_{1n} \\
\vdots & \vdots \quad \vdots \\
a_{i1} & a_{i2} \ldots a_{in} \\
\vdots & \vdots \quad \vdots \\
a_{m1} & a_{m2} \ldots a_{mn}
\end{bmatrix}
\cdot
\begin{bmatrix}
c_{11} & c_{12} \ldots c_{1k} & \ldots c_{1q} \\
\vdots & \vdots \quad \vdots & \vdots \\
c_{i1} & c_{i2} \ldots c_{ik} = \sum_{v=1}^{n} a_{iv} b_{vk} \ldots c_{iq} \\
\vdots & \vdots \quad \vdots & \vdots \\
c_{m1} & c_{m2} \cdots c_{mk} & \ldots c_{mq}
\end{bmatrix}.
\end{array}
$$

$$\mathbf{R} \qquad\qquad \mathbf{P} = \mathbf{RS}$$

Beispiel 2.5:

$$
\mathbf{R}_1 = [a_1, a_2, a_3]; \ \mathbf{S}_1 \begin{bmatrix} x_1 \\ x_2 \\ x_3 \end{bmatrix};
$$

R_1 hat das Format (1,3), und das Format von S_1 ist (3,1). Die Produktmatrix $\mathbf{P}_1$ lautet:

$$\mathbf{R}_1 \mathbf{S}_1 = \mathbf{P}_1 = [a_1 x_1 + a_2 x_2 + a_3 x_3];$$

d. h., $\mathbf{P}_1$ hat das Format (1,1). Betrachten wir das Format der einzelnen Matrizen, so ergibt sich folgender Zusammenhang: $(1,3) \circ (3,1) \rightarrow (1,1)$. (Diese Darstellung besagt: Bei einer multiplikativen Verknüpfung einer Matrix vom Format (1,3) mit einer Matrix vom Format (3,1) ergibt sich eine Produktmatrix vom Format (1,1).)

Beispiel 2.6:

$$
\mathbf{R}_2 = \begin{bmatrix} a_1 \\ a_2 \\ a_3 \end{bmatrix}; \ \ \mathbf{S}_2 = [x_1, x_2, x_3];
$$

dann ist

$$R_2 S_2 = P_2 = \begin{bmatrix} a_1 x_1 & a_1 x_2 & a_1 x_3 \\ a_2 x_1 & a_2 x_2 & a_2 x_3 \\ a_3 x_1 & a_3 x_2 & a_3 x_3 \end{bmatrix}$$

mit dem Format $(3,1) \circ (1,3) \rightarrow (3,3)$.

Beispiel 2.7:

$$R_3 = \begin{bmatrix} 3 & 1 & 5 \\ 2 & 6 & 4 \end{bmatrix}; \quad S_3 = \begin{bmatrix} x_1 & y_1 & z_1 & a \\ x_2 & y_2 & z_2 & b \\ x_3 & y_3 & z_3 & c \end{bmatrix};$$

$$R_3 S_3 = P_3 = \begin{bmatrix} 3x_1 + x_2 + 5x_3 & 3y_1 + y_2 + 5y_3 & 3z_1 + z_2 + 5z_3 & 3a + b + 5c \\ 2x_1 + 6x_2 + 4x_3 & 2y_1 + 6y_2 + 4y_3 & 2z_1 + 6z_2 + 4z_3 & 2a + 6b + 4c \end{bmatrix},$$

$$(2,3) \circ (3,4) \rightarrow (2,4).$$

Beispiel 2.8: Wenn man die Vektoren als einspaltige Matrizen auffaßt, dann läßt sich das skalare Produkt zweier Vektoren in Matrixschreibweise folgendermaßen darstellen:

$$\mathbf{a} = \begin{bmatrix} \alpha_1 \\ \alpha_2 \\ \alpha_3 \end{bmatrix}, \quad \mathbf{b} = \begin{bmatrix} \beta_1 \\ \beta_2 \\ \beta_3 \end{bmatrix}, \quad \mathbf{a}^\mathrm{T}\mathbf{b} = [\alpha_1, \alpha_2, \alpha_3] \begin{bmatrix} \beta_1 \\ \beta_2 \\ \beta_3 \end{bmatrix} = \alpha_1 \beta_1 + \alpha_2 \beta_2 + \alpha_3 \beta_3;$$

$$(1,3) \circ (3,1) \rightarrow (1,1)$$

$$\mathbf{e}_1 = \begin{bmatrix} 1 \\ 0 \\ 0 \\ \vdots \\ 0 \end{bmatrix}, \quad \mathbf{e}_2 = \begin{bmatrix} 0 \\ 1 \\ 0 \\ \vdots \\ 0 \end{bmatrix}; \quad \mathbf{e}_1^\mathrm{T}\mathbf{e}_1 = [1, 0, 0, ..., 0] \begin{bmatrix} 1 \\ 0 \\ 0 \\ \vdots \\ 0 \end{bmatrix} = 1;$$

$$(1,n) \circ (n,1) \rightarrow (1,1)$$

$$\mathbf{e}_1^\mathrm{T}\mathbf{e}_2 = [1, 0, 0, ..., 0] \begin{bmatrix} 0 \\ 1 \\ 0 \\ \vdots \\ 0 \end{bmatrix} = 0.$$

Beispiel 2.9:

$$R_4 = \begin{bmatrix} 3 & 0 & 5 \\ 0 & 0 & 1 \end{bmatrix}; \quad S_4 = \begin{bmatrix} 0 & 0 \\ 1 & 2 \\ 0 & 0 \end{bmatrix}; \quad R_4 S_4 = P_4 = \begin{bmatrix} 0 & 0 \\ 0 & 0 \end{bmatrix};$$

$$(2,3) \circ (3,2) \rightarrow (2,2).$$

Bei diesem Beispiel ist das Ergebnis der Multiplikation die Nullmatrix, d. h. also die Matrix, deren Elemente alle gleich null sind; aber R_4 und S_4 sind keine Nullmatrizen.

D.2.17 Definition 2.17: *Zwei von der Nullmatrix verschiedene Matrizen* $\mathbf{A} \neq \mathbf{0}$, $\mathbf{B} \neq \mathbf{0}$ *heißen Nullteiler, wenn*

$$\mathbf{AB} = \mathbf{0} \quad \text{oder} \quad \mathbf{BA} = \mathbf{0}$$

ist.

Demnach sind $\mathbf{R}_4$ und $\mathbf{S}_4$ (in dieser Reihenfolge!) Nullteiler (vgl. Beispiel 2.5). – Für Zahlen gibt es eine entsprechende Aussage nicht; wenn ein Produkt von zwei oder mehr Zahlen gleich null ist, dann muß mindestens eine der Zahlen gleich null sein.

Wir wollen in unseren Beispielen die Reihenfolge der Faktoren vertauschen:

Beispiel 2.10: $\mathbf{S}_1\mathbf{R}_1 = \mathbf{Q}_1$ und $(3,1) \circ (1,3) \rightarrow (3,3)$; dabei ist

$$\mathbf{Q}_1 = \begin{bmatrix} a_1x_1 & a_2x_1 & a_3x_1 \\ a_1x_2 & a_2x_2 & a_3x_2 \\ a_1x_3 & a_2x_3 & a_3x_3 \end{bmatrix},$$

d. h. $\mathbf{Q}_1 \neq \mathbf{P}_1$.

Beispiel 2.11:

$$\mathbf{S}_2\mathbf{R}_2 = \mathbf{Q}_2 = [a_1x_1 + a_2x_2 + a_3x_3],$$

wobei $(1,3) \circ (3,1) \rightarrow (1,1)$ und $\mathbf{Q}_2 \neq \mathbf{P}_2$ ist. Man vergleiche mit den Beispielen 2.5 und 2.6.

Beispiel 2.12: Wenn wir beim Beispiel 2.7 die Reihenfolge der Faktoren ändern, d. h., wenn wir versuchen, das Produkt $\mathbf{S}_3\mathbf{R}_3$ zu bilden, so stellen wir fest, daß eine Matrix vom Format (3,4) zu multiplizieren wäre mit einer Matrix vom Format (2,3). Das Produkt $\mathbf{S}_3\mathbf{R}_3$ existiert nicht.

Beispiel 2.13: Wir bilden $\mathbf{S}_4\mathbf{R}_4 = \mathbf{Q}_4$, $(3,2) \circ (2,3) \rightarrow (3,3)$;

$$\begin{bmatrix} 0 & 0 \\ 1 & 2 \\ 0 & 0 \end{bmatrix} \begin{bmatrix} 3 & 0 & 5 \\ 0 & 0 & 1 \end{bmatrix} = \begin{bmatrix} 0 & 0 & 0 \\ 3 & 0 & 7 \\ 0 & 0 & 0 \end{bmatrix},$$

und wir sehen wiederum, daß $\mathbf{Q}_4 \neq \mathbf{P}_4$ ist. Man vergleiche mit Beispiel 2.9!

Die Beispiele zeigen, daß $\mathbf{S}$ nicht mit $\mathbf{R}$ verkettbar sein muß, wenn $\mathbf{R}$ und $\mathbf{S}$ miteinander verkettbar sind; d. h., wenn $\mathbf{RS}$ existiert, braucht $\mathbf{SR}$ nicht zu existieren. Wenn $\mathbf{RS}$ und $\mathbf{SR}$ beide existieren, gilt im allgemeinen

$$\mathbf{RS} \neq \mathbf{SR}.$$

$\mathbf{RS}$ und $\mathbf{SR}$ existieren stets, wenn $\mathbf{R}$ und $\mathbf{S}$ quadratische Matrizen von gleicher Ordnung sind. Insbesondere kann gelten:

$$\mathbf{RS} = \mathbf{SR};$$

dann nennt man die Matrizen $\mathbf{R}$ und $\mathbf{S}$ miteinander *vertauschbar*. Im allgemeinen gilt jedoch auch für quadratische Matrizen $\mathbf{RS} \neq \mathbf{SR}$.

2.2.4.   Eigenschaften der Multiplikation

Im Gegensatz zur Multiplikation der Zahlen ist die Multiplikation der Matrizen nicht kommutativ, wovon wir uns anhand der Beispiele überzeugt haben. Dagegen sind die beim Zahlenrechnen gültigen Gesetze der Distributivität und der Assoziativität (vgl. Bd. 1, Kap. 5.) auch bei Matrizen erfüllt.

Satz 2.5: *Für die Multiplikation von Matrizen gelten das distributive Gesetz*   **S.2.5**

$$\blacksquare \qquad (R + S)T = RT + ST$$

und das assoziative Gesetz

$$\blacksquare \qquad (RS)T = R(ST) = RST,$$

falls die einzelnen Summen und Produkte der Matrizen existieren.

Beweis: a) Die Gültigkeit des distributiven Gesetzes ergibt sich folgendermaßen:

$$(R + S)T = ([r_{ik}] + [s_{ik}])\,[t_{ik}] = [r_{ik} + s_{ik}]\,[t_{ik}]$$

$$= \left[\sum_{\nu=1}^{n}(r_{i\nu} + s_{i\nu})\,t_{\nu k}\right] = \left[\sum_{\nu=1}^{n}r_{i\nu}t_{\nu k} + \sum_{\nu=1}^{n}s_{i\nu}t_{\nu k}\right]$$

$$= \left[\sum_{\nu=1}^{n}r_{i\nu}t_{\nu k}\right] + \left[\sum_{\nu=1}^{n}s_{i\nu}t_{\nu k}\right] = RT + ST.$$

b) Die Gültigkeit des assoziativen Gesetzes läßt sich folgendermaßen zeigen:
Wir setzen $RS = P = [p_{ik}]$, $ST = Q = [q_{ik}]$.
Dann gilt

$$p_{ik} = \sum_{\nu}r_{i\nu}s_{\nu k}, \qquad q_{ik} = \sum_{\mu}s_{i\mu}t_{\mu k},$$

$$\sum_{\mu}p_{i\mu}t_{\mu k} = \sum_{\mu}\left(\sum_{\nu}r_{i\nu}s_{\nu\mu}\right)t_{\mu k}$$

$$= \sum_{\mu,\nu}r_{i\nu}s_{\nu\mu}t_{\mu k} = \sum_{\nu}r_{i\nu}\sum_{\mu}s_{\nu\mu}t_{\mu k} = \sum_{\nu}r_{i\nu}q_{\nu k}.$$

Daraus ergibt sich

$$(RS)T = \left[\sum_{\mu}p_{i\mu}t_{\mu k}\right] = \left[\sum_{\mu}\left(\sum_{\nu}r_{i\nu}s_{\nu\mu}\right)t_{\mu k}\right]$$

$$= \left[\sum_{\mu,\nu}r_{i\nu}s_{\nu\mu}t_{\mu k}\right] = \left[\sum_{\nu}r_{i\nu}\sum_{\mu}s_{\nu\mu}t_{\mu k}\right]$$

$$= \left[\sum_{\nu}r_{i\nu}q_{\nu k}\right] = R(ST).$$

(Dabei erstreckt sich die Summation für ν über die Anzahl der Spalten von **R** bzw. der Zeilen von **S**; die Summation für μ erstreckt sich über die Anzahl der Spalten von **S** bzw. der Zeilen von **T**.) $\blacksquare$
Zuletzt wollen wir die Frage nach der Transponierten eines Produktes stellen.

Satz 2.6: *Unter der Voraussetzung, daß das Produkt*   **S.2.6**

$$P = S_1S_2S_3 \ldots S_n$$

existiert, lautet die Transponierte des Produktes

$$P^T = S_n^T S_{n-1}^T \ldots S_3^T S_2^T S_1^T. \tag{2.9}$$

Beweis: a) Zuerst soll die Richtigkeit der Behauptung für $n = 2$ gezeigt werden.
Dann ist $P = S_1S_2$, und zu zeigen wäre, daß

$$P^T = S_2^T S_1^T$$

gilt.

Die Matrix $S_1 = [s_{ik}^{(1)}]$ besitze das Format (l, p) und die Matrix $S_2 = [s_{ik}^{(2)}]$ das Format (p, m). Die Matrizen S_1 und S_2 sind daher verkettbar.

Für die transponierten Matrizen gilt

$$S_1^T = [s_{ki}^{(1)}], \qquad S_2^T = [s_{ki}^{(2)}].$$

Jetzt können wir die Transponierte des Produktes umformen:

$$(S_1 S_2)^T = ([s_{ik}^{(1)}] \; [s_{ik}^{(2)}])^T = \left[\sum_{\nu=1}^{p} s_{i\nu}^{(1)} s_{\nu k}^{(2)} \right]^T$$

$$= \left[\sum_{\nu=1}^{p} s_{k\nu}^{(1)} s_{\nu i}^{(2)} \right] = \left[\sum_{\nu=1}^{p} s_{\nu i}^{(2)} s_{k\nu}^{(1)} \right].$$

Da $\sum_{\nu=1}^{p} s_{\nu i}^{(2)} s_{k\nu}^{(1)}$ Produkt der i-ten Spalte von S_2 mit der k-ten Zeile von S_1 bzw. Produkt der i-ten Zeile von S_2^T mit der k-ten Spalte von S_1^T ist, gilt

$$(S_1 S_2)^T = S_2^T S_1^T.$$

S_2^T und S_1^T sind miteinander multiplizierbar, denn S_2^T ist vom Format (m, p) und S_1^T vom Format (p, l); das Produkt $S_2^T S_1^T = P^T$ besitzt das Format (m, l).

Beispiel 2.14:

$$P = S_1 S_2 \begin{bmatrix} 1 & 2 & 3 \\ 0 & 2 & 1 \end{bmatrix} \quad \begin{bmatrix} 3 & 2 \\ 4 & 1 \\ 1 & 5 \end{bmatrix} = \begin{bmatrix} 14 & 19 \\ 9 & 7 \end{bmatrix};$$

$$P^T = \begin{bmatrix} 14 & 9 \\ 19 & 7 \end{bmatrix} = (S_1 S_2)^T;$$

$$S_2^T S_1^T = \begin{bmatrix} 3 & 4 & 1 \\ 2 & 1 & 5 \end{bmatrix} \begin{bmatrix} 1 & 0 \\ 2 & 2 \\ 3 & 1 \end{bmatrix} = \begin{bmatrix} 14 & 9 \\ 19 & 7 \end{bmatrix} = P^T.$$

b) Die Gültigkeit des Satzes 2.6 für n Faktoren ($n > 2$) zeigen wir mit der vollständigen Induktion (vgl. Band 1, 4.3.), nachdem sie für zwei Faktoren bewiesen wurde. Wir nehmen an, daß die Aussage für $k = n - 1$ Faktoren richtig ist, d. h.

$$(S_1 S_2 \dots S_k)^T = S_k^T S_{k-1}^T \dots S_2^T S_1^T;$$

dann wird

$$(S_1 S_2 \dots S_k S_{k+1})^T = \{(S_1 S_2 \dots S_k) S_{k+1}\}^T$$
$$= S_{k+1}^T (S_1 S_2 \dots S_k)^T = S_{k+1}^T S_k^T \dots S_2^T S_1^T;$$

die Aussage ist auch richtig für $k + 1 = n$ Faktoren. ∎

Für die Multiplikation von Matrizen muß man sich besonders merken:

1. Eine Matrix wird mit einem Skalar multipliziert, indem man jedes Element einer Matrix mit diesem Skalar multipliziert.

2. Das Produkt zweier Matrizen ist nur erklärt, wenn die Anzahl der Spalten des ersten Faktors gleich der Anzahl der Zeilen des zweiten Faktors ist.

3. Ein Produkt zweier Matrizen ist gleich der Nullmatrix, wenn entweder die Elemente von mindestens einer Matrix alle gleich null sind oder wenn die Faktoren Nullteiler sind.

4. Wenn $P = RS$ ist, dann ist $P^T = S^T R^T$ die zugehörige Transponierte.

5. Das kommutative Gesetz gilt im allgemeinen nicht, aber das assoziative und das distributive Gesetz sind gültig.

2.3.   Besondere Matrizen

Diagonalmatrix

Definition 2.18: *Eine Matrix, in der alle Elemente $a_{ik} = 0$ sind für $i \neq k$, heißt Dia-*   **D.2.18**
gonalmatrix.

(Nur die Elemente a_{ii} können von null verschieden sein. Selbstverständlich dürfen
einige oder sogar alle Elemente a_{ii} gleich null sein; z. B. ist die Nullmatrix auch eine
Diagonalmatrix.)
Dabei wollen wir ohne Rücksicht auf das Format der Matrix die Diagonale, die
vom ersten Element der ersten Zeile ausgeht, als Hauptdiagonale bezeichnen.
Besonders wichtig sind die quadratischen Diagonalmatrizen.

$$\mathbf{D} = [d_{ik}] = \begin{bmatrix} d_{11} & 0 & 0 & \dots & 0 & 0 \\ 0 & d_{22} & 0 & \dots & 0 & 0 \\ 0 & 0 & d_{33} & \dots & 0 & 0 \\ \multicolumn{6}{c}{\dotfill} \\ 0 & 0 & 0 & \dots & d_{n-1,\,n-1} & 0 \\ 0 & 0 & 0 & \dots & 0 & d_{nn} \end{bmatrix}.$$

Multiplikationsmatrix (M-Matrix)

Definition 2.19: *Eine quadratische Diagonalmatrix nennt man Multiplikationsmatrix*   **D.2.19**
$\mathbf{M}\,(d_{11}, d_{22}, \dots, d_{nn})$.

Multiplizieren wir eine Matrix $\mathbf{A}$ vom Format (m, n) von links mit einer Multiplikationsmatrix $\mathbf{M}_{(m,m)}$, dann werden alle Elemente der i-ten Zeile jeweils mit dem
Faktor d_{ii} multipliziert; multiplizieren wir $\mathbf{A}_{(m,n)}$ von rechts mit $\mathbf{M}_{(n,n)}$, so werden
alle Elemente der i-ten Spalte jeweils mit dem Faktor d_{ii} multipliziert.

Beispiel 2.15:

a) $\quad \mathbf{M}_{(2,2)} = \begin{bmatrix} d_{11} & 0 \\ 0 & d_{22} \end{bmatrix}, \quad \mathbf{A}_{(2,3)} = \begin{bmatrix} a_{11} & a_{12} & a_{13} \\ a_{21} & a_{22} & a_{23} \end{bmatrix},$

$$\mathbf{M}_{(2,2)}\,\mathbf{A}_{(2,3)} = \begin{bmatrix} d_{11}a_{11} & d_{11}a_{12} & d_{11}a_{13} \\ d_{22}a_{21} & d_{22}a_{22} & d_{22}a_{23} \end{bmatrix};$$

b) $\quad \mathbf{A}_{(2,3)} = \begin{bmatrix} a_{11} & a_{12} & a_{13} \\ a_{21} & a_{22} & a_{23} \end{bmatrix}, \quad \mathbf{M}_{(3,3)} = \begin{bmatrix} d_{11} & 0 & 0 \\ 0 & d_{22} & 0 \\ 0 & 0 & d_{33} \end{bmatrix},$

$$\mathbf{A}_{(2,3)}\mathbf{M}_{(3,3)} = \begin{bmatrix} a_{11}d_{11} & a_{12}d_{22} & a_{13}d_{33} \\ a_{21}d_{11} & a_{22}d_{22} & a_{23}d_{33} \end{bmatrix}.$$

Zur Veranschaulichung verwende man das *Falksche Schema.*

Wenn in einer Multiplikationsmatrix $\mathbf{M}_{(n,n)}$ alle Elemente $d_{ii} = c$, $i = 1, 2, \dots, n$,
sind, so gilt für die Multiplikation mit einer Matrix $\mathbf{A}_{(n,n)}$

$$\mathbf{MA} = \mathbf{AM} = c\mathbf{A},$$

d. h., alle Elemente von $\mathbf{A}$ werden mit dem Faktor c multipliziert (vgl. Definition 2.14).

Bei Matrizen $\mathbf{A}$ mit dem Format (m, n) gilt entsprechend

$$\mathbf{M}_{(m,m)}\mathbf{A}_{(m,n)} = c\mathbf{A}_{(m,n)}, \quad d_{ii} = c, \; i = 1, 2, \ldots, m,$$

sowie

$$\mathbf{A}_{(m,n)}\mathbf{M}_{(n,n)} = c\mathbf{A}_{(m,n)}, \quad d_{ii} = c, \; i = 1, 2, \ldots, n.$$

Deshalb werden solche Multiplikationsmatrizen auch als *Skalarmatrizen* bezeichnet. Ist in einer Skalarmatrix $c = 1$, so gilt

$$\mathbf{M}_{(m,m)}\mathbf{A}_{(m,n)} = \mathbf{A}_{(m,n)}$$

bzw.

$$\mathbf{A}_{(m,n)}\mathbf{M}_{(n,n)} = \mathbf{A}_{(m,n)},$$

d. h., $\mathbf{A}$ bleibt unverändert. Bezüglich der Multiplikation der Matrizen spielt die Skalarmatrix mit $c = 1$ die Rolle des neutralen Elements. Setzen wir

$$\mathbf{M}_{(m,m)} = \mathbf{E}_l \text{ und } \mathbf{M}_{(n,n)} = \mathbf{E}_r, \text{ wobei alle } d_{ii} = 1,$$

dann gilt also

$$\mathbf{E}_l\mathbf{A} = \mathbf{A} = \mathbf{A}\mathbf{E}_r.$$

D.2.20 **Definition 2.20:** *Matrizen $\mathbf{E}_l$ bzw. $\mathbf{E}_r$, die bei linksseitiger bzw. rechtsseitiger Multiplikation eine Matrix $\mathbf{A}_{(m,n)}$ unverändert lassen, heißen* **Einheitsmatrizen.**

Wenn $\mathbf{A}$ eine quadratische Matrix ist, dann ist

$$\mathbf{E}_l = \mathbf{E}_r,$$

denn dann haben $\mathbf{E}_l$ und $\mathbf{E}_r$ dasselbe Format.

Beispiel 2.16:

$$\mathbf{A} = \begin{bmatrix} 1 & 2 & 3 \\ 1 & 0 & 3 \end{bmatrix},$$

dann ist

$$\mathbf{E}_l = \begin{bmatrix} 1 & 0 \\ 0 & 1 \end{bmatrix} \quad \text{und} \quad \mathbf{E}_r = \begin{bmatrix} 1 & 0 & 0 \\ 0 & 1 & 0 \\ 0 & 0 & 1 \end{bmatrix},$$

und es gilt: $\mathbf{E}_l\mathbf{A} = \mathbf{A} = \mathbf{A}\mathbf{E}_r.$

Vertauschungsmatrix (V-Matrix)

D.2.21 **Definition 2.21:** *Vertauscht man in einer Einheitsmatrix die Zeile (Spalte) α mit der Zeile (Spalte) β, so erhält man eine Vertauschungsmatrix, die mit $\mathbf{V}_{\alpha\beta}$ bezeichnet wird:*

$$\mathbf{V}_{\alpha\beta} = \mathbf{V}_{\beta\alpha} = \mathbf{V}_{\alpha\beta}^{\mathrm{T}}.$$

Bei linksseitiger Multiplikation einer Matrix $\mathbf{A}$ mit $\mathbf{V}_{\alpha\beta}$ werden in $\mathbf{A}$ die Zeilen α und β, bei rechtsseitiger Multiplikation die Spalten α und β miteinander vertauscht.

Beispiel 2.17: Die Wirkungsweise der Vertauschungsmatrizen wird mit dem *Falkschen Schema* besonders gut verdeutlicht:

$$\begin{bmatrix} a_{11} & a_{12} & a_{13} \\ a_{21} & a_{22} & a_{23} \\ a_{31} & a_{32} & a_{33} \end{bmatrix} \mathbf{A}$$

$$\begin{bmatrix} 1 & 0 & 0 \\ 0 & 0 & 1 \\ 0 & 1 & 0 \end{bmatrix} \qquad \begin{bmatrix} a_{11} & a_{12} & a_{13} \\ a_{31} & a_{32} & a_{33} \\ a_{21} & a_{22} & a_{23} \end{bmatrix}$$
$$\mathbf{V}_{23} \qquad\qquad \mathbf{V}_{23} \cdot \mathbf{A}$$

$$\begin{bmatrix} 1 & 0 & 0 \\ 0 & 0 & 1 \\ 0 & 1 & 0 \end{bmatrix} \mathbf{V}_{23}$$

$$\begin{bmatrix} a_{11} & a_{12} & a_{13} \\ a_{21} & a_{22} & a_{23} \\ a_{31} & a_{32} & a_{33} \end{bmatrix} \qquad \begin{bmatrix} a_{11} & a_{13} & a_{12} \\ a_{21} & a_{23} & a_{22} \\ a_{31} & a_{33} & a_{32} \end{bmatrix}$$
$$\mathbf{A} \qquad\qquad \mathbf{A} \cdot \mathbf{V}_{23}$$

Additionsmatrix (A-Matrix)

Definition 2.22: *Aus der Einheitsmatrix erhält man die sogenannte Additionsmatrix* **D.2.22** $\mathbf{A}_{\alpha\beta}(t)$, *indem man das Element an der Stelle* α, β *durch die Größe* t *ersetzt* $(\alpha \neq \beta)$.

Beispiel 2.18:

$$\mathbf{A}_{12}(t) = \begin{bmatrix} 1 & t \\ 0 & 1 \end{bmatrix}, \quad \mathbf{A} = \begin{bmatrix} a_{11} & a_{12} \\ a_{21} & a_{22} \end{bmatrix},$$

$$\mathbf{A}_{12}(t)\,\mathbf{A} = \begin{bmatrix} a_{11} + ta_{21} & a_{12} + ta_{22} \\ a_{21} & a_{22} \end{bmatrix},$$

$$\mathbf{A}\mathbf{A}_{12}(t) = \begin{bmatrix} a_{11} & ta_{11} + a_{12} \\ a_{21} & ta_{21} + a_{22} \end{bmatrix}.$$

Eine Anwendung für A-, M- und V-Matrizen

Für die Lösung von Gleichungssystemen erweist es sich als notwendig, eine Matrix **A** in eine sogenannte Dreiecksmatrix umzuformen, das ist eine Matrix, bei der ober- bzw. unterhalb der Hauptdiagonalen alle Elemente gleich null sind.

Beispiel 2.19:

$$\mathbf{A} = \begin{bmatrix} 0 & 0 & 2 & 7 \\ 1 & 3 & 3 & 2 \\ 3 & 9 & 9 & 2 \\ 2 & 6 & 3 & 5 \\ 0 & 0 & 4 & 4 \end{bmatrix}$$

Man multipliziert A jetzt von links mit der V-Matrix V_{12}:

$$
\begin{bmatrix} 0 & 0 & 2 & 7 \\ 1 & 3 & 3 & 2 \\ 3 & 9 & 9 & 2 \\ 2 & 6 & 3 & 5 \\ 0 & 0 & 4 & 4 \end{bmatrix} \text{A}
$$

$$
\begin{bmatrix} 0 & 1 & 0 & 0 & 0 \\ 1 & 0 & 0 & 0 & 0 \\ 0 & 0 & 1 & 0 & 0 \\ 0 & 0 & 0 & 1 & 0 \\ 0 & 0 & 0 & 0 & 1 \end{bmatrix}
\qquad
\begin{bmatrix} 1 & 3 & 3 & 2 \\ 0 & 0 & 2 & 7 \\ 3 & 9 & 9 & 2 \\ 2 & 6 & 3 & 5 \\ 0 & 0 & 4 & 4 \end{bmatrix}
$$

$$
V_{12} \qquad\qquad V_{12} \cdot \text{A} = \text{A}_1
$$

Nun multipliziert man die erhaltene Matrix A_1 mit der A-Matrix $\text{A}_{31}(-3)$ und danach mit der A-Matrix $\text{A}_{41}(-2)$:

$$
\begin{bmatrix} 1 & 3 & 3 & 2 \\ 0 & 0 & 2 & 7 \\ 3 & 9 & 9 & 2 \\ 2 & 6 & 3 & 5 \\ 0 & 0 & 4 & 4 \end{bmatrix} \text{A}_1
$$

$$
\text{A}_{31}(-3)
\begin{bmatrix} 1 & 0 & 0 & 0 & 0 \\ 0 & 1 & 0 & 0 & 0 \\ -3 & 0 & 1 & 0 & 0 \\ 0 & 0 & 0 & 1 & 0 \\ 0 & 0 & 0 & 0 & 1 \end{bmatrix}
\begin{bmatrix} 1 & 3 & 3 & 2 \\ 0 & 0 & 2 & 7 \\ 0 & 0 & 0 & -4 \\ 2 & 6 & 3 & 5 \\ 0 & 0 & 4 & 4 \end{bmatrix} \text{A}_{31}(-3) \cdot \text{A}_1
$$

$$
\text{A}_{41}(-2)
\begin{bmatrix} 1 & 0 & 0 & 0 & 0 \\ 0 & 1 & 0 & 0 & 0 \\ 0 & 0 & 1 & 0 & 0 \\ -2 & 0 & 0 & 1 & 0 \\ 0 & 0 & 0 & 0 & 1 \end{bmatrix}
\begin{bmatrix} 1 & 3 & 3 & 2 \\ 0 & 0 & 2 & 7 \\ 0 & 0 & 0 & -4 \\ 0 & 0 & -3 & 1 \\ 0 & 0 & 4 & 4 \end{bmatrix} \text{A}_{41}(-2) \cdot \text{A}_{31}(-3) \cdot \text{A}_1 = \text{A}_2
$$

Die erhaltene Matrix A_2 muß jetzt noch nacheinander mit der V-Matrix V_{34}, mit der A-Matrix $\text{A}_{53}(\frac{4}{3})$ und der A-Matrix $\text{A}_{54}(\frac{4}{3})$ multipliziert werden:

$$
\text{A}_{54}(\tfrac{4}{3})\, \text{A}_{53}(\tfrac{4}{3})\, V_{34} \cdot \text{A}_2 = \text{A}_3.
$$

Insgesamt ist $\text{A}_{54}(\frac{4}{3})\, \text{A}_{53}(\frac{4}{3})\, V_{34} A_{41}(-2)\, \text{A}_{31}(-3)\, V_{12} A = \text{A}_3$, und

$$
\text{A}_3 = \begin{bmatrix} 1 & 3 & 3 & 2 \\ 0 & 0 & 2 & 7 \\ 0 & 0 & -3 & 1 \\ 0 & 0 & 0 & -4 \\ 0 & 0 & 0 & 0 \end{bmatrix}
$$

ist die gesuchte Dreiecksmatrix.

Diese Umformungen sind Grundlage für den Gaußschen Algorithmus (vgl. 3.2.); mit ihrer Hilfe erhält man aus beliebigen linearen Gleichungssystemen gestaffelte Gleichungssysteme.

Orthogonale Matrizen

Definition 2.23: *Eine quadratische Matrix* A, *die mit ihrer Transponierten multipliziert die Einheitsmatrix ergibt, heißt* **orthogonale Matrix:** $AA^T = E$. D.2.23

Beispiel 2.20:

$$A = \begin{bmatrix} \cos\varphi & -\sin\varphi \\ \sin\varphi & \cos\varphi \end{bmatrix}; \quad A^T = \begin{bmatrix} \cos\varphi & \sin\varphi \\ -\sin\varphi & \cos\varphi \end{bmatrix},$$

$$AA^T = \begin{bmatrix} \cos^2\varphi + \sin^2\varphi & \cos\varphi\sin\varphi - \sin\varphi\cos\varphi \\ \sin\varphi\cos\varphi - \cos\varphi\sin\varphi & \sin^2\varphi + \cos^2\varphi \end{bmatrix}$$

$$= \begin{bmatrix} 1 & 0 \\ 0 & 1 \end{bmatrix} = E.$$

Reziproke Matrix (Kehrmatrix oder inverse Matrix)

Zur quadratischen Matrix A wollen wir die Matrizen A_l und A_r bestimmen, so daß $A_l A = E$ und $AA_r = E$ wird.

Multiplizieren wir die erste Gleichung von rechts mit A_r und die zweite Gleichung von links mit A_l, so erhalten wir die beiden Gleichungen

$$A_l A A_r = A_r, \qquad A_l A A_r = A_l,$$

aus denen folgt, daß $A_l = A_r$ ist. Wenn also zu einer gegebenen Matrix A derartige Matrizen A_l und A_r existieren, so sind diese notwendig gleich, und wir schreiben:

$$A_l = A_r = A^{-1}.$$

Definition 2.24: A^{-1} *heißt die zur quadratischen Matrix* A **reziproke Matrix,** *wenn gilt* D.2.24

$$A^{-1}A = AA^{-1} = E.$$

Die reziproke Matrix wird häufig auch als *Kehrmatrix* oder *inverse Matrix* bezeichnet. Nicht jede quadratische Matrix hat eine Reziproke.

Satz 2.7: *Sind* A *und* B *Nullteiler, so existieren keine reziproken Matrizen* A^{-1} *und* B^{-1}. S.2.7

Beweis: Nimmt man an, es existiere A^{-1}, so ergibt sich folgender Widerspruch:

$$A^{-1}AB = (A^{-1}A)\,B = B$$
$$A^{-1}AB = A^{-1}(AB) = 0.$$

B ist jedoch nach Voraussetzung ungleich der Nullmatrix; d. h. also, die inverse Matrix kann nicht existieren. Entsprechend zeigt man es für B^{-1}. ∎

S.2.8 **Satz 2.8:** *Wenn die quadratische Matrix* **A** *eine Reziproke besitzt, so ist diese eindeutig bestimmt.*

Beweis: Angenommen **A** besäße die beiden reziproken Matrizen A_1^{-1} und A_2^{-1}, dann müßte gelten:

$$AA_1^{-1} = A_1^{-1}A = E \quad \text{und} \quad AA_2^{-1} = A_2^{-1}A = E.$$

Daraus ergibt sich:

$$A_2^{-1}AA_1^{-1} = (A_2^{-1}A)\, A_1^{-1} = A_1^{-1},$$
$$A_2^{-1}AA_1^{-1} = A_2^{-1}(AA_1^{-1}) = A_2^{-1},$$
$$A_1^{-1} = A_2^{-1}. \ \blacksquare$$

Die Reziproke von A^{-1} ist **A** (nach Def. 2.24 und Satz 2.8).
Ferner gelten folgende Sätze für quadratische Matrizen:

S.2.9 **Satz 2.9:** *Die reziproke Matrix eines Produktes ist gleich dem Produkt der reziproken Matrizen in umgekehrter Reihenfolge:*

$$(A_1A_2 \ldots A_n)^{-1} = A_n^{-1}A_{n-1}^{-1} \ldots A_2^{-1}A_1^{-1}. \tag{2.10}$$

Beweis: Es ist
$$(A_1A_2 \ldots A_n)\,(A_n^{-1}A_{n-1}^{-1} \ldots A_2^{-1}A_1^{-1})$$
$$= A_1A_2 \ldots A_{n-1}(A_nA_n^{-1})\, A_{n-1}^{-1} \ldots A_2^{-1}A_1^{-1}$$
$$= A_1A_2 \ldots A_{n-1}EA_{n-1}^{-1} \ldots A_2^{-1}A_1^{-1}$$
$$= A_1A_2 \ldots A_{n-2}(A_{n-1}A_{n-1}^{-1})\, A_{n-2}^{-1} \ldots A_2^{-1}A_1^{-1}$$
$$\cdots\cdots\cdots\cdots\cdots\cdots\cdots\cdots\cdots\cdots\cdots$$
$$= A_1A_1^{-1} = E. \ \blacksquare$$

Wir sehen, daß die reziproke Matrix einer Produktmatrix nur existieren kann, wenn die reziproken Matrizen sämtlicher Faktoren vorhanden sind. Umgekehrt gilt

S.2.10 **Satz 2.10:** *Die Reziproken der einzelnen Faktoren eines Matrizenproduktes existieren, wenn die reziproke Matrix des Produkts existiert.*

Beweis: a) Das wollen wir zunächst für zwei Faktoren beweisen:

Die Reziproke **R** zu A_1A_2 soll existieren; dann gilt:

$$R(A_1A_2) = (A_1A_2)\, R = E.$$

Wegen der Gültigkeit des assoziativen Gesetzes ist

$$(RA_1)\, A_2 = A_1(A_2R) = E,$$

d. h.,

$$A_2^{-1} = RA_1$$

und

$$A_1^{-1} = A_2R$$

sind vorhanden.

b) Den Beweis für ein Produkt von n Faktoren führt man mit der vollständigen Induktion. $\blacksquare$

Die Reziproke einer Einheitsmatrix **E** ist diese selbst, d. h.

$$E^{-1} = E.$$

Beispiel 2.21: Berechnung der Reziproken für $n = 2$. Es seien

$$A = \begin{bmatrix} a_{11} & a_{12} \\ a_{21} & a_{22} \end{bmatrix}, \quad A^{-1} = \begin{bmatrix} x_{11} & x_{12} \\ x_{21} & x_{22} \end{bmatrix}, \quad E = \begin{bmatrix} 1 & 0 \\ 0 & 1 \end{bmatrix}.$$

A^{-1} soll so bestimmt werden, daß

$$A^{-1}A = AA^{-1} = E$$

wird. Wir benutzen $AA^{-1} = E$ und erhalten daraus die folgenden vier Gleichungen

I. $a_{11}x_{11} + a_{12}x_{21} = 1,$ \quad III. $a_{11}x_{12} + a_{12}x_{22} = 0,$

II. $a_{21}x_{11} + a_{22}x_{21} = 0,$ \quad IV. $a_{21}x_{12} + a_{22}x_{22} = 1.$

Aus I. und II. ergeben sich:

$$(a_{11}a_{22} - a_{12}a_{21})\, x_{11} = a_{22},$$

$$(a_{11}a_{22} - a_{12}a_{21})\, x_{21} = -a_{21}.$$

Zur Abkürzung führen wir ein:

$$D = a_{11}a_{22} - a_{12}a_{21}.$$

D ist demnach eine ganze rationale Funktion vom Grade $n = 2$ der $n^2 = 4$ Elemente von A und besitzt für gegebene a_{ik} einen bestimmten Zahlenwert. Damit können wir den letzten beiden Gleichungen folgende Gestalt geben:

$$Dx_{11} = a_{22}, \qquad Dx_{21} = -a_{21}.$$

Aus den Gleichungen III. und IV. erhalten wir:

$$Dx_{12} = -a_{12}, \qquad Dx_{22} = a_{11}.$$

Wenn die reziproke Matrix existieren soll, muß

$$D \neq 0$$

sein. (Das hier angewendete Verfahren zur Lösung von Systemen von linearen inhomogenen Gleichungen werden wir später in 3.4. als „Cramersche Regel" kennenlernen.)

Beispiel 2.22:

1. Für $A = \begin{bmatrix} 1 & 0 \\ 1 & 0 \end{bmatrix}$ ist $D = 0$; die reziproke Matrix existiert nicht.

2. Für $A = \begin{bmatrix} 1 & 2 \\ 2 & 3 \end{bmatrix}$ ist $D = -1$, und $A^{-1} = \begin{bmatrix} -3 & 2 \\ 2 & -1 \end{bmatrix}$.

3. Für $A = \begin{bmatrix} 4 & 1 \\ 3 & 2 \end{bmatrix}$ ist $D = 5$, und $A^{-1} = \begin{bmatrix} \frac{2}{5} & -\frac{1}{5} \\ -\frac{3}{5} & \frac{4}{5} \end{bmatrix}$.

Potenzen einer Matrix

Wenn die quadratische Matrix A mehrfach mit sich selbst multipliziert wird, so sprechen wir wie bei den Zahlen von den Potenzen der Matrix. Es ist also

$$A^2 = AA, \qquad A^3 = A^2A = AA^2 \quad \text{usf.}$$

Wir betrachten nur Matrizen, deren Format endlich ist; für gewisse Anwendungen sind die sogenannten unendlichen Matrizen von Wichtigkeit, für welche die Definitionen und Rechenregeln, die wir für endliche Matrizen kennenlernten, nur mit gewissen Einschränkungen gelten (s. [10]).

2.4.   Determinanten

2.4.1.   Definition der Determinanten

Im vorigen Abschnitt war bei der Berechnung der Elemente der reziproken Matrix vom Format (2.2) der Ausdruck

$$D = a_{11}a_{22} - a_{12}a_{21}$$

von besonderer (*bestimmender*) Bedeutung; deshalb wird er als *Determinante* 2. Ordnung bezeichnet. Derselbe Ausdruck tritt bei der Lösung des Gleichungssystems

$$a_{11}x_1 + a_{12}x_2 = b_1,$$
$$a_{21}x_1 + a_{22}x_2 = b_2$$

auf. Werden beide Gleichungen nach x_2 aufgelöst und die beiden Ausdrücke gleichgesetzt, so erhalten wir

$$\frac{b_1}{a_{12}} - \frac{a_{11}}{a_{12}}x_1 = \frac{b_2}{a_{22}} - \frac{a_{21}}{a_{22}}x_1$$

und   daraus $b_1a_{22} - a_{11}a_{22}x_1 = b_2a_{12} - a_{12}a_{21}x_1$,   d. h.
$$(a_{11}a_{22} - a_{12}a_{21})\, x_1 = b_1a_{22} - b_2a_{12} \text{ oder}$$
$$Dx_1 = b_1a_{22} - b_2a_{12};$$

entsprechend ergibt sich

$$Dx_2 = -b_1a_{21} + b_2a_{11}.$$

Wir führen deshalb für D folgende Schreibweise ein:

Unter einer Determinante zweiter Ordnung versteht man den Ausdruck:

$$\det \mathbf{A}_{(2,2)} = \begin{vmatrix} a_{11} & a_{12} \\ a_{21} & a_{22} \end{vmatrix} = a_{11}a_{22} - a_{12}a_{21}.$$

Die Determinante zweiter Ordnung ist eine homogene ganze rationale Funktion zweiten Grades der vier Elemente a_{11}, a_{12}, a_{21}, a_{22}, die einen bestimmten Zahlenwert besitzt.

Bei der Lösung des Gleichungssystems

$$a_{11}x_1 + a_{12}x_2 + a_{13}x_3 = b_1,$$
$$a_{21}x_1 + a_{22}x_2 + a_{23}x_3 = b_2,$$
$$a_{31}x_1 + a_{32}x_2 + a_{33}x_3 = b_3$$

tritt ein Ausdruck der Form

$$D = a_{11}(a_{22}a_{33} - a_{23}a_{32}) - a_{12}(a_{21}a_{33} - a_{23}a_{31}) + a_{13}(a_{21}a_{32} - a_{22}a_{31})$$

auf; dieser Ausdruck wird als Determinante 3. Ordnung bezeichnet, und man schreibt (analog zur Schreibweise der Determinante 2. Ordnung):

$$\det \mathbf{A}_{(3,3)} = \begin{vmatrix} a_{11} & a_{12} & a_{13} \\ a_{21} & a_{22} & a_{23} \\ a_{31} & a_{32} & a_{33} \end{vmatrix} = \begin{aligned} & a_{11}a_{22}a_{33} - a_{11}a_{23}a_{32} - a_{12}a_{21}a_{33} \\ & + a_{12}a_{23}a_{31} + a_{13}a_{21}a_{32} - a_{13}a_{22}a_{31}. \end{aligned}$$

Die Berechnung dieses Ausdruckes liefert den Wert der Determinante.

Beispiel 2.23:

$$\det A_{(3,3)} = \begin{vmatrix} 1 & 3 & 4 \\ 2 & 0 & 1 \\ 3 & 1 & 2 \end{vmatrix} = \begin{aligned} & 1\cdot 0\cdot 2 - 1\cdot 1\cdot 1 - 3\cdot 2\cdot 2 + 3\cdot 1\cdot 3 \\ & + 4\cdot 2\cdot 1 - 4\cdot 0\cdot 3 = 4. \end{aligned}$$

Die Berechnung des Wertes einer Determinante dritter Ordnung kann nach der *Regel von Sarrus* (vgl. 1.2.7.) erfolgen.

Um Klarheit über die Vorzeichen der einzelnen Summanden einer Determinante zu gewinnen, betrachten wir noch einmal den Ausdruck:

$$\det A_{(3,3)} = a_{11}a_{22}a_{33} - a_{11}a_{23}a_{32} - a_{12}a_{21}a_{33} + a_{12}a_{23}a_{31}$$
$$+ a_{13}a_{21}a_{32} - a_{13}a_{22}a_{31}.$$

Die vorderen Indizes jedes Summanden stehen jeweils in der natürlichen Reihenfolge 1 2 3. Die Reihenfolge der hinteren Indizes in den verschiedenen Summanden ist:

$$1\,2\,3 \quad 1\,3\,2 \quad 2\,1\,3 \quad 2\,3\,1 \quad 3\,1\,2 \quad 3\,2\,1.$$

Hier treten alle Anordnungsmöglichkeiten der Zahlen 1 2 3 auf.

Solche Anordnungen bezeichnet man als *Permutationen* (vgl. Band 1, Kap. 6).

Jeder Permutation der Indizes entspricht also genau ein Summand der Determinante. Den Gliedern mit positiven Vorzeichen entsprechen die Permutationen

$$1\,2\,3 \quad 2\,3\,1 \quad 3\,1\,2,$$

also die geraden Permutationen (gerade Anzahl von Inversionen). Das negative Vorzeichen tritt auf bei

$$1\,3\,2 \quad 2\,1\,3 \quad 3\,2\,1,$$

also bei den ungeraden Permutationen (ungerade Anzahl von Inversionen).

Wenn wir mit I die Anzahl der Inversionen bezeichnen, so ist das Vorzeichen der entsprechenden Summanden

$$(-1)^I.$$

Diese Begriffe kann man ohne Schwierigkeiten auf Permutationen von n Elementen übertragen, so daß wir jetzt die Determinanten allgemein definieren können.

Definition 2.25: *Es sei $\beta_1\,\beta_2\,...\,\beta_n$ eine beliebige Permutation der n Indizes $1, 2, ..., n$.* **D.2.25** *Dann wird die Determinante der quadratischen Matrix* **A** *mit det* **A** *bezeichnet und darunter der folgende Zahlenwert verstanden:*

$$\det A = \begin{vmatrix} a_{11} & a_{12} & ... & a_{1n} \\ a_{21} & a_{22} & ... & a_{2n} \\ \multicolumn{4}{c}{\dotfill} \\ a_{n1} & a_{n2} & ... & a_{nn} \end{vmatrix} = \sum_{\beta_1\beta_2...\beta_n} (-1)^I\, a_{1\beta_1}\, a_{2\beta_2}\, ... \, a_{n\beta_n}.$$

(I ist die Anzahl der Inversionen, die der Permutation entspricht; die Summation erstreckt sich über alle $n!$ Permutationen $\beta_1\beta_2\,...\,\beta_n$ der Indizes $1, 2, 3, ..., n$).

Betrachtet man diesen Ausdruck genauer, so zeigt sich:

Jedes Element tritt in einem Summanden nur einmal auf; man sagt, es liegt linear vor. Jeder Summand hat n Faktoren, wobei aus jeder Zeile und jeder Spalte immer genau ein Faktor stammt.

Die Determinante ist eine lineare homogene Funktion der Elemente jeder Reihe; sie ist eine ganze rationale Funktion n-ten Grades ihrer n^2-Elemente.

Für Determinanten ist. auch die Bezeichnung $|A|$ üblich. Wenn die Ordnung hervorgehoben werden soll, so gibt man diese als Index an: $\det A_{(n.n)}$ oder $|A_{(n.n)}|$. Der Wert der Determinante ist ein Skalar, er hängt von **allen** Elementen der Matrix ab.

2.4.2.   Eigenschaften der Determinanten

Wenn der Wert einer Determinante zu berechnen ist, dann kann die Ausrechnung dadurch erleichtert werden, daß die Determinante umgeformt wird, ohne ihren Wert zu ändern. Diese Umformungen beruhen auf bestimmten Eigenschaften der Determinanten, die wir nun kennenlernen wollen.

S.2.11   **Satz 2.11:** *Der Wert der Determinante bleibt unverändert, wenn Zeilen und Spalten vertauscht werden* (*Stürzen der Determinanten oder Spiegelung an der Hauptdiagonalen*).

Beweis: Wir gehen von der Determinante

$$\det A_{(n,n)} = \begin{vmatrix} a_{11} & a_{12} & \dots & a_{1n} \\ a_{21} & a_{22} & \dots & a_{2n} \\ \cdots\cdots\cdots\cdots \\ a_{n1} & a_{n2} & \dots & a_{nn} \end{vmatrix} = \sum_{\beta_1\beta_2\dots\beta_n} (-1)^I a_{1\beta_1} a_{2\beta_2} \dots a_{n\beta_n}$$

aus. Die gestürzte Determinante ist dann

$$\det A^T = \begin{vmatrix} a_{11} & a_{21} & \dots & a_{n1} \\ a_{12} & a_{22} & \dots & a_{n2} \\ \cdots\cdots\cdots\cdots \\ a_{1n} & a_{2n} & \dots & a_{nn} \end{vmatrix} = \sum_{\beta_1\beta_2\dots\beta_n} (-1)^I a_{\beta_1 1} a_{\beta_2 2} \dots a_{\beta_n n}.$$

Die vorderen und hinteren Indizes sind also vertauscht. Wir können jetzt in jedem Glied der Summe die Reihenfolge der Faktoren so ändern, daß die vorderen Indizes 1, 2, 3, …, n lauten, also alle Inversionen von $\beta_1\beta_2\dots\beta_n$ rückgängig gemacht werden. Dabei entsteht für die hinteren Indizes eine gerade Permutation, wenn $\beta_1\beta_2\dots\beta_n$ eine gerade Permutation ist, d. h. eine gerade Anzahl von Inversionen enthält. Entsprechendes gilt für ungerade Permutationen. Das Vorzeichen eines jeden Summanden bleibt demnach erhalten. Für die hinteren Indizes entstehen alle möglichen $n!$ Permutationen, d. h., $\det A^T$ enthält dieselben Glieder wie $\det A$, und es gilt

$$\det A^T = \det A. \quad\blacksquare$$

(2.11)

S.2.12   **Satz 2.12:** *Vertauscht man zwei benachbarte parallele Reihen* (*Zeilen oder Spalten*) *untereinander, so ändert sich das Vorzeichen der Determinante.*

Beweis: Führt man eine solche Vertauschung durch, so werden in allen Permutationen zwei benachbarte Elemente vertauscht – jede gerade Permutation geht damit in eine ungerade und jede ungerade in eine gerade über. Es ändert sich also das Vorzeichen eines jeden Summanden, und damit ändert die gesamte Determinante ihr Vorzeichen. $\blacksquare$

Satz 2.13: *Stimmen zwei parallele Reihen einer Determinante überein, dann ist der Wert* **S.2.13**
der Determinante gleich null.

(Diese beiden einander gleichen Reihen sind voneinander linear abhängig!)

Beweis: Vertauscht man die beiden übereinstimmenden Reihen, dann bleibt die Determinante ungeändert; wegen des Satzes 2.12 müßte diese Vertauschung aber eine Vorzeichenänderung bewirken; es besteht demnach die Gleichung $\det \mathbf{A} = -\det \mathbf{A}$, die nur für $\det \mathbf{A} = 0$ erfüllt ist. ∎

Satz 2.14: *Wenn alle Elemente einer Reihe gleich null sind, dann ist der Wert der* **S.2.14**
Determinante gleich null.

Beweis: Da in jedem Summanden ein Element der Reihe vorkommt, ist jeder Summand und somit die Determinante gleich null. ∎

Satz 2.15: *Multiplizieren wir alle Elemente einer Reihe mit demselben Faktor, so wird* **S.2.15**
die Determinante mit diesem Faktor multipliziert.

Beweis: Diese Eigenschaft ergibt sich ebenfalls aus der Definition der Determinante; wir wollen den Faktor mit λ bezeichnen. Da bei der Berechnung der Determinante in jedem Summanden ein Element jeder Reihe vorkommt, tritt auch λ in jedem Summanden auf, und die Determinante insgesamt ist also mit λ multipliziert. (Man beachte den Unterschied zur Multiplikation einer Matrix mit einem Faktor, vgl. Definition 2.14.). ∎

Satz 2.16: *Enthält eine Determinante zwei proportionale parallele Reihen, so ist sie* **S.2.16**
gleich null.

(Diese beiden einander proportionalen Reihen sind voneinander linear abhängig!)
Beweis: Wenn für die Elemente zweier Zeilen gilt

$$a_{hj} = \lambda a_{kj}, \quad j = 1, 2, \ldots, n,$$

so kann der Faktor λ herausgezogen werden, und es entsteht eine Determinante, in der zwei parallele Reihen übereinstimmen. Ihr Wert ist nach Satz 2.13 gleich null. In entsprechender Weise läßt sich der Satz für zwei proportionale Spalten beweisen. ∎

Satz 2.17: *Die Summe zweier Determinanten, die sich nur in den Elementen ein und* **S.2.17**
derselben Reihe unterscheiden, ist gleich einer Determinante, bei der in dieser Reihe
die Summen der entsprechenden Elemente derselben Reihen der beiden ursprünglichen
Determinanten stehen.

Das heißt also:

$$\begin{vmatrix} a_{11} & \ldots & a_{1n} \\ a_{21} & \ldots & a_{2n} \\ \cdots & \cdots & \cdots \\ a_{h1} & \ldots & a_{hn} \\ \cdots & \cdots & \cdots \\ a_{n1} & \ldots & a_{nn} \end{vmatrix} + \begin{vmatrix} a_{11} & \ldots & a_{1n} \\ a_{21} & \ldots & a_{2n} \\ \cdots & \cdots & \cdots \\ a'_{h1} & \ldots & a'_{hn} \\ \cdots & \cdots & \cdots \\ a_{n1} & \ldots & a_{nn} \end{vmatrix} = \begin{vmatrix} a_{11} & a_{12} & \ldots & a_{1n} \\ a_{21} & a_{22} & \ldots & a_{2n} \\ \cdots & \cdots & \cdots & \cdots \\ a_{h1}+a'_{h1} & a_{h2}+a'_{h2} & \ldots & a_{hn}+a'_{hn} \\ \cdots & \cdots & \cdots & \cdots \\ a_{n1} & a_{n2} & \ldots & a_{nn} \end{vmatrix} . \quad (2.12)$$

Die Richtigkeit folgt aus der Definition der Determinante.

S.2.18 Satz 2.18: *Eine Determinante ändert ihren Wert nicht, wenn zu den Elementen einer Reihe die mit einem beliebigen Faktor multiplizierten Elemente einer parallelen Reihe addiert werden.*

(Es wird zu einer Reihe ein Vielfaches einer parallelen Reihe, also eine von der parallelen Reihe linear abhängige Reihe addiert!)

Beweis: Nach Satz 2.17 läßt sich eine solche Determinante ohne Einschränkung der Allgemeinheit als Summe zweier Determinanten wie folgt darstellen:

$$\begin{vmatrix} a_{11} + \lambda a_{12} & a_{12} & \dots & a_{1n} \\ a_{21} + \lambda a_{22} & a_{22} & \dots & a_{2n} \\ \dots & \dots & & \dots \\ a_{n1} + \lambda a_{n2} & a_{n2} & \dots & a_{nn} \end{vmatrix} = \begin{vmatrix} a_{11} & a_{12} & \dots & a_{1n} \\ a_{21} & a_{22} & \dots & a_{2n} \\ \dots & \dots & & \dots \\ a_{n1} & a_{n2} & \dots & a_{nn} \end{vmatrix} + \lambda \begin{vmatrix} a_{12} & a_{12} & \dots & a_{1n} \\ a_{22} & a_{22} & \dots & a_{2n} \\ \dots & \dots & & \dots \\ a_{n2} & a_{n2} & \dots & a_{nn} \end{vmatrix}$$

$$= \det A + 0;$$

denn die zweite Determinante hat nach Satz 2.13 den Wert Null. ∎

S.2.19 Satz 2.19: *Wenn alle Elemente, die oberhalb (bzw. alle Elemente, die unterhalb) der Hauptdiagonalen stehen, gleich null sind, dann ist der Wert der Determinante gleich dem Produkt der Hauptdiagonalelemente:*

$$\det A = a_{11} a_{22} \dots a_{nn}.$$

Beweis: In jedem anderen Summanden steht nämlich mindestens einmal eine Null, und die Determinante hat somit den o. a. Wert. – Eine solche Determinante bezeichnet man auch als „Dreiecksdeterminante". ∎

Die hier behandelten Eigenschaften der Determinanten sind wichtig für ihre Berechnung. Denn wenn $n > 3$ ist, dann ist die Berechnung des Wertes der Determinante unter Benutzung der Definition 2.25 sehr umständlich. Man formt deshalb die Determinante um, ohne ihren Wert zu verändern, um eine Determinante zu erhalten, die sich einfacher berechnen läßt. So versucht man durch diese sog. elementaren Umformungen zu erreichen, daß in einer Reihe der Determinante möglichst viele Nullen stehen bzw. daß das Ergebnis der Umformungen eine sog. Dreiecksdeterminante (vgl. Satz 2.19) ist.

Wenn A und B gleichartige quadratische Matrizen sind, dann gilt

S.2.20 Satz 2.20: *Das Produkt der Determinanten zweier Matrizen* A *und* B *ist gleich der Determinante des Produktes der beiden Matrizen, d. h.*

$$\det A \det B = \det (AB).$$

Den Beweis dieses Satzes wollen wir hier nicht führen.

Da die Multiplikation von Determinanten eine Multiplikation von Zahlen ist (im Unterschied zur Multiplikation von Matrizen!), gilt das kommutative Gesetz:

$$\det A \det B = \det B \det A.$$

Deswegen und wegen Satz 2.20 ist:

$$\det (AB) = \det (BA).$$

Beispiel 2.24:

a) zu Satz 2.11:

$$A = \begin{bmatrix} 1 & 3 & 4 \\ 2 & 0 & 1 \\ 3 & 1 & 2 \end{bmatrix}, \quad \det A = 4,$$

$$\det A^{\mathsf{T}} = \begin{vmatrix} 1 & 2 & 3 \\ 3 & 0 & 1 \\ 4 & 1 & 2 \end{vmatrix} = 0 + 8 + 9 - 0 - 12 - 1 = 4;$$

b) zu Satz 2.12: Spalte 2 von det A vertauscht mit Spalte 3:

$$\begin{vmatrix} 1 & 4 & 3 \\ 2 & 1 & 0 \\ 3 & 2 & 1 \end{vmatrix} = +1 + 0 + 12 - 9 - 8 - 0 = -4;$$

c) zu Satz 2.13: Zeile 1 stimmt überein mit Zeile 2:

$$\begin{vmatrix} 1 & 3 & 4 \\ 1 & 3 & 4 \\ 3 & 1 & 2 \end{vmatrix} = 6 + 36 + 4 - 36 - 6 - 4 = 0;$$

d) zu Satz 2.15: Zeile 1 von det A mit 2 multipliziert:

$$\begin{vmatrix} 2 & 6 & 8 \\ 2 & 0 & 1 \\ 3 & 1 & 2 \end{vmatrix} = 0 + 18 + 16 - 0 - 24 - 2 = 8;$$

e) zu Satz 2.16: Zeile 1 und Zeile 3 sind proportional:

$$\begin{vmatrix} 1 & 3 & 4 \\ 2 & 0 & 1 \\ 3 & 9 & 12 \end{vmatrix} = 0 + 9 + 72 - 0 - 72 - 9 = 0;$$

f) zu Satz 2.17:

$$\begin{vmatrix} 1 & 3 & a \\ 2 & 0 & b \\ 3 & 1 & c \end{vmatrix} + \begin{vmatrix} 1 & 3 & d \\ 2 & 0 & e \\ 3 & 1 & f \end{vmatrix}$$

$$= 0 + 9b + 2a - 0 - 6c - b + 0 + 9e + 2d - 0 - 6f - e$$

$$= 0 + 9(b + e) + 2(a + d) - 0 - 6(c + f) - (b + e)$$

$$= \begin{vmatrix} 1 & 3 & a + d \\ 2 & 0 & b + e \\ 3 & 1 & c + f \end{vmatrix};$$

g) zu Satz 2.18: Zu Spalte 1 von det A wird die mit (-2) multiplizierte Spalte 3 addiert:

$$\begin{vmatrix} -7 & 3 & 4 \\ 0 & 0 & 1 \\ -1 & 1 & 2 \end{vmatrix} = 0 - 3 + 0 - 0 - 0 + 7 = 4;$$

h) zu Satz 2.19: Wir formen die Determinante von g) weiter um: Zur Spalte 1 wird Spalte 2 addiert, und wir erhalten

$$\begin{vmatrix} -4 & 3 & 4 \\ 0 & 0 & 1 \\ 0 & 1 & 2 \end{vmatrix};$$

Vertauschung von zweiter und dritter Zeile (Vorzeichenänderung) und Multiplikation der Elemente der 1. Spalte mit (-1) (Rückgängigmachen der Vorzeichenänderung) führt zur

$$\det A = \begin{vmatrix} 4 & 3 & 4 \\ 0 & 1 & 2 \\ 0 & 0 & 1 \end{vmatrix} = 4.$$

2.4.3. Entwicklung einer Determinante nach Unterdeterminanten

Um auch den Wert von Determinanten höherer Ordnung bestimmen zu können betrachten wir noch einmal eine Determinante 3. Ordnung.

$$\det A_{(3.3)} = \begin{vmatrix} a_{11} & a_{12} & a_{13} \\ a_{21} & a_{22} & a_{23} \\ a_{31} & a_{32} & a_{33} \end{vmatrix}$$

$$= a_{11}(a_{22}a_{33} - a_{23}a_{32}) - a_{12}(a_{21}a_{33} - a_{23}a_{31}) + a_{13}(a_{21}a_{32} - a_{22}a_{31})$$

läßt sich in anderer Form schreiben, wenn man die Klammerausdrücke als Determinanten 2. Ordnung auffaßt:

$$\det A_{(3.3)} = a_{11}\begin{vmatrix} a_{22} & a_{23} \\ a_{32} & a_{33} \end{vmatrix} - a_{12}\begin{vmatrix} a_{21} & a_{23} \\ a_{31} & a_{33} \end{vmatrix} + a_{13}\begin{vmatrix} a_{21} & a_{22} \\ a_{31} & a_{32} \end{vmatrix}.$$

Die Determinanten 2. Ordnung, die als Unterdeterminanten bezeichnet werden, entstehen dadurch, daß man in det $A_{(3.3)}$ Zeile und Spalte des Elementes streicht, das jeweils als Faktor vor der zweireihigen Determinante steht. Man spricht in diesem Falle von der Entwicklung einer Determinante nach den Elementen der ersten Zeile (oder von der Entwicklung einer Determinante nach Unterdeterminanten der ersten Zeile).

Diese Entwicklung kann auch folgendermaßen geschrieben werden:

$$\det A_{(3.3)} = a_{11}A_{11} + a_{12}A_{12} + a_{13}A_{13},$$

wenn unter A_{ik} $(i, k = 1, 2, 3)$ die vorzeichenbehafteten Unterdeterminanten verstanden werden.

Man kann zeigen, daß det $A_{(3.3)}$ nach den Elementen bzw. Unterdeterminanten jeder Reihe entwickelt werden kann. Im folgenden sollen die allgemeinen Gesetzmäßigkeiten einer solchen Entwicklung für det $A_{(n.n)}$ untersucht werden.

Nach 2.4.1. ist jede Determinante eine homogene lineare Funktion der Elemente eine ihrer Reihen. Greifen wir die Zeile λ heraus, dann können wir schreiben:

$$\det A_{(n.n)} = \sum_{\varrho=1}^{n} a_{\lambda\varrho} A_{\lambda\varrho} = a_{\lambda 1} A_{\lambda 1} + a_{\lambda 2} A_{\lambda 2} + \dots + a_{\lambda n} A_{\lambda n}. \tag{2.13}$$

Das kann man entsprechend mit jeder Zeile und mit jeder Spalte machen. Wie sehen die $A_{\lambda\varrho}$ aus?

$a_{\lambda\varrho}$ ist das Element, das an der Stelle λ, ϱ, d. h. in der Zeile λ an ϱ-ter Stelle steht. Weil jeder Summand von det A aus jeder Zeile und Spalte genau ein Element enthält, ist $A_{\lambda\varrho}$ demzufolge unabhängig von der Zeile λ und der Spalte ϱ. Also muß $A_{\lambda\varrho}$ eine ganz rationale Funktion $(n-1)$-ten Grades der $(n-1)^2$ Elemente der Determinante sein, die man aus der ursprünglichen erhält, wenn man die Zeile λ und die Spalte ϱ streicht. Eine solche Determinante nennt man eine Unterdeterminante $(n-1)$-ter Ordnung.

Welche Vorzeichen kommen den Summanden in der o. a. Zerlegung zu?

Durch $\lambda - 1$ Vertauschungen bringen wir die Zeile λ an die erste Stelle. Dann gilt

$$\det A = (-1)^{\lambda-1} \det A'.$$

Entwickeln wir det A nach den Elementen der ersten Zeile, dann erhalten wir

$$\det A' = \sum_{\varrho=1}^{n} a_{\lambda\varrho} A'_{\lambda\varrho};$$

denn die Zeile λ ist jetzt die erste Zeile der Determinante.
Entwickeln wir det A nach der λ-ten Zeile, so erhalten wir

$$\det A = \sum_{\varrho=1}^{n} a_{\lambda\varrho} A_{\lambda\varrho} = (-1)^{\lambda-1} \det A' = (-1)^{\lambda-1} \sum_{\varrho=1}^{n} a_{\lambda\varrho} A'_{\lambda\varrho},$$

d. h., es ist

$$A_{\lambda\varrho} = (-1)^{\lambda-1} A'_{\lambda\varrho}.$$

Durch $(\varrho - 1)$ Vertauschungen bringen wir jetzt die Spalte ϱ in det A' an die erste Stelle, und es gilt

$$\det A' = (-1)^{\varrho-1} \det A''.$$

Entwickeln wir det A' und det A'' jeweils nach den Elementen ihrer ersten Zeilen, so erhalten wir

$$\det A' = a_{\lambda 1} A'_{\lambda 1} + a_{\lambda 2} A'_{\lambda 2} + \dots + a_{\lambda\varrho} A'_{\lambda\varrho} + \dots + a_{\lambda n} A'_{\lambda n} = (-1)^{\varrho-1} \det A''$$

$$= (-1)^{\varrho-1} (a_{\lambda\varrho} A''_{\lambda\varrho} + a_{\lambda 1} A''_{\lambda 1} + \dots + a_{\lambda,\varrho-1} A''_{\lambda,\varrho-1} + a_{\lambda,\varrho+1} A''_{\lambda,\varrho+1} + \dots + a_{\lambda n} A''_{\lambda n}),$$

d. h., es ist

$$A'_{\lambda\varrho} = (-1)^{\varrho-1} A''_{\lambda\varrho}$$

und

$$A_{\lambda\varrho} = (-1)^{\lambda-1} A'_{\lambda\varrho} = (-1)^{\lambda+\varrho} A''_{\lambda\varrho},$$

wobei $A''_{\lambda\varrho}$ die Unterdeterminante $(n-1)$-ter Ordnung ist, die entsteht, wenn man die λ-te Zeile und die ϱ-te Spalte streicht.

Definition 2.26: *Die vorzeichenbehaftete Unterdeterminante $A_{\lambda\varrho}$ wird als* **Adjunkte** *oder* **algebraisches Komplement** *von $a_{\lambda\varrho}$ bezeichnet.*   **D.2.26**

Es sei nachdrücklich darauf hingewiesen, daß das Vorzeichen zu $A_{\lambda\varrho}$ gehört.

Die Entwicklung einer Determinante dritter Ordnung nach den Elementen der zweiten Zeile hat folgendes Aussehen:

$$\det A = a_{21}A_{21} + a_{22}A_{22} + a_{23}A_{23}.$$

Natürlich kann man eine Determinante auch nach den Elementen einer Spalte entwickeln. Die Zerlegung lautet allgemein nach den Elementen der Spalte ϱ:

$$\det A = \sum_{\lambda=1}^{n} a_{\lambda\varrho}A_{\lambda\varrho} = a_{1\varrho}A_{1\varrho} + a_{2\varrho}A_{2\varrho} + \ldots + a_{n\varrho}A_{n\varrho}. \tag{2.14}$$

Die Adjunkten, die bei dieser Entwicklung auftreten, haben folgende Eigenschaften: Es gilt:

$$\sum_{\varrho=1}^{n} a_{\lambda\varrho}A_{\mu\varrho} = \begin{cases} \det A & \text{für } \lambda = \mu, \\ 0 & \text{für } \lambda \neq \mu. \end{cases} \tag{2.15}$$

Die Richtigkeit dieser Aussage verifizieren wir an der Determinante dritter Ordnung:

für $\lambda = \mu$ ist es die o. g. Zerlegung nach den Elementen einer Zeile,

für $\lambda \neq \mu$ hätten wir z. B. folgende Zerlegung:

$$a_{11}A_{21} + a_{12}A_{22} + a_{13}A_{23};$$

in Form einer Determinante geschrieben, bedeutet das

$$\begin{vmatrix} a_{11} & a_{12} & a_{13} \\ a_{11} & a_{12} & a_{13} \\ a_{31} & a_{32} & a_{33} \end{vmatrix},$$

und der Wert dieser Determinante ist nach Satz 2.13 gleich null. Entsprechend gilt für die Entwicklung nach den Elementen einer Spalte

$$\sum_{\lambda=1}^{n} a_{\lambda\varrho}A_{\lambda\sigma} = \begin{cases} \det A & \text{für } \varrho = \sigma, \\ 0 & \text{für } \varrho \neq \sigma, \end{cases} \tag{2.16}$$

d. h., das Produkt aus den Elementen einer Reihe mit den zugehörigen Adjunkten ergibt den Determinantenwert, während das Produkt einer Reihe mit den Adjunkten einer parallelen Reihe den Wert Null ergibt.

Ähnlich wie sich eine Determinante n-ter Ordnung nach den Elementen einer Reihe und deren algebraischen Komplementen entwickeln läßt, gibt es eine Entwicklung nach Unterdeterminanten m-ter ($m < n$) Ordnung und deren algebraischen Komplementen (Laplacescher Entwicklungssatz, vgl. [17], S. 33).

Beispiel 2.25: Wir wollen den Wert der Determinante

$$\begin{vmatrix} 1 & 2 & 0 & 1 \\ 2 & 0 & 3 & 4 \\ 3 & 1 & 5 & 2 \\ 0 & 2 & 0 & 3 \end{vmatrix}$$

durch Entwicklung nach den Elementen einer Zeile berechnen. det A formen wir zuerst um. Durch Subtraktion der 4. Spalte von der 1. Spalte erhalten wir die Determinante

$$\begin{vmatrix} 0 & 2 & 0 & 1 \\ -2 & 0 & 3 & 4 \\ 1 & 1 & 5 & 2 \\ -3 & 2 & 0 & 3 \end{vmatrix}.$$

Subtrahieren wir nun das Doppelte der 4. Spalte von der 2. Spalte, dann erhalten wir die Determinante:

$$\begin{vmatrix} 0 & 0 & 0 & 1 \\ -2 & -8 & 3 & 4 \\ 1 & -3 & 5 & 2 \\ -3 & -4 & 0 & 3 \end{vmatrix}.$$

Diese Determinante entwickeln wir zweckmäßigerweise nach den Elementen der ersten Zeile; es wird dann:

$$\det A = 0 \cdot A_{11} + 0 \cdot A_{12} + 0 \cdot A_{13} + 1 \cdot A_{14},$$

also $\det A = A_{14}$.

Es ist

$$A_{14} = (-1)^{1+4} \begin{vmatrix} -2 & -8 & 3 \\ 1 & -3 & 5 \\ -3 & -4 & 0 \end{vmatrix} = -41.$$

Demnach ist $\det A = -41$.

2.4.4. Anwendungen

2.4.4.1. Berechnung der reziproken Matrix

In 2.3. hatten wir bei der Berechnung der reziproken Matrix gesehen, daß dabei die Determinanten eine Rolle spielen. Da wir seinerzeit noch nicht über den Determinantenbegriff verfügten, soll jetzt die Berechnung der reziproken Matrix allgemein dargestellt werden unter der Voraussetzung, daß

$$\det A \neq 0$$

ist. Dann stellt die reziproke Matrix A^{-1} die Lösung der Matrixgleichung

$$AX = E$$

dar. Die reziproke Matrix ist

$$A^{-1} = \frac{1}{\det A} \begin{bmatrix} A_{11} & A_{21} & \dots & A_{n1} \\ A_{12} & A_{22} & \dots & A_{n2} \\ \multicolumn{4}{c}{\dotfill} \\ A_{1n} & A_{2n} & \dots & A_{nn} \end{bmatrix}. \tag{2.17}$$

Von der Richtigkeit dieser Behauptung überzeugen wir uns leicht dadurch, daß wir das Produkt AA^{-1} bilden. Es ist

$$AA^{-1} = \frac{1}{\det A} \begin{bmatrix} a_{11} & a_{12} & \dots & a_{1n} \\ \cdot\cdot\cdot\cdot\cdot\cdot\cdot\cdot\cdot\cdot\cdot\cdot\cdot\cdot \\ a_{n1} & a_{n2} & \dots & a_{nn} \end{bmatrix} \begin{bmatrix} A_{11} & A_{21} & \dots & A_{n1} \\ \cdot\cdot\cdot\cdot\cdot\cdot\cdot\cdot\cdot\cdot\cdot\cdot\cdot\cdot \\ A_{1n} & A_{2n} & \dots & A_{nn} \end{bmatrix}$$

$$= \frac{1}{\det A} \begin{bmatrix} \sum_{\varrho=1}^{n} a_{1\varrho}A_{1\varrho} & 0 & 0 \dots & 0 \\ 0 & \sum_{\varrho=1}^{n} a_{2\varrho}A_{2\varrho} & 0 \dots & 0 \\ \cdot\cdot\cdot\cdot\cdot\cdot\cdot\cdot\cdot\cdot\cdot\cdot\cdot\cdot\cdot\cdot\cdot\cdot\cdot\cdot \\ 0 & 0 & 0 \dots & \sum_{\varrho=1}^{n} a_{n\varrho}A_{n\varrho} \end{bmatrix}$$

$$= \frac{1}{\det A} \begin{bmatrix} \det A & 0 & 0 \dots & 0 \\ 0 & \det A & 0 \dots & 0 \\ \cdot\cdot\cdot\cdot\cdot\cdot\cdot\cdot\cdot\cdot\cdot\cdot\cdot\cdot\cdot\cdot\cdot\cdot \\ 0 & 0 & 0 \dots & \det A \end{bmatrix}$$

$$= \begin{bmatrix} 1 & 0 & 0 \dots & 0 \\ 0 & 1 & 0 \dots & 0 \\ \cdot\cdot\cdot\cdot\cdot\cdot\cdot\cdot\cdot\cdot\cdot \\ 0 & 0 & 0 & 1 \end{bmatrix} = E,$$

was wir zeigen wollten.

Beispiel 2.26:

$$A = \begin{bmatrix} 1 & 3 & 4 \\ 2 & 0 & 1 \\ 3 & 1 & 2 \end{bmatrix}; \quad \det A = 4.$$

$$A_{11} = \begin{vmatrix} 0 & 1 \\ 1 & 2 \end{vmatrix} = -1, \quad A_{21} = - \begin{vmatrix} 3 & 4 \\ 1 & 2 \end{vmatrix} = -2, \quad A_{31} = \begin{vmatrix} 3 & 4 \\ 0 & 1 \end{vmatrix} = 3,$$

$$A_{12} = - \begin{vmatrix} 2 & 1 \\ 3 & 2 \end{vmatrix} = -1, \quad A_{22} = \begin{vmatrix} 1 & 4 \\ 3 & 2 \end{vmatrix} = -10, \quad A_{32} = - \begin{vmatrix} 1 & 4 \\ 2 & 1 \end{vmatrix} = 7,$$

$$A_{13} = \begin{vmatrix} 2 & 0 \\ 3 & 1 \end{vmatrix} = 2, \quad A_{23} = - \begin{vmatrix} 1 & 3 \\ 3 & 1 \end{vmatrix} = 8, \quad A_{33} = \begin{vmatrix} 1 & 3 \\ 2 & 0 \end{vmatrix} = -6,$$

dann ist

$$A^{-1} = \tfrac{1}{4} \begin{bmatrix} -1 & -2 & 3 \\ -1 & -10 & 7 \\ 2 & 8 & -6 \end{bmatrix}$$

und (Probe)

$$AA^{-1} = \tfrac{1}{4} \begin{bmatrix} 1 & 3 & 4 \\ 2 & 0 & 1 \\ 3 & 1 & 2 \end{bmatrix} \begin{bmatrix} -1 & -2 & 3 \\ -1 & -10 & 7 \\ 2 & 8 & -6 \end{bmatrix} = \tfrac{1}{4} \begin{bmatrix} 4 & 0 & 0 \\ 0 & 4 & 0 \\ 0 & 0 & 4 \end{bmatrix} = \begin{bmatrix} 1 & 0 & 0 \\ 0 & 1 & 0 \\ 0 & 0 & 1 \end{bmatrix} = E.$$

2.4.4.2. Orthogonale Transformation von Vektoren

Bei Ausführung einer Parallelverschiebung ändert sich zwar die Lage eines Vektors im Koordinatensystem, aber Betrag, Richtung und Orientierung bleiben ungeändert. Wir wollen nun die Darstellung des Vektors **a** in einem anderen, ebenfalls rechtwinkligen Koordinatensystem untersuchen, das mit dem ursprünglichen System den Koordinatenanfangspunkt gemeinsam hat. Solche Systeme gibt es beliebig viele, und es sollen hier die Formeln für alle diese Transformationen angegeben werden, die man als *orthogonale* Transformationen bezeichnet.

Es sei

$$\mathbf{a} = \alpha_1 \mathbf{e}_1 + \alpha_2 \mathbf{e}_2 + \alpha_3 \mathbf{e}_3$$

die Darstellung von **a** im alten Koordinatensystem und

$$\mathbf{a} = \alpha_1^* \mathbf{e}_1^* + \alpha_2^* \mathbf{e}_2^* + \alpha_3^* \mathbf{e}_3^*$$

die Darstellung von **a** im neuen Koordinatensystem. Wir setzen

$$\mathbf{a} = \begin{bmatrix} \alpha_1 \\ \alpha_2 \\ \alpha_3 \end{bmatrix}, \quad \mathbf{B} = \begin{bmatrix} \mathbf{e}_1 \\ \mathbf{e}_2 \\ \mathbf{e}_3 \end{bmatrix}, \quad \mathbf{a}^* = \begin{bmatrix} \alpha_1^* \\ \alpha_2^* \\ \alpha_3^* \end{bmatrix}, \quad \mathbf{B}^* = \begin{bmatrix} \mathbf{e}_1^* \\ \mathbf{e}_2^* \\ \mathbf{e}_3^* \end{bmatrix},$$

$$\delta_i = \sphericalangle\,(\mathbf{e}_i; \mathbf{e}_1^*), \; \varepsilon_i = \sphericalangle\,(\mathbf{e}_i; \mathbf{e}_2^*), \; \eta_i = \sphericalangle\,(\mathbf{e}_i; \mathbf{e}_3^*), \quad i = 1, 2, 3.$$

Die Matrizen

$$\mathbf{D} = \mathbf{B}^*\mathbf{B}^\mathsf{T} = \begin{bmatrix} \mathbf{e}_1\mathbf{e}_1^* & \mathbf{e}_2\mathbf{e}_1^* & \mathbf{e}_3\mathbf{e}_1^* \\ \mathbf{e}_1\mathbf{e}_2^* & \mathbf{e}_2\mathbf{e}_2^* & \mathbf{e}_3\mathbf{e}_2^* \\ \mathbf{e}_1\mathbf{e}_3^* & \mathbf{e}_2\mathbf{e}_3^* & \mathbf{e}_3\mathbf{e}_3^* \end{bmatrix} = \begin{bmatrix} \cos\delta_1 & \cos\delta_2 & \cos\delta_3 \\ \cos\varepsilon_1 & \cos\varepsilon_2 & \cos\varepsilon_3 \\ \cos\eta_1 & \cos\eta_2 & \cos\eta_3 \end{bmatrix}$$

und $\mathbf{D}^\mathsf{T} = \mathbf{B}\mathbf{B}^{*\mathsf{T}}$ bezeichnen wir als Transformationsmatrizen. Dann gilt wegen

$$\mathbf{e}_i\mathbf{e}_k = \begin{cases} 0 & \text{für } i \neq k \\ 1 & \text{für } i = k \end{cases}, \quad \mathbf{e}_i^*\mathbf{e}_k^* = \begin{cases} 0 & \text{für } i \neq k \\ 1 & \text{für } i = k \end{cases},$$

$$\mathbf{D}^\mathsf{T}\mathbf{D} = \mathbf{E}.$$

$$\mathbf{a} = \mathbf{a}^\mathsf{T}\mathbf{B} = \alpha_1\mathbf{e}_1 + \alpha_2\mathbf{e}_2 + \alpha_3\mathbf{e}_3$$

ist die Darstellung von **a** im alten System und

$$\mathbf{a} = \mathbf{a}^{*\mathsf{T}}\mathbf{B}^* = \alpha_1^*\mathbf{e}_1^* + \alpha_2^*\mathbf{e}_2^* + \alpha_3^*\mathbf{e}_3^*$$

die Darstellung von **a** im neuen System; ferner ist

$$\mathbf{B}^* = \mathbf{D}\mathbf{B}, \quad \begin{bmatrix} \mathbf{e}_1^* \\ \mathbf{e}_2^* \\ \mathbf{e}_3^* \end{bmatrix} = \begin{bmatrix} \cos\delta_1 & \cos\delta_2 & \cos\delta_3 \\ \cos\varepsilon_1 & \cos\varepsilon_2 & \cos\varepsilon_3 \\ \cos\eta_1 & \cos\eta_2 & \cos\eta_3 \end{bmatrix} \begin{bmatrix} \mathbf{e}_1 \\ \mathbf{e}_2 \\ \mathbf{e}_3 \end{bmatrix}$$

die Darstellung von $\mathbf{e}_i^*$ im alten System und wegen $\mathbf{D}^\mathsf{T}\mathbf{B}^* = \mathbf{D}^\mathsf{T}\mathbf{D}\mathbf{B} = \mathbf{E}\mathbf{B} = \mathbf{B}$ ist

$$\mathbf{B} = \mathbf{D}^\mathsf{T}\mathbf{B}^*, \quad \begin{bmatrix} \mathbf{e}_1 \\ \mathbf{e}_2 \\ \mathbf{e}_3 \end{bmatrix} = \begin{bmatrix} \cos\delta_1 & \cos\varepsilon_1 & \cos\eta_1 \\ \cos\delta_2 & \cos\varepsilon_2 & \cos\eta_2 \\ \cos\delta_3 & \cos\varepsilon_3 & \cos\eta_3 \end{bmatrix} \begin{bmatrix} \mathbf{e}_1^* \\ \mathbf{e}_2^* \\ \mathbf{e}_3^* \end{bmatrix}$$

die Darstellung von e_i im neuen System. Da $\mathbf{a} = \mathbf{a}^T\mathbf{B} = \mathbf{a}^{*T}\mathbf{B}^*$ und $\mathbf{B}^* = \mathbf{DB}$ ist, gilt $\mathbf{a}^T\mathbf{B} = \mathbf{a}^{*T}\mathbf{DB}$; daraus folgt $\mathbf{a}^T = \mathbf{a}^{*T}\mathbf{D}$, d. h. $\mathbf{a} = \mathbf{D}^T\mathbf{a}^*$,

$$\begin{bmatrix} \alpha_1 \\ \alpha_2 \\ \alpha_3 \end{bmatrix} = \begin{bmatrix} \cos\delta_1 & \cos\varepsilon_1 & \cos\eta_1 \\ \cos\delta_2 & \cos\varepsilon_2 & \cos\eta_2 \\ \cos\delta_3 & \cos\varepsilon_3 & \cos\eta_3 \end{bmatrix} \begin{bmatrix} \alpha_1^* \\ \alpha_2^* \\ \alpha_3^* \end{bmatrix}$$

Aus $\mathbf{a}^T\mathbf{B} = \mathbf{a}^{*T}\mathbf{B}^*$ und $\mathbf{B} = \mathbf{D}^T\mathbf{B}^*$ folgt $\mathbf{a}^T\mathbf{D}^T\mathbf{B}^* = \mathbf{a}^{*T}\mathbf{B}^*$ und daraus

$$\mathbf{a}^{*T} = \mathbf{a}^T\mathbf{D}^T, \text{ d. h. } \mathbf{a}^* = \mathbf{Da},$$

$$\begin{bmatrix} \alpha_1^* \\ \alpha_2^* \\ \alpha_3^* \end{bmatrix} = \begin{bmatrix} \cos\delta_1 & \cos\delta_2 & \cos\delta_3 \\ \cos\varepsilon_1 & \cos\varepsilon_2 & \cos\varepsilon_3 \\ \cos\eta_1 & \cos\eta_2 & \cos\eta_3 \end{bmatrix} \begin{bmatrix} \alpha_1 \\ \alpha_2 \\ \alpha_3 \end{bmatrix}$$

Damit sind die Beziehungen zwischen den skalaren Komponenten des Vektors $\mathbf{a}$ in den beiden Koordinatensystemen hergeleitet.

Betrachten wir die Determinanten der beiden Transformationsmatrizen, so gilt

$$\det \mathbf{D} = \begin{vmatrix} \cos\delta_1 & \cos\delta_2 & \cos\delta_3 \\ \cos\varepsilon_1 & \cos\varepsilon_2 & \cos\varepsilon_3 \\ \cos\eta_1 & \cos\eta_2 & \cos\eta_3 \end{vmatrix} \text{ und } \det \mathbf{D}^T = \begin{vmatrix} \cos\delta_1 & \cos\varepsilon_1 & \cos\eta_1 \\ \cos\delta_2 & \cos\varepsilon_2 & \cos\eta_2 \\ \cos\delta_3 & \cos\varepsilon_3 & \cos\eta_3 \end{vmatrix},$$

und es ist

$$\det (\mathbf{D}^T\mathbf{D}) = \det \mathbf{E} = (\det \mathbf{D}^T)(\det \mathbf{D}) = (\det \mathbf{D})^2 = 1.$$

Daraus erhält man

$$\det \mathbf{D} = \pm 1,$$

wobei durch $\det \mathbf{D} = +1$ *Drehungen* und durch $\det \mathbf{D} = -1$ *Spiegelungen* charakterisiert werden.

2.4.4.3. Gleichung einer Geraden durch zwei Punkte (in der Ebene)

Die Gleichung einer geraden Linie in der Ebene läßt sich in der Form $D = 0$ darstellen, wobei D eine dreireihige Determinante ist. Wir gehen aus von der sogenannten Zwei-Punkte-Gleichung

$$\frac{y - y_2}{x - x_2} = \frac{y_2 - y_1}{x_2 - x_1},$$

$$-(y - y_2)(x_1 - x_2) + (y_1 - y_2)(x - x_2) = 0.$$

In dieser Gleichung schreiben wir die linke Seite als Determinante

$$\begin{vmatrix} x - x_2 & x_1 - x_2 \\ y - y_2 & y_1 - y_2 \end{vmatrix} = 0.$$

Diese Determinante zweiter Ordnung läßt sich in eine dreireihige Determinante umformen, ohne den Wert zu ändern: Eine Zeile und eine Spalte werden so angefügt, daß die zweireihige Determinante Unterdeterminante einer dreireihigen Determinante wird und bei der Entwicklung nach den Elementen dieser angefügten Zeile bzw. Spalte mit dem Faktor 1 multipliziert wird, während die anderen Unterdeterminanten den Faktor 0 erhalten. Man nennt diese Umformung *Rändern* der Determinante.

Hier wird die folgende dreireihige Determinante durch Rändern gebildet:

$$\begin{vmatrix} 0 & 0 & 1 \\ x - x_2 & x_1 - x_2 & x_2 \\ y - y_2 & y_1 - y_2 & y_2 \end{vmatrix} = 0;$$

wir addieren die letzte zur 1. und 2. Spalte und erhalten:

$$\begin{vmatrix} 1 & 1 & 1 \\ x & x_1 & x_2 \\ y & y_1 & y_2 \end{vmatrix} = 0.$$

Man wählt aus Symmetriegründen im allgemeinen diese dreireihige Determinante für die Darstellung.

2.4.4.4. Fläche eines Dreiecks

Wir betrachten zuerst die Fläche eines Dreiecks, dessen einer Eckpunkt im Ursprung des Koordinatensystems liegt (Bild 2.2). Dann ist

$$f = \tfrac{1}{2}(x_1 y_2 - x_2 y_1) = \tfrac{1}{2} \begin{vmatrix} x_1 & y_1 \\ x_2 & y_2 \end{vmatrix}.$$

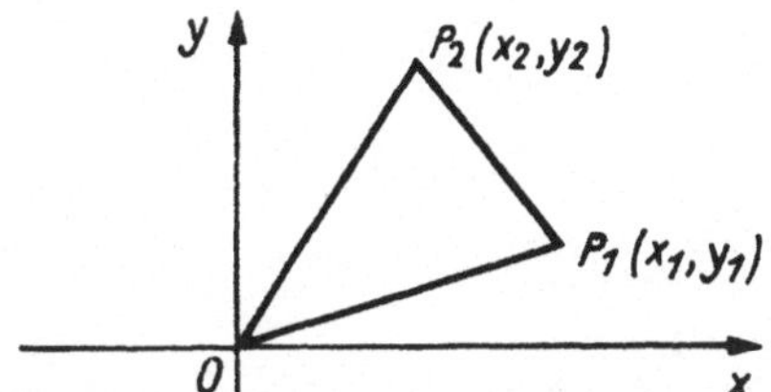

Bild 2.2

Sind P_1, P_2, P_3 Eckpunkte eines Dreiecks in beliebiger Lage, deren Koordinaten $(x_1; y_1)$, $(x_2; y_2)$, $(x_3; y_3)$ sind (Bild 2.3), so verschieben wir das Koordinatensystem so, daß etwa P_1 mit dem Ursprung des Systems zusammenfällt; damit haben P_1, P_2 und P_3 jetzt die Koordinaten

$$(0; 0), \ (x_2 - x_1; y_2 - y_1), \ (x_3 - x_1; y_3 - y_1).$$

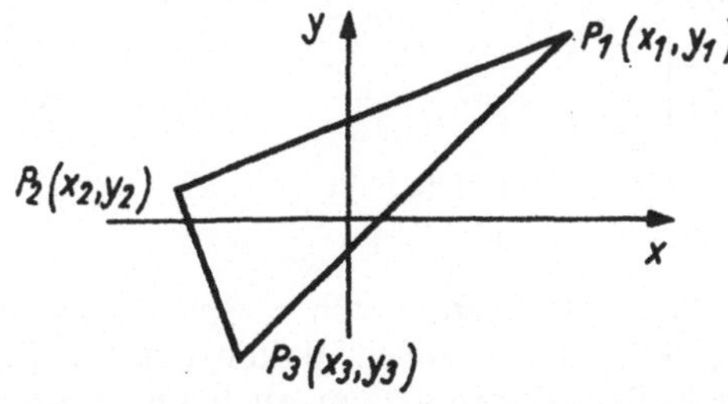

Bild 2.3

Diese Werte werden in die oben hergeleitete Determinante eingesetzt:

$$f = \tfrac{1}{2} \begin{vmatrix} x_2 - x_1 & y_2 - y_1 \\ x_3 - x_1 & y_3 - y_1 \end{vmatrix} = \tfrac{1}{2} \begin{vmatrix} 1 & x_1 & y_1 \\ 0 & x_2 - x_1 & y_2 - y_1 \\ 0 & x_3 - x_1 & y_3 - y_1 \end{vmatrix} = \tfrac{1}{2} \begin{vmatrix} 1 & x_1 & y_1 \\ 1 & x_2 & y_2 \\ 1 & x_3 & y_3 \end{vmatrix}.$$

Ist der Wert der Determinante größer als 0, so wird die Fläche im mathematisch positiven Sinne umlaufen, ist der Wert der Determinante kleiner als 0, so wird die Fläche im mathematisch negativen Sinne umlaufen, und ist schließlich der Wert der Determinante gleich 0, so liegen die drei Punkte auf einer Geraden.

2.4.4.5. Lineare Abhängigkeit von Vektoren

Die Beispiele 1.6, 1.8 und 1.9 aus 1.2.7. lassen sich ebenfalls mit Hilfe von Determinanten lösen. Man überprüft nur, ob der Wert der Determinanten aus den Komponenten der Vektoren gleich null oder ungleich null ist; ist $D = 0$, dann sind die Vektoren linear abhängig.

Beispiel 1.6: Es ist

$$\det A_{(n,n)} = \begin{vmatrix} 1 & 0 & 0 & \dots & 0 \\ 0 & 1 & 0 & \dots & 0 \\ 0 & 0 & 1 & \dots & 0 \\ \vdots & \vdots & \vdots & & \vdots \\ 0 & 0 & 0 & \dots & 1 \end{vmatrix} = 1 \neq 0,$$

$e_1, e_2, \dots, e_n$ sind linear unabhängig.

Beispiel 1.8:

$$\det A_{(4,4)} = \begin{vmatrix} 1 & -1 & 1 & -2 \\ 3 & -5 & 2 & -1 \\ -2 & 1 & -2 & 2 \\ -1 & 0 & -1 & 1 \end{vmatrix} = -1 \neq 0,$$

also a_1, a_2, a_3, a_4 sind linear unabhängig.

Beispiel 1.9:

$$\det A_{(4,4)} = \begin{vmatrix} 1 & -1 & 1 & -2 \\ 3 & -5 & 2 & -1 \\ -2 & 1 & -2 & 2 \\ 1 & -5 & 0 & -1 \end{vmatrix} = 0;$$

a_1, a_2, a_3, a_4 sind linear abhängig, denn $2a_1 + a_2 + 2a_3 - a_4 = 0$.

Wenn eine quadratische Matrix $A_{(n,n)}$ als System von n Spaltenvektoren aufgefaßt wird, dann bedeutet $\det A_{(n,n)} \neq 0$, daß diese n Spaltenvektoren linear unabhängig sind; natürlich sind die n Zeilenvektoren dann auch linear unabhängig (nach Satz 2.11.). Man sagt in diesem Fall: die Matrix $A_{(n,n)}$ hat den Rang n (vgl. Kap. 3). Im Falle $\det A_{(n,n)} = 0$ ist der Rang $< n$; sein Wert ist gleich der Anzahl der linear unabhängigen Vektoren. (Diese letzte Aussage ist natürlich allgemein gültig, denn wenn $\det A_{(n,n)} \neq 0$ ist eben die Anzahl der linear unabhängigen Vektoren gleich n.)

2.5.   Aufgaben

2.1: Für die Matrizen

$$A = \begin{bmatrix} 2 & 7 & -3 & -4 \\ 2 & 6 & -4 & -5 \\ 6 & 4 & -3 & -2 \\ 8 & 5 & -6 & -1 \end{bmatrix} \quad \text{und} \quad B = \begin{bmatrix} 1 & 2 & 3 & 4 \\ 2 & 3 & 4 & 5 \\ 1 & 3 & 5 & 6 \\ 2 & 4 & 6 & 7 \end{bmatrix}$$

ist die Produktmatrix $C = AB$ zu berechnen!

2.2: Für die Matrizen A, B, C ist das Produkt $P = ABC$ zu berechnen, wenn

a) $A = \begin{bmatrix} 4 & 3 \\ 7 & 5 \end{bmatrix}$, $\quad B = \begin{bmatrix} -28 & 93 \\ 38 & -126 \end{bmatrix}$, $\quad C = \begin{bmatrix} 7 & 3 \\ 2 & 1 \end{bmatrix}$;

b) $A = \begin{bmatrix} 0 & 2 & -1 \\ -2 & -1 & 2 \\ 3 & -2 & -1 \end{bmatrix}$, $\quad B = \begin{bmatrix} 70 & 34 & -107 \\ 52 & 26 & -68 \\ 101 & 50 & -140 \end{bmatrix}$, $\quad C = \begin{bmatrix} 27 & -18 & 10 \\ -46 & 31 & -17 \\ 3 & -2 & 1 \end{bmatrix}$.

2.3: Zur Matrix A berechne man die Matrix A^3 für

a) $A = \begin{bmatrix} a & 1 \\ 0 & a \end{bmatrix}$, $\quad$ b) $A = \begin{bmatrix} a^2 & 1 \\ 0 & a^2 \end{bmatrix}$, $\quad$ c) $A = \begin{bmatrix} 1 & -2 \\ 3 & -4 \end{bmatrix}$.

2.4: Gegeben ist $A = \begin{bmatrix} \cos\varphi & -\sin\varphi \\ \sin\varphi & \cos\varphi \end{bmatrix}$. Man berechne A^n!

2.5: Es seien $a = \begin{bmatrix} 2 \\ 2 \\ 1 \end{bmatrix}$, $b = \begin{bmatrix} 1 \\ -2 \\ \varkappa \end{bmatrix}$. $\varkappa$, λ, μ und der Vektor c sind so zu bestimmen, daß $M = [\lambda a, \mu b, c]$ eine orthogonale Matrix ist.

2.6: Es sei A eine schiefsymmetrische n-reihige Matrix. $E + A$ habe den Rang n (vgl. 3.1.1.; E n-reihige Einheitsmatrix). Man zeige, daß $(E + A)^{-1}(E - A)$ eine orthogonale Matrix ist.

2.7: Ist A eine n-reihige quadratische Matrix, so ist det $(A - \lambda E) = \varphi(\lambda)$ ein Polynom n-ten Grades in λ mit den Nullstellen $\lambda_1, \ldots, \lambda_n$ („Eigenwerte" vgl. 5.2.). Man zeige:

a) ist A schiefsymmetrisch, so ist mit λ_i auch $-\lambda_i$ eine Nullstelle von $\varphi(\lambda)$;

b) ist A orthogonal, so ist mit $\lambda_i \neq 0$ auch $\dfrac{1}{\lambda_i}$ eine Nullstelle von $\varphi(\lambda)$.

2.8: Es ist A^{-1} zu berechnen für

a) $A = \begin{bmatrix} 1 & 5 & 2 \\ 2 & 8 & 3 \\ -3 & -8 & -4 \end{bmatrix}$, $\quad$ b) $A = \begin{bmatrix} 1 & a & a^2 & a^3 \\ 0 & 1 & a & a^2 \\ 0 & 0 & 1 & a \\ 0 & 0 & 0 & 1 \end{bmatrix}$,

c) $A = \begin{bmatrix} 1 & -a & -a^2 & -a^3 \\ 0 & 1 & -a & a^2 \\ 0 & 0 & 1 & -a \\ 0 & 0 & 0 & 1 \end{bmatrix}$, $\quad$ d) $A = \begin{bmatrix} 4 & 1 & 1 \\ 1 & 4 & 1 \\ 1 & 1 & 4 \end{bmatrix}$, $\quad$ e) $A = \begin{bmatrix} 1 & 3 & 9 & 27 \\ 0 & 1 & 3 & 9 \\ 0 & 0 & 1 & 3 \\ 0 & 0 & 0 & 1 \end{bmatrix}$.

* **2.9:** Zu den Matrizen $A = \begin{bmatrix} 1 & 3 & 2 \\ 2 & 5 & 3 \\ -3 & -8 & -4 \end{bmatrix}$ und $B = \begin{bmatrix} 1 & 0 & 0 \\ 0 & 2 & 0 \\ 0 & 0 & 1 \end{bmatrix}$ ist die Inverse $C^{-1} = (AB)^{-1}$

für die Produktmatrix $C = AB$ zu berechnen!

* **2.10:** Welchen Wert hat die Determinante det A der Matrix

$$A = \begin{bmatrix} -3 & 1 & 1 \\ 1 & -3 & 1 \\ 1 & 1 & -3 \end{bmatrix}?$$

* **2.11:** Berechnen Sie den Wert det C der Produktmatrix $C = AB$, wenn

$$A = \begin{bmatrix} 1 & 3 & 2 \\ 2 & 5 & 3 \\ -3 & -8 & -4 \end{bmatrix} \text{ und } B = \begin{bmatrix} 1 & 0 & 0 \\ 0 & 2 & 0 \\ 0 & 0 & 1 \end{bmatrix} \text{ ist.}$$

* **2.12:** Man berechne $\begin{vmatrix} -21 & -2 & -9 & -8 \\ 11 & 0 & 3 & 12 \\ 21 & 6 & 6 & 4 \\ 10 & 2 & 3 & 4 \end{vmatrix}$.

* **2.13:** Berechnen Sie x aus den folgenden Beziehungen:

$$\text{a) } \begin{vmatrix} x & 3 & 4 \\ -5 & 6 & 7 \\ 2 & -3 & x \end{vmatrix} = 216; \quad \text{b) } \begin{vmatrix} -x & 3 & 4 \\ -5 & 6 & 7 \\ 2 & -3 & -x \end{vmatrix} = 216.$$

* **2.14:** Formen Sie det A in eine Dreiecksdeterminante um!

$$\det A = \begin{vmatrix} 0 & 0 & 2 & 7 \\ 1 & 3 & 3 & 2 \\ 3 & 9 & 9 & 2 \\ 2 & 6 & 3 & 5 \end{vmatrix}.$$

* **2.15:** Man beweise, daß $a \times (b + c) = a \times b + a \times c$ ist!

* **2.16:** Berechnen Sie [abc] [abc]!

* **2.17:** Es ist zu beweisen: Für alle natürlichen Zahlen n gilt:

$$\text{a) } \begin{vmatrix} x + a_{n-1} & a_{n-2} & a_{n-3} & \cdots & a_2 & a_1 & a_0 \\ -1 & x & 0 & \cdots & 0 & 0 & 0 \\ 0 & -1 & x & \cdots & 0 & 0 & 0 \\ 0 & 0 & -1 & & 0 & 0 & 0 \\ \vdots & \vdots & \vdots & & \vdots & \vdots & \vdots \\ 0 & 0 & 0 & & x & 0 & 0 \\ 0 & 0 & 0 & \cdots & -1 & x & 0 \\ 0 & 0 & 0 & \cdots & 0 & -1 & x \end{vmatrix}$$

$$= x^n + a_{n-1} x^{n-1} + a_{n-2} x^{n-2} + \cdots + a_0;$$

$$
\text{b) }\begin{vmatrix}
1 & 1^2 & 0 & 0 & \ldots & 0 \\
-1 & 1 & 2^2 & 0 & \ldots & 0 \\
0 & -1 & 1 & 3^2 & \ldots & 0 \\
\vdots & & & & & \vdots \\
0 & \ldots & 0 & -1 & 1 & (n-1)^2 \\
0 & \ldots & 0 & 0 & -1 & 1
\end{vmatrix} = n;
$$

$$
\text{c) }\begin{vmatrix}
\cos\varphi & 1 & 0 & 0 & \ldots & 0 \\
1 & 2\cos\varphi & 1 & 0 & \ldots & 0 \\
0 & 1 & 2\cos\varphi & 1 & \ldots & 0 \\
\vdots & & & & & \vdots \\
0 & \ldots & 0 & 1 & 2\cos\varphi & 1 \\
0 & \ldots & 0 & 0 & 1 & 2\cos\varphi
\end{vmatrix} = \cos n\varphi.
$$

2.18: Es ist zu zeigen, daß folgende Beziehung gilt: *

$$
\begin{vmatrix}
x_1 & x_2 & x_3 & \ldots & x_{n-1} & x_n \\
x_2 & x_3 & x_4 & \ldots & x_n & x_1 \\
\vdots & \vdots & \vdots & & \vdots & \vdots \\
x_{n-1} & x_n & x_1 & \ldots & x_{n-3} & x_{n-2} \\
x_n & x_1 & x_2 & \ldots & x_{n-2} & x_{n-1}
\end{vmatrix} = (-1)^{\frac{(n-1)(n-2)}{2}}\, \varphi(\alpha_1)\varphi(\alpha_2)\ldots\varphi(\alpha_n),
$$

wobei

$$
\varphi(\alpha_\nu) = x_1 + \alpha_\nu x_2 + \alpha_\nu^2 x_3 + \ldots + \alpha_\nu^{n-1}x_n
$$

und $\alpha_1, \ldots, \alpha_n$ die n verschiedenen Wurzeln von $x^n = 1$ sind. (Hinweis: Es gibt zu jedem natürlichen n stets eine n-te Einheitswurzel („primitive" Einheitswurzel) derart, daß $\alpha, \alpha^2, \alpha^3, \ldots, \alpha^n$ gerade sämtliche Lösungen von $x^n = 1$ sind.)

2.19: Man beweise, daß die Determinante einer hermiteschen Matrix stets einen reellen Wert besitzt! *
(Hinweis: Wenn man in einer Determinante mit dem Wert D jedes Element a_{ik} durch sein konjugiert komplexes $\bar{a}_{ik}$ ersetzt, dann hat die so entstehende Determinante den konjugiert komplexen Wert $\bar{D}$.)

2.20: In einer Determinante D n-ter Ordnung gelte: $a_{\nu\nu} = 0$, $a_{\nu\mu} = ia_{\mu\nu}$ für $\nu > \mu$, wobei die $a_{\nu\mu}$ reelle *
Zahlen sind. Man bestimme die natürlichen Zahlen n, für die D
a) einen reellen Wert hat,
b) einen rein imaginären Wert besitzt!

2.21: Es sei $\mathbf{A} = [a_{ik}]$ eine quadratische Matrix und $\mathbf{B} = [A_{ik}]$, wobei A_{ik} die zu a_{ik} gehörende *
Adjunkte von $\mathbf{A}$ ist. Man zeige, daß det $\mathbf{B} = (\det \mathbf{A})^{n-1}$ gilt.

2.22: Es ist zu beweisen, daß schiefsymmetrische Determinanten ungerader Ordnung verschwinden. *

3. Systeme linearer Gleichungen und Ungleichungen

Die Ermittlung der Lösung von zwei und drei linearen Gleichungen mit zwei bzw. drei Unbekannten gehört zu dem Wissen, das vor dem Studium vermittelt wird. Jetzt untersuchen wir endlich viele lineare Gleichungen mit endlich vielen Unbekannten. Mit Hilfe des Matrixkalküls gewinnen wir Aussagen über die Lösbarkeit solcher Gleichungssysteme, über die Anzahl der vorhandenen Lösungen und über deren Ermittlung.

Wir lernen als Berechnungsverfahren u. a. den *Gaußschen Algorithmus* kennen, den Gauß u. a. bei der Landvermessung anwandte und der seitdem erfolgreich eingesetzt wird. Zur Zeit der elektrischen Rechenmaschinen benötigte ein Rechner für die Lösung eines Gleichungssystems aus 17 bis 20 Gleichungen mit ebenso vielen Unbekannten etwa drei Wochen. Die Hilfsmittel der Rechentechnik gestatten heute die Lösung von Systemen mit einigen tausend Gleichungen und entsprechend vielen Unbekannten in wenigen Minuten.

Neben den Gleichungssystemen haben auch Systeme von linearen Ungleichungen große praktische Bedeutung. Wir stellen lediglich eine Verbindung zu den Gleichungssystemen her und führen einige Vorbetrachtungen zur Linearen Optimierung (vgl. Band 14) durch.

3.1. Lineare Gleichungssysteme

Wenn Beziehungen zwischen verschiedenen Matrizen in der Form der Beispiele von Abschnitt 2.1.1. betrachtet werden (vgl. (2.1) bis (2.5)), so sind bei praktischen Fragestellungen zunächst nicht alle vorkommenden Matrizen bekannt. Nehmen wir z. B. die Beziehung (2.3): Die Matrix der Verbrauchsnormen zwischen den Rohstoffen R_i, $i = 1, \ldots 5$, und den Endprodukten E_k, $k = 1, 2, 3$, ist

$$A = \begin{bmatrix} 8 & 7 & 10 \\ 12 & 6 & 4 \\ 9 & 9 & 14 \\ 5 & 10 & 20 \\ 27 & 18 & 20 \end{bmatrix} ; \quad \text{wenn durch} \quad b = \begin{bmatrix} 1780 \\ 1480 \\ 2300 \\ 2600 \\ 4520 \end{bmatrix}$$

die für diesen Prozeß zur Verfügung stehenden Mengen der Rohstoffe R_i, $i = 1, \ldots 5$, angegeben werden, dann kann man die folgende Aufgabe stellen: Aus der Beziehung

$$Ax = b$$

ist der Vektor $x = \begin{bmatrix} x_1 \\ x_2 \\ x_3 \end{bmatrix}$ so zu bestimmen, daß x_1, x_2, x_3 die Mengen der Endprodukte E_1, E_2, E_3 angeben, die auf Grund der Verbrauchsnormen (Matrix A) und der vorhandenen Rohstoffmengen (Vektor b) erzeugt werden können. Während wir in 2.1.1. nach den Rohstoffmengen gefragt haben, d. h. aus (gegebenem) A und (gegebenem) x den Vektor b als Produkt von A mit x berechnet haben, lautet die Fragestellung jetzt: Zu gegebener Matrix A und gegebenem Vektor b ist auf Grund des Bestehens der Relation

$$Ax = b$$

der Vektor x zu bestimmen. Mit den gegebenen Werten von A und b erhalten wir das folgende Gleichungssystem:

$$\begin{aligned}
8x_1 + 7x_2 + 10x_3 &= 1780, \\
12x_1 + 6x_2 + 4x_3 &= 1480, \\
9x_1 + 9x_2 + 14x_3 &= 2300, \\
5x_1 + 10x_2 + 20x_3 &= 2600, \\
27x_1 + 18x_2 + 20x_3 &= 4520.
\end{aligned}$$

Durch Einsetzen können wir nachprüfen, daß

$$x = \begin{bmatrix} 80 \\ 20 \\ 100 \end{bmatrix}$$

den gestellten Bedingungen genügt.

Definition 3.1: *Ein Gleichungssystem der Form*

$$\begin{aligned}
a_{11}x_1 + a_{12}x_2 + \ldots + a_{1n}x_n &= b_1, \\
a_{21}x_1 + a_{22}x_2 + \ldots + a_{2n}x_n &= b_2, \\
&\ldots \ldots \ldots \ldots \ldots \ldots \ldots \ldots \ldots \\
a_{m1}x_1 + a_{m2}x_2 + \ldots + a_{mn}x_n &= b_m
\end{aligned} \tag{3.1}$$

D.3.1

heißt **lineares Gleichungssystem,** *wobei die linken Seiten der einzelnen linearen Gleichungen*

$$\sum_{k=1}^{n} a_{ik}x_k = b_i; \quad a_{ik}, b_i \in \mathbf{R}, \ i = 1, \ldots, m \tag{3.2}$$

Linearformen *heißen.* (**R** *ist die Menge der reellen Zahlen*, vgl. Abschnitt 4.1.) *Eine äquivalente Darstellung des linearen Gleichungssystems (3.1) liefert die Matrizengleichung*

$$Ax = b,$$

wobei $A = \begin{bmatrix} a_{11} & a_{12} & \ldots & a_{1n} \\ a_{21} & a_{22} & \ldots & a_{2n} \\ \ldots & \ldots & \ldots & \ldots \\ a_{m1} & a_{m2} & \ldots & a_{mn} \end{bmatrix}$ *die Koeffizientenmatrix,* $x = \begin{bmatrix} x_1 \\ x_2 \\ \vdots \\ x_n \end{bmatrix}$ *der Vektor der gesuchten Unbekannten bzw. der Lösungsvektor des Gleichungssystems und* $b = \begin{bmatrix} b_1 \\ \vdots \\ b_m \end{bmatrix}$

der Spaltenvektor der auf der rechten Seite von (3.1) stehenden Elemente $b_i \in \mathbf{R}$, $i = 1, \ldots, m$, *sind.*

3.2.   Der Gaußsche Algorithmus

Betrachten wir zunächst folgendes einfache Beispiel:

$$\begin{aligned}
2x_1 + x_2 &= 4, \\
3x_1 + x_2 &= 5.
\end{aligned}$$

Multiplizieren wir die erste Gleichung mit $-\dfrac{3}{2} = -\dfrac{a_{21}}{a_{11}}$ und addieren sie zur zweiten, dann entsteht eine neue zweite Gleichung.

$$2x_1 + x_2 = 4,$$
$$-\frac{1}{2}x_2 = -1.$$

Jetzt kann aus der zweiten Gleichung x_2 und damit aus der ersten x_1 leicht bestimmt werden:

$$x_2 = 2,$$
$$2x_1 + 2 = 4,$$
$$x_1 = 1.$$

Wir wollen noch das folgende Gleichungssystem lösen:

$$3x_1 + x_2 + 2x_3 = 1,$$
$$x_1 + 2x_2 + 4x_3 = 2,$$
$$2x_1 + x_2 + 3x_3 = 0.$$

Dieses Gleichungssystem stellen wir zweckmäßigerweise um und setzen die zweite Gleichung an die erste Stelle; dann gehen wir entsprechend wie vorhin vor: Wir multiplizieren die erste Gleichung mit $-3 = -\dfrac{a_{21}}{a_{11}}$ und addieren sie zur zweiten Gleichung; dann multiplizieren wir die erste Gleichung mit $-2 = -\dfrac{a_{31}}{a_{11}}$ und addieren sie zur dritten Gleichung:

$$x_1 + 2x_2 + 4x_3 = 2,$$
$$- 5x_2 - 10x_3 = -5,$$
$$- 3x_2 - 5x_3 = -4.$$

Wir lassen nun die erste Gleichung unverändert, multiplizieren die nunmehrige zweite Gleichung mit $-\dfrac{5}{3}$, addieren sie zur dritten Gleichung und erhalten das gestaffelte Gleichungssystem

$$x_1 + 2x_2 + 4x_3 = 2,$$
$$- 5x_2 - 10x_3 = -5,$$
$$x_3 = -1.$$

Daraus ergibt sich sofort die Lösung $x_3 = -1$, $x_2 = 3$, $x_1 = 0$.

Diese Vorgehensweise heißt **Gaußscher Algorithmus**, der folgendermaßen beschrieben werden kann: Liegt das Gleichungssystem

$$a_{11}x_1 + a_{12}x_2 + \ldots + a_{1n}x_n = a_1,$$
$$a_{21}x_1 + a_{22}x_2 + \ldots + a_{2n}x_n = a_2, \tag{3.3}$$
$$\cdots\cdots\cdots\cdots\cdots\cdots\cdots\cdots\cdots\cdots\cdots\cdots$$
$$a_{n1}x_1 + a_{n2}x_2 + \ldots + a_{nn}x_n = a_n$$

vor, dann soll durch geeignete Maßnahmen das folgende gestaffelte System gewonnen
werden:

$$\begin{aligned}
b_{11}x_1 + b_{12}x_2 + b_{13}x_3 + \dots + b_{1n}x_n &= b_1, \\
b_{22}x_2 + b_{23}x_3 + \dots + b_{2n}x_n &= b_2, \\
b_{33}x_3 + \dots + b_{3n}x_n &= b_3, \\
\dots \dots \dots \dots \dots \dots \\
b_{nn}x_n &= b_n.
\end{aligned} \tag{3.4}$$

Die n Gleichungen von (3.4) sind voneinander linear unabhängig. Die Anzahl der
linear unabhängigen Gleichungen eines solchen Gleichungssystems wird als *Rang r*
bezeichnet. Aus dem System (3.4) können die Unbekannten schrittweise – angefangen
mit x_n aus der letzten Gleichung bis x_1 aus der ersten Gleichung – bestimmt werden.

Das System (3.4) erhält man auf die folgende Art:
Wir wählen in (3.3) eine Gleichung, die sogenannte Eliminationsgleichung aus. Diese
wird nacheinander mit Faktoren $c_{21}, c_{31}, \dots, c_{n1}$ multipliziert und zur 2., 3., ..., n-ten
Gleichung addiert.

Wählt man die Faktoren so, daß $c_{i1} = - \dfrac{a_{i1}}{a_{11}}$ ist, wenn die erste Gleichung die

Eliminationsgleichung und $a_{11} \neq 0$ ist, dann erhält man ein neues Gleichungssystem, in dem – außer in der ersten Gleichung – x_1 nicht mehr enthalten ist:

$$\begin{aligned}
a_{11}x_1 + a_{12}x_2 + a_{13}x_3 + \dots + a_{1n}x_n &= a_1, \\
a'_{22}x_2 + a'_{23}x_3 + \dots + a'_{2n}x_n &= a'_2, \\
\dots \dots \dots \dots \dots \dots \dots \dots \dots \\
a'_{n2}x_2 + a'_{n3}x_3 + \dots + a'_{nn}x_n &= a'_n.
\end{aligned}$$

Die Koeffizienten ergeben sich nach den Formeln:

$$a'_{21} = a_{21} - a_{11}\frac{a_{21}}{a_{11}} = 0; \quad a'_{31} = a_{31} - a_{11}\frac{a_{31}}{a_{11}} = 0 \quad \text{usw.}$$

$$a'_{22} = a_{22} - a_{12}\frac{a_{21}}{a_{11}}; \quad a'_{32} = a_{32} - a_{12}\frac{a_{31}}{a_{11}} \quad \text{usw.}$$

Jetzt wird die erste Gleichung weggelassen, und die restlichen $n - 1$ Gleichungen
werden auf dieselbe Art behandelt. Ist dieser Schritt $(n - 1)$mal durchgeführt worden,
dann erhält man das Gleichungssystem (3.4), wenn man die vor jedem neuen
Schritt weggelassenen Gleichungen untereinander schreibt.

$$\begin{aligned}
b_{1i} &\triangleq a_{1i}, \quad i = 1, 2, \dots, n; \\
b_{2i} &\triangleq a'_{2i}, \quad i = 2, \dots, n; \\
b_{3i} &\triangleq a''_{3i}, \quad i = 3, \dots, n; \quad \text{usw.} \\
b_1 &\triangleq a_1; \quad b_2 \triangleq a'_2 \quad \text{usw.}
\end{aligned}$$

Es ist zweckmäßig, daß die Faktoren c_{ij} nicht zu groß sind, damit keine zu hohen
Rundungsfehler auftreten. Die c_{ij} sollen möglichst kleiner als 1 sein. Das läßt sich
dadurch erreichen, daß man als Eliminationsgleichung diejenige auswählt, die dem
Betrage nach den größten ersten Koeffizienten hat. Um dies zu erreichen, müssen
evtl. Zeilenvertauschungen vorgenommen werden, was für die weitere Rechnung
ohne Einfluß ist. Bei evtl. erforderlichen Spaltenvertauschungen beachte man die
damit verbundene Änderung der Reihenfolge der Unbekannten. (Man vergleiche
hierzu [9] und [23] sowie Bd. 18 dieser Reihe, Kap. 2.)

Für die Zahlenrechnung benutzt man das folgende Schema, in das nur die Koeffizienten eingetragen werden. Es wird für die ersten beiden Eliminationsschritte angegeben. (Für Handrechnung ist es ggf. zweckmäßig, die Eliminationsgleichung so zu wählen, daß deren erster Koeffizient dem Betrage nach gleich eins ist, um am Anfang Brüche bei der Elimination zu vermeiden.)

Die Eliminationsgleichungen werden im Rechenschema mit * bezeichnet. Anstelle der Striche unter den Koeffizienten schreibt man Produkte aus den c_{i1} und den a_{1k} der Eliminationsgleichung.

Wichtig für jede Rechnung sind Kontrollen. Eine abgekürzte Schlußkontrolle erhält man dadurch, daß man die erhaltenen x-Werte in die Spaltensummen des Ausgangssystems einsetzt:

$$\sigma_1 x_1 + \sigma_2 x_2 + \dots + \sigma_n x_n = \sigma,$$

wobei

$$\sigma_k = a_{1k} + a_{2k} + \dots + a_{nk}, \quad k = 1, 2, \dots, n,$$

$$\sigma = a_1 + a_2 + \dots + a_n,$$

ist.

	$k = 1$	2	3	...	n	a_i	s_i	Probe	
	σ_1	σ_2	σ_3	...	σ_n	σ	$\sum$	?	
*	a_{11}	a_{12}	a_{13}	...	a_{1n}	a_1	s_1	0	
c_{21}	a_{21}	a_{22}	a_{23}	...	a_{2n}	a_2	s_2	0	
	— —	— —	— —		— —	— —	— —		
c_{31}	a_{31}	a_{32}	a_{33}	...	a_{3n}	a_3	s_3	0	1. Schritt
	— —	— —	— —		— —	— —	— —		
......	......	......	......	......	......	......	......	......	
c_{n1}	a_{n1}	a_{n2}	a_{n3}	...	a_{nn}	a_n	s_n	0	
	— —	— —	— —		— —	— —	— —		
*	0	a'_{22}	a'_{23}	...	a'_{2n}	a'_2	s'_2	?	
c_{32}	0	a'_{32}	a'_{33}	...	a'_{3n}	a'_3	s'_3	?	
		— —	— —		— —	— —	— —		2. Schritt
......	......	......	......	......	......	......	......	......	
c_{n2}	0	a'_{2n}	a'_{n3}	...	a'_{nn}	a'_n	s'_n	?	
		— —	— —		— —	— —	— —		
*		0	a''_{33}	...	a''_{3n}	a''_n	s''_3	?	3. Schritt

Laufende Kontrollen während des Rechenganges erhöhen die Rechensicherheit und vermeiden unnötige Mehrarbeit. Diese Kontrollen werden in Form sogenannter *Summenproben* durchgeführt. In der $(n + 3)$-ten Spalte werden die Zeilensummen des Ausgangssystems eingetragen:

$$s_i = a_{i1} + a_{i2} + \dots + a_{in} + a_i.$$

Auf diese Werte wird dann die Eliminationsrechnung ebenfalls angewendet, und es ergeben sich neue Werte s_i'. Diese Werte müssen aber gleich der Zeilensumme des neuen Systems sein:

$$s_i' = a_{i2}' + a_{i3}' + \ldots + a_{in}' + a_i'.$$

In der letzten Probenspalte wird die Differenz der beiden Werte – durch ? angedeutet – eingetragen, die bis auf die letzten Stellen gleich null sein müssen; denn die a_{ik}' ergeben sich nach der Formel

$$a_{ik}' = a_{ik} + c_{i1}a_{1k}.$$

Durch Summation über k erhält man sofort

$$s_i' = s_i + c_{i1}s_1.$$

Algorithmische Beschreibung des Gaußschen Algorithmus für $m = n = r$:

1. Schritt:
Das gegebene System wird als „neues" Gleichungssystem betrachtet; der Index i hat den Wert $i = 1$.
Im neuen Gleichungssystem kommen die Unbekannten x_i bis x_n vor.

2. Schritt:
In mindestens einer der Gleichungen des neuen Gleichungssystems ist der Koeffizient von x_i ungleich 0. Von diesen Gleichungen wird die mit dem betragsmäßig größten Koeffizienten als Eliminationsgleichung gewählt.
Ggf. sind auch Spaltenvertauschungen erforderlich, die mit Änderungen der Reihenfolge der Unbekannten verbunden sind (vgl. auch 5.3.).

3. Schritt:
Ist $i = n$?
Wenn ja, dann liegt das gestaffelte System vor, das Verfahren bricht ab.
Wenn nein, dann folgt der

4. Schritt:
Jede der $(n - i)$ übrigen Gleichungen wird dem beschriebenen Eliminationsprozeß unterworfen, ebenso die Spalte der Zeilensummen (zu Kontrollzwecken). In den $(n - i)$ Gleichungen kommt x_i nicht mehr vor.

5. Schritt:
Der Index wird von i auf $i + 1$ erhöht; das Verfahren wird mit dem 2. Schritt fortgesetzt.

Wir sind beim Gleichungssystem (3.4) von n Gleichungen mit n Unbekannten ausgegangen und haben außerdem vorausgesetzt, daß der Rang des Gleichungssytems $r = n$ ist, also n linear unabhängige Gleichungen vorliegen. Man vergleiche dazu das ausführliche Beispiel 3.5 in Abschnitt 3.5.

Da der Gaußsche Algorithmus ein Verfahren ist, das bei Anwendung auf ein System aus endlich vielen linearen Gleichungen nach endlich vielen Schritten abbricht, wollen wir überlegen, welche Möglichkeiten beim Abbruch des Verfahrens auftreten können, wenn wir von m linearen Gleichungen mit n Unbekannten ausgehen.

Wir haben das Ausgangssystem

$$
\begin{aligned}
a_{11}x_1 + a_{12}x_2 + \ldots + a_{1n}x_n &= a_1, \\
a_{21}x_1 + a_{22}x_2 + \ldots + a_{2n}x_n &= a_2, \\
\vdots \qquad\qquad \vdots \\
a_{m1}x_1 + a_{m2}x_2 + \ldots + a_{mn}x_n &= a_m;
\end{aligned}
\tag{3.5}
$$

dann sind beim Abbrechen des Verfahrens folgende Fälle möglich:

(1) Es sei $m \geq n$, und das Verfahren bricht nach $(r - 1)$ Schritten ab, dann müssen wir (wegen $r \leq \min(m, n)$, d. h., wegen $m \geq n$ muß $r \leq n$ gelten) die beiden Fälle $r = n$ und $r < n$ unterscheiden.

(a) Zunächst sei $r = n$; dann erhalten wir nach $(n - 1)$ Schritten das gestaffelte Gleichungssystem

$$
\begin{aligned}
b_{11}x_1 + b_{12}x_2 + \ldots + b_{1n}x_n &= b_1, \\
b_{22}x_2 + \ldots + b_{2n}x_n &= b_2, \\
\vdots \\
b_{nn}x_n &= b_n;
\end{aligned}
\tag{3.6a}
$$

die restlichen $(m - n)$ Gleichungen enthalten als Koeffizienten der linken Seite und auf der rechten Seite nur Nullen, dürfen also weggelassen werden. Die n Gleichungen von (3.6a) sind voneinander linear unabhängig, d. h., die Matrix $\mathbf{A}$ von (3.5) hat den Rang $r = n$; daher heißen diese n Gleichungen die *Ranggleichungen*. Das Gleichungssystem hat eine eindeutig bestimmte Lösung (vgl. Satz 3.1 und Beweis zu Satz 3.1, Teil a)). (Für $m = n$ erhalten wir den Fall $r = m = n$, von dem wir zunächst ausgegangen waren.)

(b) Wenn $r < n$ ist, dann erhalten wir nach $(r - 1)$ Schritten das folgende gestaffelte Gleichungssystem:

$$
\begin{aligned}
b_{11}x_1 + b_{12}x_2 + \ldots + b_{1r}x_r + b_{1,r+1}x_{r+1} + \ldots + b_{1n}x_n &= b_1, \\
b_{22}x_2 + \ldots + b_{2r}x_r + b_{2,r+1}x_{r+1} + \ldots + b_{2n}x_n &= b_2, \\
\vdots \\
b_{rr}x_r + b_{r,r+1}x_{r+1} + \ldots + b_{rn}x_n &= b_r.
\end{aligned}
\tag{3.6b}
$$

Weitere Gleichungen sind aus denselben Gründen wie unter (a) nicht vorhanden. Für den Rang gilt $r < n$, das System ist unterbestimmt. Wir schreiben es in der Form

$$
\begin{aligned}
b_{11}x_1 + b_{12}x_2 + \ldots + b_{1r}x_r &= b_1 - b_{1,r+1}x_{r+1} - \ldots - b_{1n}x_n, \\
b_{22}x_2 + \ldots + b_{2r}x_r &= b_2 - b_{2,r+1}x_{r+1} - \ldots - b_{2n}x_n, \\
\vdots \qquad\qquad &\qquad \vdots \\
b_{rr}x_r &= b_r - b_{r,r+1}x_{r+1} - \ldots - b_{rn}x_n,
\end{aligned}
$$

$x_1, \ldots, x_r$ sind eindeutig bestimmbar, $x_{r+1}, \ldots, x_n$ können beliebig gewählt werden. In diesem Falle gibt es also r Ranggleichungen. Das Gleichungssystem (3.5) hat (vgl. Satz 3.1 und Teile c und d des zugehörigen Beweises) in diesem Falle $(n - r)$-fach unendlich viele Lösungen (die Gesamtheit der Lösungen bildet einen $(n - r)$-dimensionalen Nebenraum).

(2) Das Verfahren bricht nach $(r - 1)$ Schritten $(r \leq n)$ ab, weil alle Koeffizienten der linken Seite den Wert Null haben, auf der rechten Seite sind nicht alle $b_{r+1}, \ldots, b_m$ zugleich null. Dann erhalten wir das folgende gestaffelte Gleichungssystem:

$$
\begin{aligned}
b_{11}x_1 + b_{12}x_2 + \ldots + b_{1r}x_r + b_{1,r+1}x_{r+1} + \ldots + b_{1n}x_n &= b_1, \\
b_{22}x_2 + \ldots + b_{2r}x_r + b_{2,r+1}x_{r+1} + \ldots + b_{2n}x_n &= b_2, \\
\vdots \\
+ b_{rr}x_r + b_{r,r+1}x_{r+1} + \ldots + b_{rn}x_n &= b_r, \\
0 &= b_{r+1}, \\
\vdots \\
0 &= b_m.
\end{aligned}
\tag{3.6c}
$$

Das Gleichungssystem (3.5) ist unlösbar.

Beispiel 3.1: Ein unlösbares Gleichungssystem ist

$$2x_1 + 3x_2 = 1,$$
$$2x_1 + 3x_2 = -2.$$

Beide Gleichungen können niemals zugleich erfüllt sein.

(3) Wenn $m < n$ ist, dann sind $(n - m)$ der Unbekannten beliebig wählbar, falls $r = m$ ist. Ist $r < m$, dann sind $(n - m) + (m - r) = (n - r)$ der Unbekannten beliebig wählbar.

Daraus ergibt sich, daß der Gaußsche Algorithmus keine besonderen Fallunterscheidungen ($m < n$, $m = n$, $m > n$) erfordert. (Man vgl. hierzu Beispiel 3.3.)

Der Gaußsche Algorithmus bricht in jedem Falle nach $(r - 1)$ Schritten ab; aus dem entstehenden gestaffelten Gleichungssystem (3.6a) bzw. (3.6b) lassen sich nicht nur die Lösungen bestimmen, sondern auch der Rang der Matrix **A** von (3.5), und es lassen sich die Ranggleichungen ablesen, während im Falle des gestaffelten Gleichungssystems (3.6c) ein Widerspruch und damit die Unlösbarkeit des Gleichungssystems (3.5) erkennbar ist.

Beispiel 3.2 ($m < n$):

$$-5x_1 + 6x_2 + 3x_2 - 9x_4 = 1,$$
$$- x_1 + 4x_2 + x_3 + 7x_4 = -1,$$
$$3x_1 - 5x_2 - 2x_3 + x_4 = 0.$$

Rechenschema:

	$k = 1$	2	3	4	a_l	s_l
	-3	5	2	-1	0	3
*	-5	6	3	-9	1	-4
$-0,2$	-1	4	1	7	-1	10
	1	$-1,2$	$-0,6$	1,8	$-0,2$	0,8
0,6	3	-5	-2	1	0	$-\ 3$
	-3	3,6	1,8	$-5,4$	0,6	$-\ 2,4$
*	0	2,8	0,4	8,8	$-1,2$	10,8
0,5	0	$-1,4$	$-0,2$	$-4,4$	0,6	$-\ 5,4$
		1,4	0,2	4,4	$-0,6$	5,4
	0	0	0	0	0	0

Das entstehende gestaffelte Gleichungssystem lautet:

$$-5x_1 + 6x_2 + 3x_3 - 9x_4 = 1,$$
$$2,8x_2 + 0,4x_3 + 8,8x_4 = -1,2;$$

es enthält zwei linear unabhängige Gleichungen und hat also den Rang $r = 2$. Das Gleichungssystem ist unterbestimmt, zwei Unbekannte sind beliebig wählbar; es gibt 2fach unendlich viele Lösungen. x_2 und x_4 seien die frei wählbaren Unbekannten. Dann erhalten wir

$$-5x_1 + 3x_3 = 1 - 6x_2 + 9x_4,$$
$$x_3 = -3 - 7x_2 - 22x_4,$$
$$x_1 = -2 - 3x_2 - 15x_4.$$

3.3.   Lösbarkeit linearer Gleichungssysteme

Wir wollen nunmehr den Begriff des Ranges definieren und Aussagen über die Lösbarkeit von linearen Gleichungssystemen und über die Anzahl von Lösungen formulieren.

D.3.2 **Definition 3.2:** *Die maximale Anzahl r der linear unabhängigen Zeilenvektoren* $\mathbf{a}_{(i)} = \mathbf{a}_{(i)}(a_{i1}, a_{i2}, ..., a_{in})$, $i = 1, ..., m$, *heißt der Rang der Koeffizientenmatrix dieses Gleichungssystems*: $R(\mathbf{A}) = r$ (vgl. Satz 1.7 und anschließende Bemerkungen).

Bei elementaren Umformungen, sog. *Äquivalenztransformationen*, wie sie beim Gaußschen Algorithmus angewendet werden, bleibt der Rang erhalten (Invarianz gegenüber elementaren Umformungen). Betrachten wir eine Matrix $\mathbf{A}$ vom Rang r, dann sind $r + 1$ Zeilenvektoren voneinander linear abhängig, d. h., die Gleichung

$$\lambda_1 \mathbf{a}_{(1)} + \lambda_2 \mathbf{a}_{(2)} + ... + \lambda_r \mathbf{a}_{(r)} + \lambda_{r+1} \mathbf{a}_{(r+1)} = 0$$

muß Lösungen haben, in denen nicht alle λ_i, $i = 1, 2, ..., r + 1$ zugleich null sind.

Eine Vertauschung der Zeilenvektoren $\mathbf{a}_{(i)}$ hat keinen Einfluß auf die Lösung und Lösbarkeit.

Multipliziert man einen Zeilenvektor mit dem Zahlenfaktor λ, so bleibt der Rang ebenfalls ungeändert. Auch die Addition des Vielfachen eines Zeilenvektors zu einem anderen Zeilenvektor hat keine Rangänderung zur Folge.

Mit Hilfe dieser elementaren Umformungen läßt sich die Matrix $\mathbf{A}$ in eine Dreiecksmatrix transformieren (vgl. Abschnitt 2.3.), wobei ihr Rang $R(\mathbf{A})$ ungeändert bleibt. Sie erhält schließlich die Form

$$\left.\begin{array}{c} r \text{ Zeilen} \\ \\ m - r \\ \text{Zeilen} \end{array}\right\{ \begin{bmatrix} b_{11} & b_{12} & ... & b_{1r} & b_{1,r+1} & ... & b_{1n} \\ 0 & b_{22} & ... & b_{2r} & b_{2,r+1} & ... & b_{2n} \\ & & \ddots & & & & \\ 0 & 0 & & b_{rr} & b_{r,r+1} & ... & b_{rn} \\ 0 & 0 & ... 0 & 0 & & ... & 0 \\ \vdots & \vdots & \vdots & \vdots & & & \vdots \\ 0 & 0 & ... 0 & 0 & & ... & 0 \end{bmatrix}, \quad b_{ii} \neq 0, \ i = 1, 2, ..., r,$$

in der die Zeilen 1 bis r die linear unabhängigen Zeilenvektoren enthalten; wegen der linearen Abhängigkeit der restlichen $m - r$ Zeilenvektoren kann durch Vertauschen von Zeilen- oder Spaltenvektoren kein von null verschiedenes Diagonalelement gefunden werden; daraus folgt, daß alle Elemente dieser $m - r$ Zeilen gleich null sein müssen.

Diese Matrix besitzt mindestens eine nicht verschwindende Unterdeterminante r-ter Ordnung, z. B.

$$\begin{vmatrix} b_{11} & \dots & b_{1r} \\ \vdots & & \vdots \\ 0 & \dots & b_{rr} \end{vmatrix} \neq 0,$$

während alle Unterdeterminanten $(r + 1)$-ter und höherer Ordnung verschwinden. Deshalb kann man den Rang von $\mathbf{A}$ auch mit Hilfe ihrer Unterdeterminanten bestimmen: *Enthält die Matrix $\mathbf{A}$ vom Format (m, n) wenigstens eine nicht verschwindende Unterdeterminante der Ordnung r, während alle Unterdeterminanten höherer Ordnung verschwinden, dann hat $\mathbf{A}$ den Rang r; außerdem erkennt man, daß stets $r \leq \min (m, n)$ sein muß.*

Da die entsprechenden Betrachtungen für die transponierte Matrix $\mathbf{A}^\mathrm{T}$ durchgeführt werden können, ergibt sich ebenfalls das Vorhandensein von mindestens einer nicht verschwindenden Unterdeterminante r-ter Ordnung und von r linear unabhängigen Zeilenvektoren; die Zeilenvektoren der transponierten Matrix $\mathbf{A}^\mathrm{T}$ sind aber die Spaltenvektoren der Matrix $\mathbf{A}$, d. h., *die maximale Anzahl r der linear unabhängigen Zeilenvektoren ist gleich der maximalen Anzahl der linear unabhängigen Spaltenvektoren, und diese Anzahl r ist der Rang der Matrix $\mathbf{A}$.*

Wir wollen in unseren Überlegungen bezüglich der Lösbarkeit zuerst von dem folgenden Gleichungssystem mit n Gleichungen und n Unbekannten ausgehen:

$$\begin{aligned}
a_{11}x_1 + a_{12}x_2 + \dots + a_{1n}x_n &= b_1, \\
a_{21}x_1 + a_{22}x_2 + \dots + a_{2n}x_n &= b_2, \\
&\dots \dots \dots \dots \dots \dots \dots \dots \\
a_{n1}x_1 + a_{n2}x_2 + \dots + a_{nn}x_n &= b_n.
\end{aligned} \tag{3.7}$$

Als notwendige und hinreichende Bedingung für die Lösbarkeit des Gleichungssystems (3.7) gilt der folgende

Satz 3.1: *Das Gleichungssystem* (3.7) *hat dann und nur dann eine Lösung, wenn der* **S.3.1** *Rang der beiden Matrizen*

$$\mathbf{A} = \begin{bmatrix} a_{11} & a_{12} & \dots & a_{1n} \\ a_{21} & a_{22} & \dots & a_{2n} \\ \multicolumn{4}{c}{\dots \dots \dots \dots \dots} \\ a_{n1} & a_{n2} & \dots & a_{nn} \end{bmatrix} \quad und \quad \mathbf{B} = \begin{bmatrix} a_{11} & a_{12} & \dots & a_{1n} & b_1 \\ a_{21} & a_{22} & \dots & a_{2n} & b_2 \\ \multicolumn{5}{c}{\dots \dots \dots \dots \dots} \\ a_{n1} & a_{n2} & \dots & a_{nn} & b_n \end{bmatrix}$$

gleich ist ($\mathbf{A}$ *ist die Koeffizientenmatrix,* $\mathbf{B}$ *die erweiterte Koeffizientenmatrix*) (vgl. mit Satz 4.8 und Satz 4.15).

Wenn diese Bedingung erfüllt ist und der Rang der beiden Matrizen $r = n$ ist, dann besitzt das Gleichungssystem (3.7) genau eine Lösung.

Ist $r < n$, dann besitzt das System (3.7) $(n - r)$-fach unendlich viele Lösungen. Es können nämlich $(n - r)$ der Unbekannten beliebig gewählt werden, während die restlichen Unbekannten dann eindeutig bestimmt sind.

Beweis: a) Die Richtigkeit dieser Aussagen kann man durch folgende Überlegungen einsehen: Da die Matrix $\mathbf{B}$ die Matrix $\mathbf{A}$ vollständig enthält, gilt $R(\mathbf{B})$

$\geq R(\mathbf{A})$. Die Matrix $\mathbf{B}$ enthält genau eine Spalte mehr als die Matrix $\mathbf{A}$, daher kann $R(\mathbf{B})$ höchstens um 1 größer sein als $R(\mathbf{A})$:

$$R(\mathbf{B}) \leqq R(\mathbf{A}) + 1.$$

Wir schreiben das Gleichungssystem (3.7) in der folgenden Form:

$$\mathbf{a}^{(1)}x_1 + \mathbf{a}^{(2)}x_2 + \dots + \mathbf{a}^{(n)}x_n = \mathbf{b}.$$

Eine Lösung dieses Systems ist aber nur dann vorhanden, wenn $\mathbf{b}$ linear von den Vektoren $\mathbf{a}^{(k)}$, $k = 1, 2, \dots, n$, abhängt; das bedeutet aber

$$R(\mathbf{A}) = R(\mathbf{B}).$$

Ist $R(\mathbf{A}) = R(\mathbf{B}) = n$, so gilt

$$\det \mathbf{A} \neq 0,$$

und das Gleichungssystem

$$\mathbf{A}\mathbf{x} = \mathbf{b}$$

hat eine eindeutige Lösung

$$\mathbf{x} = \mathbf{A}^{-1}\mathbf{b}.$$

Ist der Rang der beiden Matrizen kleiner als n,

$$R(\mathbf{A}) = R(\mathbf{B}) = r < n,$$

dann kann man annehmen, daß die ersten r Gleichungen linear unabhängig sind und daß in der linken oberen Ecke von $\mathbf{A}$ die Unterdeterminante $\det \mathbf{A}_{(r,r)} \neq 0$ steht,

$$\det \mathbf{A}_{(r,r)} = \begin{vmatrix} a_{11} & a_{12} & \dots & a_{1r} \\ a_{21} & a_{22} & \dots & a_{2r} \\ \vdots & \vdots & & \vdots \\ a_{r1} & a_{r2} & \dots & a_{rr} \end{vmatrix} \neq 0. \tag{3.8}$$

Die r ersten Gleichungen von (3.7) lassen sich in der folgenden Form schreiben:

$$\begin{aligned} a_{11}x_1 + a_{12}x_2 + \dots + a_{1r}x_r &= b_1 - a_{1,r+1}x_{r+1} - \dots - a_{1n}x_n, \\ a_{21}x_1 + a_{22}x_2 + \dots + a_{2r}x_r &= b_2 - a_{2,r+1}x_{r+1} - \dots - a_{2n}x_n, \\ \vdots \quad\quad \vdots \quad\quad\quad \vdots \quad &= \quad \vdots \quad\quad \vdots \quad\quad\quad \vdots \\ a_{r1}x_1 + a_{r2}x_2 + \dots + a_{rr}x_r &= b_r - a_{r,r+1}x_{r+1} - \dots - a_{rn}x_n. \end{aligned} \tag{3.9}$$

Man erkennt, daß man die $(n - r)$ Unbekannten $x_{r+1}, \dots, x_n$ beliebig wählen kann. Die r Unbekannten $x_1, x_2, \dots, x_r$ sind dann eindeutig bestimmt. Zum Beispiel erhält man für $x_{r+1} = x_{r+2} = \dots = x_n = 0$ das Gleichungssystem

$$\begin{aligned} a_{11}x_1 + a_{12}x_2 + \dots + a_{1r}x_r &= b_1, \\ a_{21}x_1 + a_{22}x_2 + \dots + a_{2r}x_r &= b_2, \\ \vdots \quad\quad \vdots \quad\quad\quad \vdots \quad &= \quad \vdots \\ a_{r1}x_1 + a_{r2}x_2 + \dots + a_{rr}x_r &= b_r \end{aligned} \tag{3.10}$$

und als eindeutige Lösung dieses Gleichungssystems

$$\begin{bmatrix} x_1 \\ x_2 \\ \vdots \\ x_r \end{bmatrix} = \mathbf{A}_{(r,r)}^{-1} \begin{bmatrix} b_1 \\ b_2 \\ \vdots \\ b_r \end{bmatrix}.$$

Diese Lösung erfüllt die restlichen $(n - r)$ Gleichungen des Systems (3.7), weil diese von den r ersten Gleichungen von (3.7) linear abhängig sind, also sich durch diese linear darstellen lassen.

Für jeden anderen Wert der Unbekannten x_{r+1}, x_{r+2}, ..., x_n erhält man eine andere eindeutige Lösung von (3.9). Das Gleichungssystem (3.7) hat infolgedessen insgesamt $(n - r)$-fach unendlich viele Lösungen.

b) Nun kehren wir zum Gleichungssystem (3.1) mit m Gleichungen und n Unbekannten zurück. Auch für dieses Gleichungssystem gilt der Satz 3.1. Ist $m > n$, dann sind $m - n$ Gleichungen überflüssig. Da der Rang r der Koeffizientenmatrix $\mathbf{A}$ in diesem Falle nicht größer als n werden kann, ist es möglich, die überflüssigen $m - n$ Gleichungen wegzulassen, ohne daß der Rang r von $\mathbf{A}$ verändert wird. Ist aber $m < n$, dann können von vornherein $n - m$ Unbekannte willkürlich gewählt werden, und man erhält mindestens $(n - m)$-fach unendlich viele Lösungen, da der Rang r der Matrix $\mathbf{A}$ höchstens noch den Wert m annehmen kann. ■

3.3.1. Allgemeine Lösung homogener Gleichungssysteme

Definition 3.3: *Gilt im Gleichungssystem* (3.1) $b_i = 0$, $i = 1, ..., m$, *so heißt das*   D.3.3
Gleichungssystem **homogen.**

Nun wenden wir uns einem Beispiel im dreidimensionalen (linearen) Vektorraum (vgl. auch 4.1.) zu.
Es seien

$$\begin{aligned}
a_{11}x_1 + a_{12}x_2 + a_{13}x_3 &= 0, \\
a_{21}x_1 + a_{22}x_2 + a_{23}x_3 &= 0, \\
a_{31}x_1 + a_{32}x_2 + a_{33}x_3 &= 0
\end{aligned} \tag{3.11}$$

gegeben.

Die lineare Gleichung $a_{i1}x_1 + a_{i2}x_2 + a_{i3}x_3 = b_i$; $a_{i1}, a_{i2}, a_{i3}, b_i \in \mathbf{R}$, stellt geometrisch eine Ebene dar, wobei x_1, x_2 und x_3 als Komponenten der Vektoren $\mathbf{x}^\mathrm{T} = (x_1, x_2, x_3) \in R^3$ aufzufassen sind, deren Spitzen Punkte der Ebene sind; die $\mathbf{a}_{(i)}$ sind die Normalen- oder Stellungsvektoren der Ebenen (vgl. 1.4.6.), $\mathbf{a}_{(i)} = \mathbf{a}_{(i)}(a_{i1}, a_{i2}, a_{i3})$, $i = 1, 2, 3$. Die Ebene enthält den Nullpunkt, wenn $b_i = 0$.

Wenn wir die Ebenen (3.11) miteinander zum Schnitt bringen, so bestimmen die Vektoren $\mathbf{x}$, deren Spitzen allen Ebenen gemeinsam sind, entweder die Punkte einer Ebene, einer Geraden oder auch nur den Nullpunkt, je nachdem ob die Ebenen identisch sind, ihr Schnitt eine Gerade bestimmt oder sie nur einen Punkt, nämlich den Nullpunkt gemeinsam haben. (In jedem Falle ergeben sich also wiederum Vektorräume.)

Wir wollen diese Verhältnisse am Beispiel der beiden Ebenen

$$\begin{aligned}
a_{11}x_1 + a_{12}x_2 + a_{13}x_3 &= 0, \\
a_{21}x_1 + a_{22}x_2 + a_{23}x_3 &= 0
\end{aligned}$$

genauer untersuchen.

Als Schnittfigur (geometrische Figur, die von den gemeinsamen Vektoren gebildet wird) erhalten wir entweder eine Gerade, oder, wenn die Ebenen gleich sind, eine Ebene. Nun untersuchen wir, welche Beziehungen zwischen den Koeffizienten a_{ik} bestehen müssen, wenn die Ebenen gleich sind (d. h. dieselben Vektoren x enthalten).

Da die Stellungsvektoren $a_{(1)}$ und $a_{(2)}$ jeweils auf den Ebenen senkrecht stehen, müssen sie in diesem Falle parallel sein. Es gilt also:

$$a_{(1)} = \lambda a_{(2)}, \quad \lambda \in \mathbf{R},$$

$a_{(1)}$ und $a_{(2)}$ sind voneinander linear abhängig. Sind $a_{(1)}$ und $a_{(2)}$ linear unabhängig dann sind die Ebenen voneinander verschieden.

Analoges läßt sich für drei Vektoren

$$a_{(1)} = a_{(1)}(a_{11}, a_{12}, a_{13}),$$
$$a_{(2)} = a_{(2)}(a_{21}, a_{22}, a_{23}),$$
$$a_{(3)} = a_{(3)}(a_{31}, a_{32}, a_{33})$$

aussagen:

a) Sind die drei Vektoren $a_{(1)}$, $a_{(2)}$, $a_{(3)}$ linear unabhängig, dann schneiden sich die Ebenen so, daß als gemeinsamer Vektor x der drei Ebenen nur der Nullvektor vorhanden ist.

b) Wenn zwei Vektoren linear unabhängig sind und ein Vektor $a_{(i)}$ von diesen beiden Vektoren linear abhängig ist, so liegen die Lösungsvektoren x auf einer Geraden (Schnittfigur) (d. h. der Vektorraum der Lösungsvektoren x ist ein eindimensionaler Unterraum, vgl. 4.1.).

c) Wenn nicht zwei Vektoren $a_{(i)}$ voneinander linear unabhängig sind, so bildet die Menge der Lösungsvektoren eine Ebene (der Vektorraum der Lösungsvektoren ist von der Dimension zwei).

Nach dieser anschaulichen Interpretation wollen wir uns allgemein mit der Lösung des homogenen Gleichungssystems beschäftigen.

Es sei das Gleichungssystem

$$
\begin{aligned}
a_{11}x_1 + a_{12}x_2 + \ldots + a_{1n}x_n &= 0, \\
a_{21}x_1 + a_{22}x_2 + \ldots + a_{2n}x_n &= 0, \\
&\;\;\vdots \\
a_{n1}x_1 + a_{n2}x_2 + \ldots + a_{nn}x_n &= 0
\end{aligned}
\tag{3.12}
$$

gegeben. Es sind alle b_i gleich 0, das Gleichungssystem ist homogen. Für dieses Gleichungssystem gelten die gleichen Überlegungen wie für das Gleichungssystem (3.7).

Das System (3.12) ist immer lösbar, da der Rang der Matrizen $\mathbf{A}$ und $\mathbf{B}$ nicht verschieden sein kann. Ist der Rang $r = n$, so hat das System (3.12) – wie in Satz 3.1 gezeigt – nur die sogenannte triviale Lösung

$$x_1 = x_2 = \ldots = x_n = 0, \quad \text{denn} \quad x = \mathbf{A}^{-1}o = o.$$

Soll das System (3.12) eine Lösung haben, in der nicht alle x_k gleich null sind, so muß der Rang der Matrix $\mathbf{A}$ kleiner als n sein, d. h., die Zeilen- bzw. Spaltenvektoren von $\mathbf{A}$ müssen linear abhängig sein, und es gilt det $\mathbf{A} = 0$.

Ist $\mathbf{x}^{(k_1)}$ eine Lösung von (3.12) dann ist auch $\lambda\mathbf{x}^{(k_1)}$ eine Lösung; denn wenn

$$\mathbf{A}\mathbf{x}^{(k_1)} = \mathbf{o},$$

dann gilt auch

$$\mathbf{A}\lambda\mathbf{x}^{(k_1)} = \lambda\mathbf{A}\mathbf{x}^{(k_1)} = \mathbf{o}, \quad \lambda \in \mathbf{R}.$$

Kennt man zwei Lösungen $\mathbf{x}^{(k_1)}$ und $\mathbf{x}^{(k_2)}$ des Systems (3.12), dann ist auch $\lambda_1\mathbf{x}^{(k_1)}$ $+ \lambda_2\mathbf{x}^{(k_2)}$ eine Lösung; denn

$$\mathbf{A}(\lambda_1\mathbf{x}^{(k_1)} + \lambda_2\mathbf{x}^{(k_2)}) = \lambda_1\mathbf{A}\mathbf{x}^{(k_1)} + \lambda_2\mathbf{A}\mathbf{x}^{(k_2)} = \mathbf{o}; \quad \lambda_1, \lambda_2 \in \mathbf{R}.$$

Wir hatten oben festgestellt, daß nur dann eine nichttriviale Lösung von (3.12) existiert, wenn der Rang r der Koeffizientenmatrix kleiner als n ist; es gibt in diesem Falle $(n - r)$-fach unendlich viele Lösungen.

Das System (3.12) läßt sich in der Form

$$
\begin{aligned}
a_{11}x_1 + a_{12}x_2 + \ldots + a_{1r}x_r &= -a_{1,r+1}x_{r+1} - \ldots - a_{1n}x_n, \\
a_{21}x_1 + a_{22}x_2 + \ldots + a_{2r}x_r &= -a_{2,r+1}x_{r+1} - \ldots - a_{2n}x_n, \\
&\ \ \vdots \\
a_{r1}x_1 + a_{r2}x_2 + \ldots + a_{rr}x_r &= -a_{r,r+1}x_{r+1} - \ldots - a_{rn}x_n
\end{aligned}
\tag{3.13}
$$

darstellen. Die fehlenden $n - r$ Gleichungen sind von den obigen Gleichungen (3.13) linear abhängig, und die Lösungen von (3.13) erfüllen ebenfalls diese $n - r$ Gleichungen.

Es sei det $\mathbf{A}_{(r,r)} \neq 0$. Um die Lösungen von (3.13) zu bestimmen, kann man x_{r+1}, ..., x_n beliebig wählen. Wählt man z. B. nacheinander

$$
\begin{aligned}
&x_{r+1} = 1, \ x_{r+2} = \ldots = x_n = 0, \\
&x_{r+1} = 0, \ x_{r+2} = 1, \ x_{r+3} = \ldots = x_n = 0, \\
&\ldots\ldots\ldots\ldots\ldots\ldots\ldots\ldots\ldots\ldots\ldots\ldots\ldots\ldots\ldots \\
&x_{r+1} = \ldots = x_{n-1} = 0, \ x_n = 1,
\end{aligned}
$$

so erhält man jedesmal für $x_1, x_2, \ldots, x_r$ eine eindeutige Lösung, und insgesamt ergeben sich $n - r$ linear unabhängige Lösungen. Allgemein gilt

Satz 3.2a: *Ein homogenes lineares Gleichungssystem mit n Unbekannten, dessen Koeffizientenmatrix $\mathbf{A}$ den Rang r hat, hat genau $(n - r)$ linear unabhängige Lösungen, die man als ein* **Fundamentalsystem** *bezeichnet.* $\qquad$**S.3.2a**

Jede andere Lösung läßt sich als Linearkombination der linear unabhängigen Lösungen darstellen, und man erhält die *allgemeine Lösung des homogenen Systems* in der Form

$$\mathbf{x}_h = \lambda_1\mathbf{x}^{(1)} + \lambda_2\mathbf{x}^{(2)} + \ldots + \lambda_{n-r}\mathbf{x}^{(n-r)}. \tag{3.14}$$

Wenn das homogene Gleichungssystem aus m Gleichungen mit n Unbekannten besteht und $m < n$ ist, so ist $R(\mathbf{A})$ höchstens gleich m, also $r < n$, und das System besitzt immer nichttriviale Lösungen.

3.3.2. Allgemeine Lösung inhomogener Gleichungssysteme

Definition 3.4: *Ist in (3.1) mindestens eine Konstante $b_i \neq 0$, $i = 1, \ldots, m$, so heißt* **D.3.4** *das Gleichungssystem* **inhomogen.**

Mit seiner Lösung wollen wir uns jetzt befassen. Die Lösungsmenge des homogenen Gleichungssystems haben wir im vorigen Abschnitt schon untersucht. Zunächst wollen wir voraussetzen, daß das inhomogene Gleichungssystem Lösungen hat, d. h., daß $R(\mathbf{A}) = R(\mathbf{B})$ ist.

Wie wir sehen, erfüllt jetzt die sogenannte triviale Lösung $(x_1 = x_2 = \ldots = x_n = 0)$ das Gleichungssystem nicht. Speziell für $n = 3$ heißt das, die Ebenen, Geraden, die Punkte, die die Lösungsmenge darstellen, enthalten den Nullpunkt nicht; sie sind aus dem Ursprung des Koordinatensystems verschoben.

In welchem Zusammenhang stehen nun die Lösungsmenge des inhomogenen und des zugehörigen homogenen Gleichungssystems (das zugehörige homogene System entsteht, indem wir alle $b_i \neq 0$ durch 0 ersetzen)?

S.3.2b **Satz 3.2b:** *Alle Lösungen des inhomogenen Gleichungssystems ergeben sich, wenn zu einer speziellen Lösung des inhomogenen Systems alle Lösungen des zugehörigen homogenen Gleichungssystems addiert werden.*

Die Richtigkeit dieser Aussage wollen wir uns folgendermaßen überlegen:

Wenn $\mathbf{x}_0$ eine spezielle Lösung des inhomogenen Gleichungssystems ist und $\mathbf{x}_h = \lambda_1 \mathbf{x}^{(1)} + \ldots + \lambda_{n-r} \mathbf{x}^{(n-r)}$ die allgemeine Lösung des zugehörigen homogenen Gleichungssystems, dann gilt für jeden Wert der λ_i, $i = 1, \ldots, n - r$,

$$\mathbf{A}(\mathbf{x}_o + \mathbf{x}_h) = \mathbf{A}\mathbf{x}_o + \mathbf{A}\mathbf{x}_h = \mathbf{b} + \mathbf{o} = \mathbf{b}. \tag{3.15}$$

Für $r = n$ gibt es eine eindeutige Lösung des inhomogenen Gleichungssystems (in diesem Falle ist $\mathbf{x}_h = \mathbf{o}$), und für $r < n$ gibt es (entsprechend Satz 3.1) $(n - r)$-fach unendlich viele Lösungen. ∎

In diesem Zusammenhang sei auf die Beispiele im Abschnitt 3.5. hingewiesen.

3.4.   Die Cramersche Regel

Die *Cramersche Regel* ergibt sich aus der Matrixdarstellung des Gleichungssystems in recht anschaulicher Weise und wird insbesondere bei theoretischen Erörterungen verwendet. Allerdings ist sie zur praktischen Lösung linearer Gleichungssysteme weniger geeignet, weil der Rechenaufwand bei mehr als 3 Unbekannten unvertretbar hoch wird und sie nicht auf jedes beliebige lineare Gleichungssystem anwendbar ist, wie wir sehen werden.

Es ist ein System von n Gleichungen mit n Unbekannten gegeben:

$$\begin{aligned}
a_{11}x_1 + a_{12}x_2 + \ldots + a_{1n}x_n &= b_1, \\
a_{21}x_1 + a_{22}x_2 + \ldots + a_{2n}x_n &= b_2, \\
&\cdots\cdots\cdots\cdots\cdots\cdots \\
a_{n1}x_1 + a_{n2}x_2 + \ldots + a_{nn}x_n &= b_n.
\end{aligned} \tag{3.16}$$

Ein Wertsystem $x_1, x_2, \ldots, x_n$, das (3.16) identisch erfüllt, nennt man eine Lösung von (3.16). Wir wollen zunächst annehmen, daß die Determinante $\det \mathbf{A} = D$,

$$D = \begin{vmatrix} a_{11} & a_{12} & \ldots & a_{1n} \\ a_{21} & a_{22} & \ldots & a_{2n} \\ & \cdots\cdots\cdots & \\ a_{n1} & a_{n2} & \ldots & a_{nn} \end{vmatrix} \neq 0,$$

verschieden von null ist. Multipliziert man in (3.16) jeweils die μ-te Zeile mit den algebraischen Komplementen $A_{\mu\varrho}$ der Elemente $a_{\mu\varrho}$ der ϱ-ten Spalte der Determinante D und addiert die Gleichungen (3.16), so erhält man die folgende Gleichung:

$$Dx_\varrho = b_1 A_{1\varrho} + b_2 A_{2\varrho} + \ldots + b_n A_{n\varrho} = D_\varrho,$$

denn nach 2.4.3. gilt:

$$\sum_{\varrho=1}^{n} a_{\varrho\lambda} A_{\varrho\mu} = \begin{cases} D & \text{für } \lambda = \mu, \\ 0 & \text{für } \lambda \neq \mu. \end{cases}$$

Man erkennt leicht, daß D_ϱ eine Determinante ist, die durch Austausch der ϱ-ten Spalte in D mit der rechten Seite von (3.16) entsteht.

Die n-malige Durchführung des Multiplikationsvorganges liefert die Gleichungen

$$\begin{aligned} Dx_1 &= D_1, \\ Dx_2 &= D_2, \\ &\cdots\cdots\cdots \\ Dx_n &= D_n. \end{aligned} \tag{3.17}$$

Wenn alle b_i der rechten Seite von (3.16) null sind – wenn also ein homogenes Gleichungssystem vorliegt –, dann sind auch alle D_i von (3.17) null. Die Gleichungen (3.17) sind dann nur durch

$$x_1 = x_2 = \ldots = x_n = 0$$

erfüllt. Ist mindestens ein b_i von null verschieden, das Gleichungssystem demnach inhomogen, dann lautet die Lösung von (3.16):

$$x_1 = \frac{D_1}{D}; \quad x_2 = \frac{D_2}{D}; \quad \ldots; \quad x_n = \frac{D_n}{D}. \tag{3.18}$$

Das ist die *Cramersche Regel*; ihre Anwendung setzt voraus, daß $r = n$, d. h. $\det \mathbf{A} \neq 0$ ist.

Das System (3.16) hat in Matrixdarstellung die folgende Form:

$$\mathbf{Ax} = \mathbf{b}. \tag{3.19}$$

Dabei bedeuten

$$\mathbf{A} = \begin{bmatrix} a_{11} & a_{12} & \ldots & a_{1n} \\ a_{21} & a_{22} & \ldots & a_{2n} \\ \multicolumn{4}{c}{\cdots\cdots\cdots\cdots} \\ a_{n1} & a_{n2} & \ldots & a_{nn} \end{bmatrix}; \quad \mathbf{x} = \begin{bmatrix} x_1 \\ x_2 \\ \vdots \\ x_n \end{bmatrix}; \quad \mathbf{b} = \begin{bmatrix} b_1 \\ b_2 \\ \vdots \\ b_n \end{bmatrix}.$$

Da nach Voraussetzung $\det \mathbf{A} = D \neq 0$ ist, existiert die inverse (reziproke) Matrix $\mathbf{A}^{-1}$, und man erhält durch linksseitige Multiplikation der Gleichung (3.19) mit dieser die Lösung mit der einspaltigen Matrix $\mathbf{x}$ als Lösungsvektor:

$$\mathbf{A}^{-1}\mathbf{Ax} = \mathbf{A}^{-1}\mathbf{b}; \quad \mathbf{x} = \mathbf{A}^{-1}\mathbf{b}.$$

Wenn $D = 0$, d. h. $r < n$ ist und demzufolge lineare Abhängigkeiten zwischen den Zeilenvektoren der Matrix bestehen, kommt man mit der Cramerschen Regel nicht zum Ziel.

3.5.   Beispiele

Beispiel 3.3: Jetzt wollen wir unsere allgemeinen Betrachtungen auf den Fall $n = 3$ anwenden und behandeln das inhomogene Gleichungssystem mit drei Gleichungen und drei Unbekannten. Es liege das folgende Gleichungssystem vor:

$$a_{11}x_1 + a_{12}x_2 + a_{13}x_3 = b_1,$$
$$a_{21}x_1 + a_{22}x_2 + a_{23}x_3 = b_2, \qquad (3.20)$$
$$a_{31}x_1 + a_{32}x_2 + a_{33}x_3 = b_3.$$

Mindestens ein b_i soll ungleich null sein.

a) Die beiden Matrizen

$$A = \begin{bmatrix} a_{11} & a_{12} & a_{13} \\ a_{21} & a_{22} & a_{23} \\ a_{31} & a_{32} & a_{33} \end{bmatrix}, \quad B = \begin{bmatrix} a_{11} & a_{12} & a_{13} & b_1 \\ a_{21} & a_{22} & a_{23} & b_2 \\ a_{31} & a_{32} & a_{33} & b_3 \end{bmatrix}$$

haben den Rang $r = 3$. Dann existiert eine eindeutige Lösung, die mit Hilfe der Cramerschen Regel (vgl. 3.4.) bestimmt wird:

$$D = \det A \neq 0,$$

$$D_1 = \begin{vmatrix} b_1 & a_{12} & a_{13} \\ b_2 & a_{22} & a_{23} \\ b_3 & a_{32} & a_{33} \end{vmatrix}; \quad D_2 = \begin{vmatrix} a_{11} & b_1 & a_{13} \\ a_{21} & b_2 & a_{23} \\ a_{31} & b_3 & a_{33} \end{vmatrix}; \quad D_3 = \begin{vmatrix} a_{11} & a_{12} & b_1 \\ a_{21} & a_{22} & b_2 \\ a_{31} & a_{32} & b_3 \end{vmatrix};$$

$$x_1 = \frac{D_1}{D}; \quad x_2 = \frac{D_2}{D}; \quad x_3 = \frac{D_3}{D}.$$

Die Richtigkeit der Lösung kann man nachweisen, indem man die Lösung in die erste der Gleichungen (3.20) einsetzt:

$$a_{11}\frac{D_1}{D} + a_{12}\frac{D_2}{D} + a_{13}\frac{D_3}{D}$$

$$= \frac{1}{D}(a_{11}b_1 A_{11} + a_{11}b_2 A_{21} + a_{11}b_3 A_{31})$$

$$+ \frac{1}{D}(a_{12}b_1 A_{12} + a_{12}b_2 A_{22} + a_{12}b_3 A_{32})$$

$$+ \frac{1}{D}(a_{13}b_1 A_{13} + a_{13}b_2 A_{23} + a_{13}b_3 A_{33})$$

$$= \frac{1}{D}b_1 D = b_1.$$

Addiert man nämlich die untereinanderstehenden Glieder, so ergibt die erste Spalte $b_1 D$, und die beiden anderen Spalten ergeben null.

Für die beiden anderen Gleichungen von (3.20) läßt sich das Entsprechende zeigen.

b) Der Rang der beiden Matrizen sei verschieden.

$$R(A) = 2,$$
$$R(B) = 3.$$

Das bedeutet, daß die Lösung des Systems (3.20) in der Form

$$Dx_1 = D_1,$$

$$Dx_2 = D_2,$$

$$Dx_3 = D_3$$

einen Widerspruch besitzt, denn die Voraussetzung besagt, daß D gleich null ist, aber nicht alle Determinanten D_1, D_2, D_3 gleich null sind. Für diesen Fall hat das System (3.20) also keine Lösung.
Auch für die Fälle

$$R(A) = 1, \quad R(B) = 2,$$

sowie

$$R(A) = 0, \quad R(B) = 1$$

enthält das Gleichungssystem (3.20) einen Widerspruch, und es existiert keine Lösung.

c) Der Rang der beiden Matrizen ist gleich, aber kleiner als 3.

(α) $R(A) = R(B) = 2$.

Das bedeutet, daß

$$D = D_1 = D_2 = D_3 = 0$$

ist. Aber mindestens eine Unterdeterminante zweiter Ordnung muß ungleich null sein. Nehmen wir an, $A_{33} \neq 0$. Man kann die beiden ersten Gleichungen von (3.20) in folgender Weise schreiben:

$$a_{11}x_1 + a_{12}x_2 = b_1 - a_{13}x_3,$$

$$a_{21}x_1 + a_{22}x_2 = b_2 - a_{23}x_3;$$

x_3 ist also beliebig wählbar, während x_1 und x_2 dann eindeutig bestimmt sind.
Das Gleichungssystem (3.20) hat einfach unendlich viele Lösungen. Die dritte Gleichung von (3.20) ist von selbst erfüllt.
Multipliziert man die Gleichungen (3.20) mit A_{13}, A_{23} und A_{33} und addiert sie, dann erhält man die folgenden vier Gleichungen als Summen der vier Spalten:

$$b_1A_{13} + b_2A_{23} + b_3A_{33} = D_3 = 0,$$

$$a_{11}A_{13} + a_{21}A_{23} + a_{31}A_{33} = 0,$$

$$a_{12}A_{13} + a_{22}A_{23} + a_{32}A_{33} = 0,$$

$$a_{13}A_{13} + a_{23}A_{23} + a_{33}A_{33} = D = 0.$$

Wir dividieren durch A_{33}, das nach Voraussetzung ungleich null ist, und erhalten:

$$b_1\frac{A_{13}}{A_{33}} + b_2\frac{A_{23}}{A_{33}} = -b_3,$$

$$a_{11}\frac{A_{13}}{A_{33}} + a_{21}\frac{A_{23}}{A_{33}} = -a_{31},$$

$$a_{12}\frac{A_{13}}{A_{33}} + a_{22}\frac{A_{23}}{A_{33}} = -a_{32},$$

$$a_{13}\frac{A_{13}}{A_{33}} + a_{23}\frac{A_{23}}{A_{33}} = -a_{33}.$$

Die dritte Gleichung von (3.20) ist von der ersten und zweiten Gleichung linear abhängig. Sie ergibt sich, wenn die erste mit $-\dfrac{A_{13}}{A_{33}}$ und die zweite mit $-\dfrac{A_{23}}{A_{33}}$ multipliziert und danach addiert werden (gemäß Satz 3.1 und Beweis).

$$(\beta)\ R(\mathbf{A}) = R(\mathbf{B}) = 1.$$

Das bedeutet, daß keine von null verschiedene Unterdeterminante zweiter Ordnung existiert. Es muß aber mindestens ein Element der Matrix A ungleich null sein. Nehmen wir an, $a_{11} \neq 0$. Dann kann die erste Gleichung von (3.20) wie folgt geschrieben werden:

$$a_{11}x_1 = b_1 - a_{12}x_2 - a_{13}x_3.$$

Die Unbekannten x_2 und x_3 kann man willkürlich wählen, und x_1 ist dann eindeutig bestimmt. Das System (3.20) hat $(n - r)$-fach, also zweifach unendlich viele Lösungen. Die zweite und dritte Gleichung sind von der ersten linear abhängig. Multipliziert man die erste Gleichung mit $\dfrac{a_{21}}{a_{11}}$, dann erhält man:

$$a_{11}\frac{a_{21}}{a_{11}}x_1 + a_{12}\frac{a_{21}}{a_{11}}x_2 + a_{13}\frac{a_{21}}{a_{11}}x_3 = b_1\frac{a_{21}}{a_{11}}.$$

Das ist aber die zweite Gleichung

$$a_{21}x_1 + a_{22}x_2 + a_{23}x_3 = b_2.$$

Denn nach Voraussetzung sind alle Unterdeterminanten zweiter Ordnung gleich null. Aus

$$\begin{vmatrix} a_{11} & a_{12} \\ a_{21} & a_{22} \end{vmatrix} = A_{33} = 0$$

ergibt sich

$$a_{22} = a_{12}\frac{a_{21}}{a_{11}}.$$

Für die restlichen Faktoren ergeben sich ähnliche Determinanten. Die dritte Gleichung erhält man auf entsprechende Weise, wenn die erste mit dem Faktor $\dfrac{a_{31}}{a_{11}}$ multipliziert wird.

$$(\gamma)\ R(\mathbf{A}) = R(\mathbf{B}) = 0.$$

Es sind alle Elemente a_{ik} gleich null, und auch alle b_i sind gleich null. x_1, x_2 und x_3 sind beliebig wählbar, das Gleichungssystem (3.20) hat dreifach unendlich viele Lösungen.

Beispiel 3.4: Darstellung der allgemeinen Lösung eines inhomogenen Gleichungssystems als Summe der allgemeinen Lösung des zugehörigen homogenen Systems und einer speziellen Lösung des inhomogenen Systems:

$$\begin{aligned}
x_1 + 2x_2 - x_3 - x_4 &= -3, \\
3x_1 + x_2 + 2x_3 + x_4 &= 4, \\
2x_1 - x_2 + x_3 - x_4 &= 1, \\
-2x_1 - 4x_2 + 2x_3 + 2x_4 &= 6.
\end{aligned}$$

Wir erhalten nach Umformung das folgende gestaffelte System

$$\begin{aligned}
x_1 + 2x_2 - x_3 - x_4 &= -3, \\
-5x_2 + 5x_3 + 4x_4 &= 13, \\
-2x_3 - 3x_4 &= -6.
\end{aligned}$$

Das zugehörige homogene System lautet

$$x_1 + 2x_2 - x_3 - x_4 = 0,$$
$$- 5x_2 + 5x_3 + 4x_4 = 0,$$
$$- 2x_3 - 3x_4 = 0$$

und hat die allg. Lösung $x_1 = \dfrac{9}{10} c_1$, $x_2 = - \dfrac{7}{10} c_1$, $x_3 = - \dfrac{3}{2} c_1$, $x_4 = c_1$ oder

$$\mathbf{x_h} = c_1 \begin{bmatrix} \dfrac{9}{10} \\ -\dfrac{7}{10} \\ -\dfrac{3}{2} \\ 1 \end{bmatrix}.$$

Zur Bestimmung der speziellen Lösung des inhomogenen Systems setzen wir $x_4 = 0$ und erhalten $x_1 = - \dfrac{4}{5}$, $x_2 = \dfrac{2}{5}$, $x_3 = 3$;

$$\mathbf{x_0} = \begin{bmatrix} -\dfrac{4}{5} \\ \dfrac{2}{5} \\ 3 \\ 0 \end{bmatrix}.$$

Damit ergibt sich als Lösung $\mathbf{x}$ des obigen Systems

$$\mathbf{x} = \mathbf{x_h} + \mathbf{x_0} = c_1 \begin{bmatrix} \dfrac{9}{10} \\ -\dfrac{7}{10} \\ -\dfrac{3}{2} \\ 1 \end{bmatrix} + \begin{bmatrix} -\dfrac{4}{5} \\ \dfrac{2}{5} \\ 3 \\ 0 \end{bmatrix}.$$

Beispiel 3.5:

$$0{,}783x_1 + 2{,}525x_2 - 1{,}253x_3 + 2{,}000x_4 = 1{,}361,$$
$$5{,}777x_1 - 1{,}300x_2 + 2{,}710x_3 - 3{,}987x_4 = 8{,}477,$$
$$2{,}655x_1 + 1{,}875x_2 + x_3 + x_4 = 8{,}988,$$
$$x_1 - x_2 + 0{,}731x_3 - x_4 = 1{,}111.$$

Die zweite Gleichung wird als erste Eliminationsgleichung benutzt.

Rechenschema:

	$k = 1$	2	3	4	a_i	s_i	Probe	
	10,215	2,100	3,188	−1,987	19,937	33,453	0,006	
*	5,777	−1,300	2,710	−3,987	8,477	11,677	0	
−0,1355	0,783	2,525	−1,253	2,000	1,361	5,416	0	1. Schritt
	−0,783	0,176	−0,367	0,540	−1,149	−1,582		
−0,4596	2,655	1,875	1,000	1,000	8,988	15,518	0	
	−2,655	0,597	−1,246	1,832	−3,896	−5,367		
−0,1733	1,000	−1,000	0,731	−1,000	1,111	0,842	0	
	−1,000	0,225	−0,470	0,691	−1,469	−2,024		
*	0	2,701	−1,620	2,540	0,212	3,834	0,001	
−0,9152	0	2,472	−0,246	2,832	5,092	10,151	0,001	2. Schritt
		−2,472	1,483	−2,325	−0,194	−3,509		
0,2869	0	−0,775	0,261	−0,309	−0,358	−1,182	0,001	
		0,775	−0,465	0,729	0,061	1,100		
*		0	1,237	0,507	4,898	6,642	0,000	
0,1649		0	−0,204	0,420	−0,297	−0,082	0,001	3. Schritt
			0,204	0,084	0,808	1,095	0,002	
*			0	0,504	0,511	1,013	0,002	

Die Gleichungen, die mit * versehen sind, ergeben das System (3.4):
$$5,777x_1 - 1,300x_2 + 2,710x_3 - 3,987x_4 = 8,477,$$
$$2,701x_2 - 1,620x_3 + 2,540x_4 = 0,212,$$
$$1,237x_3 + 0,507x_4 = 4,898,$$
$$0,504x_4 = 0,511.$$

Jetzt kann schrittweise die Lösung bestimmt werden:
$$x_4 = 1,013,$$
$$x_3 = 3,544,$$
$$x_2 = 1,251,$$
$$x_1 = 0,785.$$

Setzt man die erhaltenen x-Werte in die Summenprobe ein, dann erhält man eine Differenz von 0,006. Durch das Mitführen von mehr Stellen läßt sich die Genauigkeit steigern.

Beispiel 3.6:
$$3x = 6;$$
$$\mathbf{A} = [3], \quad \mathbf{B} = [3; 6];$$
$$R(\mathbf{A}) = R(\mathbf{B}) = n = 1;$$
$$D = 3; \quad D_1 = 6;$$
$$x = \frac{D_1}{D} = \frac{6}{3} = 2.$$

Das System hat eine eindeutige Lösung.

3.5. Beispiele

Beispiel 3.7:

$$3x = 0;$$

$$R(A) = R(B) = n = 1.$$

Es existiert nur die triviale Lösung $x = 0$.

Beispiel 3.8:

$$0x = 0;$$

$$R(A) = R(B) = n - 1 = 0.$$

Das System besitzt einfach unendlich viele Lösungen, es ist für jedes x erfüllt.

Beispiel 3.9:

$$0x = 3;$$

$$R(A) \neq R(B);$$

$$R(A) = 0; \quad R(B) = 1.$$

Das System enthält einen Widerspruch; es ist nicht lösbar.

Beispiel 3.10:

$$\text{I. } 3x_1 - 4x_2 + x_3 = 9,$$
$$\text{II. } x_1 + x_2 - 5x_3 = -10,$$
$$\text{III. } 6x_1 + 2x_2 + 4x_3 = 12;$$

$$A = \begin{bmatrix} 3 & -4 & 1 \\ 1 & 1 & -5 \\ 6 & 2 & 4 \end{bmatrix}, \quad R(A) = r = 3;$$

$$B = \begin{bmatrix} 3 & -4 & 1 & 9 \\ 1 & 1 & -5 & -10 \\ 6 & 2 & 4 & 12 \end{bmatrix}, \quad R(B) = R(A) = 3;$$

$$D = \begin{vmatrix} 3 & -4 & 1 \\ 1 & 1 & -5 \\ 6 & 2 & 4 \end{vmatrix} = 174; \qquad D_1 = \begin{vmatrix} 9 & -4 & 1 \\ -10 & 1 & -5 \\ 12 & 2 & 4 \end{vmatrix} = 174;$$

$$D_2 = \begin{vmatrix} 3 & 9 & 1 \\ 1 & -10 & -5 \\ 6 & 12 & 4 \end{vmatrix} = -174; \qquad D_3 = \begin{vmatrix} 3 & -4 & 9 \\ 1 & 1 & -10 \\ 6 & 2 & 12 \end{vmatrix} = 348;$$

$$x_1 = \frac{D_1}{D} = 1; \qquad x_2 = \frac{D_2}{D} = -1; \qquad x_3 = \frac{D_3}{D} = 2.$$

Probe:
$$3 + 4 + 2 = 9,$$
$$1 - 1 - 10 = -10,$$
$$6 - 2 + 8 = 12.$$

Beispiel 3.11:

$$\begin{array}{ll}
\text{I.} & x_1 - 3x_2 + 2x_3 = 3, \\
\text{II.} & -9x_1 + 6x_2 - 3x_3 = 12, \\
\text{III.} & 5x_1 - 8x_2 + 5x_3 = 2.
\end{array}$$

$$R(A) = R(B) = 2;$$

$$D = 0,$$

$$A_{13} = 42,$$

$$D_1 = 0, \qquad \frac{A_{13}}{A_{33}} = -2,$$

$$A_{23} = -7,$$

$$D_2 = 0,$$

$$A_{33} = -21; \frac{A_{23}}{A_{33}} = \frac{1}{3},$$

$$D_3 = 0.$$

Das heißt: Gleichung I mit 2 und Gleichung II mit $-\dfrac{1}{3}$ multipliziert und dann beide addiert, ergibt Gleichung III.

$$\begin{aligned}
x_1 - 3x_2 &= 3 - 2x_3; \\
-9x_1 + 6x_2 &= 12 + 3x_3; \\
D^* &= -21;
\end{aligned}$$

$$D_1^* = \begin{vmatrix} 3 - 2x_3 & -3 \\ 12 + 3x_3 & 6 \end{vmatrix} = 18 - 12x_3 + 36 + 9x_3 = 54 - 3x_3;$$

$$D_2^* = \begin{vmatrix} 1 & 3 - 2x_3 \\ -9 & 12 + 3x_3 \end{vmatrix} = 12 + 3x_3 + 27 - 18x_3 = 39 - 15x_3;$$

$$x_1 = \frac{D_1^*}{D^*} = -\frac{18}{7} + \frac{1}{7}x_3;$$

$$x_2 = \frac{D_2^*}{D^*} = -\frac{13}{7} + \frac{5}{7}x_3.$$

Probe: Wir wählen $x_3 = 0$ (x_3 beliebig wählbar!), dann ist

$$x_1 = -\frac{18}{7}, \quad x_2 = -\frac{13}{7};$$

$$-\frac{18}{7} + \frac{39}{7} = \frac{21}{7} = 3,$$

$$\frac{162}{7} - \frac{78}{7} = \frac{84}{7} = 12,$$

$$-\frac{90}{7} + \frac{104}{7} = \frac{14}{7} = 2.$$

Beispiel 3.12:

$$x_1 - 5x_2 + x_3 = 0,$$
$$x_1 + x_2 - 2x_3 = 0,$$
$$x_1 - x_2 - x_3 = 0;$$

$$D = \begin{vmatrix} 1 & -5 & 1 \\ 1 & 1 & -2 \\ 1 & -1 & -1 \end{vmatrix} = 0;$$

$$R(A) = n - 1 = 2;$$

$$A_{31} = \begin{vmatrix} -5 & 1 \\ 1 & -2 \end{vmatrix} = 9 = x_1;$$

$$A_{32} = - \begin{vmatrix} 1 & 1 \\ 1 & -2 \end{vmatrix} = 3 = x_2;$$

Diese Berechnung der Lösung ist nur im Falle homogener Gleichungssysteme möglich, deren Rang $r = n - 1$ ist.

$$A_{33} = \begin{vmatrix} 1 & -5 \\ 1 & 1 \end{vmatrix} = 6 = x_3.$$

Probe:
$$9 - 5 \cdot 3 + 6 = 0;$$
$$9 + 3 - 2 \cdot 6 = 0;$$
$$9 - 3 - 6 = 0.$$

Berechnung für zwei Unbekannte bei beliebiger Wahl von x_3:

$$x_3 = 1 \text{ gewählt};$$
$$x_1 - 5x_2 = -1,$$
$$x_1 + x_2 = 2.$$

Lösung nach Cramer:

$$D^* = \begin{vmatrix} 1 & -5 \\ 1 & 1 \end{vmatrix} = 6,$$

Probe: $\dfrac{3}{2} - 5 \cdot \dfrac{1}{2} + 1 = 0,$

$$D_1^* = \begin{vmatrix} -1 & -5 \\ 2 & 1 \end{vmatrix} = 9, \qquad x_1 = \frac{3}{2},$$

$$\frac{3}{2} + \frac{1}{2} - 2 = 0,$$

$$D_2^* = \begin{vmatrix} 1 & -1 \\ 1 & 2 \end{vmatrix} = 3, \qquad x_2 = \frac{1}{2},$$

$$\frac{3}{2} - \frac{1}{2} - 1 = 0.$$

Wir haben also schon zwei Lösungen, die das vorgegebene System erfüllen:

$$\mathbf{x}_{1h} = \begin{bmatrix} 9 \\ 3 \\ 6 \end{bmatrix}; \quad \mathbf{x}_{2h} = \begin{bmatrix} \frac{3}{2} \\ \frac{1}{2} \\ 1 \end{bmatrix}.$$

Man erkennt, daß die beiden Lösungsvektoren sich nur durch einen konstanten Faktor c unterscheiden:

$$\mathbf{x}_{1h} = c\mathbf{x}_{2h} \quad \text{für} \quad c = 6;$$

$$\begin{bmatrix} 9 \\ 3 \\ 6 \end{bmatrix} = 6 \begin{bmatrix} \frac{3}{2} \\ \frac{1}{2} \\ 1 \end{bmatrix}.$$

Durch willkürliche Wahl von c lassen sich unendlich viele Lösungen finden.

3.6.   Systeme von linearen Ungleichungen und Alternativsätze

Nachdem wir uns bisher mit linearen Gleichungssystemen beschäftigt haben, wollen wir uns nun Systemen von linearen Ungleichungen zuwenden.

Betrachten wir wiederum die Beziehung (2.3); wenn durch den Vektor

$$\mathbf{b} = \begin{bmatrix} 1\,780 \\ 1\,480 \\ 2\,300 \\ 2\,600 \\ 4\,520 \end{bmatrix}$$

Höchstmengen der zur Verfügung stehenden Rohstoffe R_i, $i = 1, 2, ..., 5$, angegeben werden und durch den Vektor

$$\mathbf{x} = \begin{bmatrix} x_1 \\ x_2 \\ x_3 \end{bmatrix}$$

die zu bestimmenden Mengen der Produkte E_1, E_2, E_3, dann stellt die Beziehung

$$\mathbf{Ax} \leqq \mathbf{b}$$

ein System von linearen Ungleichungen dar, wenn wiederum

$$\mathbf{A} = \begin{bmatrix} 8 & 7 & 10 \\ 12 & 6 & 4 \\ 9 & 9 & 14 \\ 5 & 10 & 20 \\ 27 & 18 & 20 \end{bmatrix}$$

die Matrix der Verbrauchsnormen zwischen den Rohstoffen R_i, $i = 1, ..., 5$, und den Endprodukten E_k, $k = 1, 2, 3$, ist. In ähnlicher Weise können auch die anderen Beispiele aus dem Abschnitt 2.1.1. abgewandelt werden.

D.3.5 **Definition 3.5**: *Ein System*

$$
\begin{aligned}
a_{11}x_1 + a_{12}x_2 + ... + a_{1n}x_n &\leqq b_1, \\
a_{21}x_1 + a_{22}x_2 + ... + a_{2n}x_n &\leqq b_2, \\
&\cdots\cdots\cdots\cdots\cdots \\
a_{m1}x_1 + a_{m2}x_2 + ... + a_{mn}x_n &\leqq b_m, \\
x_1, x_2, ..., x_n &\geqq 0,
\end{aligned}
\tag{3.21}
$$

mit den Konstanten a_{ij} ($i = 1, ..., m$, $j = 1, ..., n$), b_i ($i = 1, ..., m$) und den Variablen x_j ($j = 1, ..., n$) heißt **lineares Ungleichungssystem** *mit m Ungleichungen und n Nichtnegativitätsbedingungen.*

Sind alle b_i ($i = 1, ..., m$) gleich null, so heißt das Ungleichungssystem **homogen**, *anderenfalls* **inhomogen**.

D.3.6 **Definition 3.6**: *Ein Vektor (eine Matrix) heißt nicht-negativ, wenn alle Komponenten (Elemente) nicht-negativ sind.*

Wir können das System (3.21) folgendermaßen schreiben:

$$\mathbf{Ax} \leqq \mathbf{b}, \qquad \mathbf{x} \geqq \mathbf{o}$$

$$\text{mit} \quad \mathbf{A} = \begin{bmatrix} a_{11} & a_{12} \dots a_{1n} \\ a_{21} & a_{22} \dots a_{2n} \\ \dots\dots\dots\dots \\ a_{m1} & a_{m2} \dots a_{mn} \end{bmatrix}, \quad \mathbf{x} = \begin{bmatrix} x_1 \\ x_2 \\ \vdots \\ x_n \end{bmatrix} \text{ und } \mathbf{b} = \begin{bmatrix} b_1 \\ b_2 \\ \vdots \\ b_m \end{bmatrix}.$$

Jedes lineare Ungleichungssystem läßt sich mit Hilfe der folgenden Umformungen auf die anfangs angegebene Form bringen:

1. Tritt in einem linearen Ungleichungssystem eine Ungleichung

$$a_{k1}x_1 + a_{k2}x_2 + \dots + a_{kn}x_n \geqq b_k$$

auf, so erhält man nach Multiplikation mit -1:

$$-a_{k1}x_1 - \dots - a_{kn}x_n \leqq -b_k.$$

2. Tritt eine Bedingung der Form

$$a_{k1}x_1 + a_{k2}x_2 + \dots + a_{kn}x_n = b_k$$

auf, so kann man diese Gleichung durch die folgenden beiden Ungleichungen ersetzen:

$$a_{k1}x_1 + a_{k2}x_2 + \dots + a_{kn}x_n \leqq b_k,$$
$$-a_{k1}x_1 - a_{k2}x_2 - \dots - a_{kn}x_n \leqq -b_k.$$

3. Oft ergibt es sich aus der praktischen Aufgabenstellung, daß die Variablen x_j nicht negativ sein dürfen. Ist dies nicht der Fall, so kann man die Erfüllung der Nichtnegativitätsbedingung durch folgende Substitution erreichen:

$$x_j = x_j' - x_j'' \quad \text{mit} \quad x_j', x_j'' \geqq 0.$$

Wie man sieht, kann x_j jetzt sowohl positive als auch negative Werte annehmen. Wir wollen diese Möglichkeiten an einem Beispiel erläutern:

Beispiel 3.13:

$$\begin{aligned} x_1 + 2x_2 &\leqq 40, \\ 2x_1 + x_2 &= 10, \\ x_1 + x_2 &\geqq 5, \\ x_1 &\geqq 0, \\ x_2 &\text{ beliebig.} \end{aligned} \qquad (3.22)$$

$x_1 + x_2 \geqq 5$ geht in $-x_1 - x_2 \leqq -5$ über; $2x_1 + x_2 = 10$ wird ersetzt durch $2x_1 + x_2 \leqq 10$, $-2x_1 - x_2 \leqq -10$; für x_2 setzen wir $x_2 = x_2' - x_2''$ mit $x_2' \geqq 0, x_2'' \geqq 0$. So erhalten wir das Ungleichungssystem

$$\begin{aligned} x_1 + 2x_2' - 2x_2'' &\leqq 40, \\ 2x_1 + x_2' - x_2'' &\leqq 10, \\ -2x_1 - x_2' + x_2'' &\leqq -10, \\ -x_1 - x_2' + x_2'' &\leqq -5, \\ x_1, x_2', x_2'' &\geqq 0. \end{aligned}$$

D.3.7 Definition 3.7: *Jeder Vektor* $\mathbf{x}$, *für den* $\mathbf{Ax} \leq \mathbf{b}$ *gilt, heißt* **Lösung** *des linearen Ungleichungssystems* $\mathbf{Ax} \leq \mathbf{b}$; *ist außerdem* $\mathbf{x} \geq \mathbf{o}$, *dann heißt* $\mathbf{x}$ **zulässige Lösung.**

Im betrachteten Beispiel ist

$$x_1 = -1, \qquad x_2' = 15, \qquad x_2'' = 3$$

eine Lösung des Systems, denn sie erfüllt die ersten vier Ungleichungen, aber nicht die Nichtnegativitätsbedingungen, was auch nicht verlangt war.

$$x_1 = 4, \qquad x_2' = 5, \qquad x_2'' = 3$$

ist eine zulässige Lösung, denn es werden sowohl die ersten vier Ungleichungen als auch die Nichtnegativitätsbedingungen erfüllt.

Wenn wir ein System linearer Ungleichungen lösen wollen, führen wir es bei den gebräuchlichsten Verfahren zuerst mittels sogenannter Schlupfvariabler in ein lineares Gleichungssystem über. Aus dem linearen Ungleichungssystem $\mathbf{Ax} \leq \mathbf{b}$; $\mathbf{x} \geq \mathbf{o}$, wird das lineare Gleichungssystem $\mathbf{Ax} + \mathbf{u} = \mathbf{b}$; $\mathbf{x} \geq \mathbf{o}, \mathbf{u} \geq \mathbf{o}$. Der Vektor $\mathbf{u}$ heißt **Schlupfvektor**, seine Komponenten heißen **Schlupfvariable.**

Zu jeder zulässigen Lösung von $\mathbf{Ax} \leq \mathbf{b}$, $\mathbf{x} \geq \mathbf{o}$ gehört eine zulässige Lösung $\mathbf{x}$, $\mathbf{u}$ mit $\mathbf{u} = \mathbf{b} - \mathbf{Ax}$ von $\mathbf{Ax} + \mathbf{u} = \mathbf{b}$ und umgekehrt. Dabei heißt $\mathbf{x}$ der **primale** Teil der Lösung (**primale Lösung**), $\mathbf{u}$ der **duale** Teil der Lösung (**duale Lösung**).

Das betrachtete Beispiel läßt sich in der Form

$$
\begin{aligned}
x_1 + 2x_2' - 2x_2'' + u_1 &&&&= 40, \\
2x_1 + x_2' - x_2'' &&+ u_2 &&= 10, \\
-2x_1 - x_2' + x_2'' &&&+ u_3 &= -10, \\
- x_1 - x_2' + x_2'' &&&&+ u_4 = - 5, \\
x_1, x_2', x_2'', u_1, u_2, u_3, u_4 &&&&\geqq 0
\end{aligned}
$$

schreiben.

$$x_1 = 4, \quad x_2' = 5, \quad x_2'' = 3,$$
$$u_1 = 32, \quad u_2 = 0, \quad u_3 = 0, \quad u_4 = 1$$

ist eine zulässige Lösung;

$$\mathbf{x}^{(1)} = \begin{bmatrix} 4 \\ 5 \\ 3 \end{bmatrix} \text{ ist der primale Teil und } \mathbf{u}^{(1)} = \begin{bmatrix} 32 \\ 0 \\ 0 \\ 1 \end{bmatrix} \text{ der duale Teil dieser Lösung.}$$

Jetzt wollen wir das lineare Ungleichungssystem (3.22) lösen, indem wir es auf ein lineares Gleichungssystem zurückführen. Das System geht durch Einführen von einer Schlupf- und einer Überschußvariablen in das folgende lineare Gleichungssystem über:

$$
\begin{aligned}
x_1 + 2x_2 + u_1 &= 40, \\
x_1 + x_2 - u_2 &= 5, \\
2x_1 + x_2 &= 10, \\
x_1, u_1, u_2 \geqq 0; \quad x_2 \text{ beliebig}
\end{aligned}
$$

(u_1: Schlupfvariable, u_2: Überschußvariable).

Dieses lineare Gleichungssystem lösen wir mit Hilfe des Gaußschen Algorithmus.

	x_1	x_2	u_1	u_2	b_l	s_l
*	1	2	1	0	40	44
-1	1	1	0	-1	5	6
	-1	-2	-1	0	-40	-44
-2	2	1	0	0	10	13
	-2	-4	-2	0	-80	-88
*	0	-1	-1	-1	-35	-38
-3	0	-3	-2	0	-70	-75
		$+3$	$+3$	$+3$	$+105$	114
*		0	1	3	35	39

Wir erhalten:

$$u_2 = \lambda;$$
$$u_1 = 35 - 3\lambda;$$
$$x_2 = 35 - 35 + 3\lambda - \lambda = 2\lambda;$$
$$x_1 = 40 - 4\lambda - 35 + 3\lambda = 5 - \lambda,$$

Aus x_1, u_1, $u_2 \geqq 0$ kann man sofort ersehen, daß $0 \leqq \lambda \leqq 5$ gilt. Aus $x_2 = 2\lambda$ und $x_1 = 5 - \lambda$ folgt: $x_1 = 5 - \dfrac{x_2}{2}$, $0 \leqq x_2 \leqq 10$.

Wir erhalten bei diesem Beispiel als Lösungsmenge des linearen Ungleichungssystems den Abschnitt der Geraden $x_1 = 5 - \dfrac{x_2}{2}$, der von den positiven Richtungen der x_1- und x_2-Achsen begrenzt wird (Bild 3.1). Im allgemeinen erhält man als Lösungsmenge bei Systemen mit zwei Variablen konvexe Polygone und bei Systemen mit mehr als zwei Variablen konvexe Polyeder (vgl. auch Bd. 14, 1., und Bd. 1, 7.9.2.). Diese konvexen Polyeder können dann natürlich von beliebiger endlicher Dimension sein. Es können auch Lösungsmengen auftreten, die in einer oder auch mehreren Variablen unbeschränkt sind.

Für den Fall von zwei Variablen wollen wir folgende Beispiele betrachten:

Beispiel 3.14:

$$-x_1 + x_2 \leqq 3, \text{ (I)}$$
$$x_1 + 2x_2 \leqq 8, \text{ (II)}$$
$$x_1, x_2 \geqq 0;$$

es ergibt sich der schraffierte Lösungsbereich (vgl. Bild 3.2).

Beispiel 3.15:

$$x_1 - x_2 \leqq 2, \text{ (I)}$$
$$x_1 + 2x_2 \leqq -10, \text{ (II)}$$
$$x_1, x_2 \geqq 0;$$

es ist kein Lösungsbereich vorhanden (vgl. Bild 3.3).

Beispiel 3.16:

$$x_1 + x_2 \leqq 4, \text{ (I)}$$
$$x_1 + 2x_2 \leqq 6, \text{ (II)}$$
$$-x_1 + x_2 \leqq 0, \text{ (III)}$$
$$x_1, x_2 \geqq 0;$$

es ergibt sich der schraffierte Lösungsbereich, die Gleichung (II) ist überflüssig (vgl. Bild 3.4).

Beispiel 3.17:

$$-x_1 + 2x_2 \leqq 2, \text{ (I)}$$
$$x_1 - 4x_2 \leqq 4, \text{ (II)}$$
$$x_1, x_2 \geqq 0;$$

es ergibt sich kein endlicher Lösungsbereich (vgl. Bild 3.5). (Man vergleiche hierzu auch Band 14, Abschnitt 2.1.)

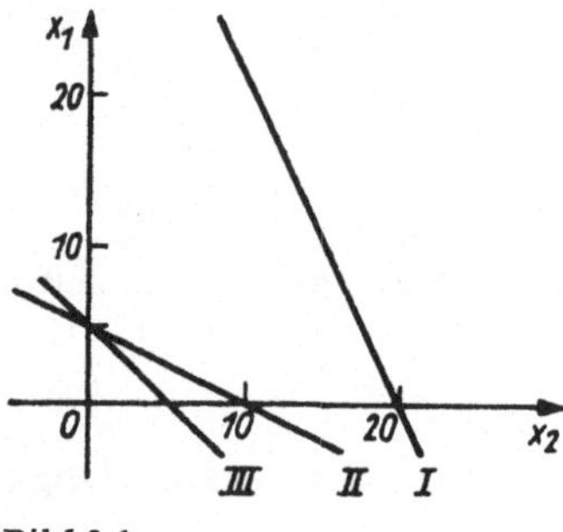

Bild 3.1

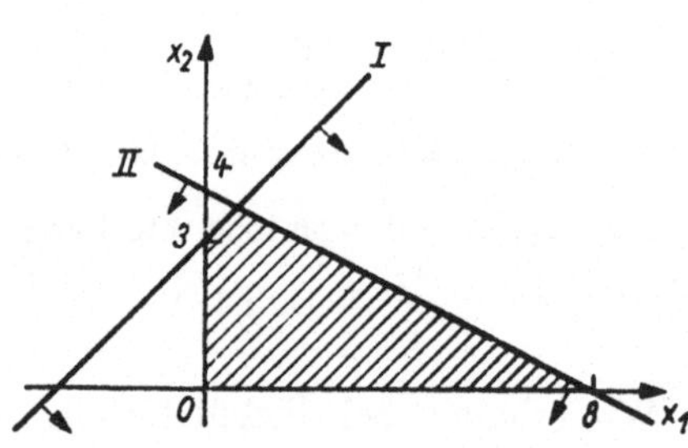

Bild 3.2

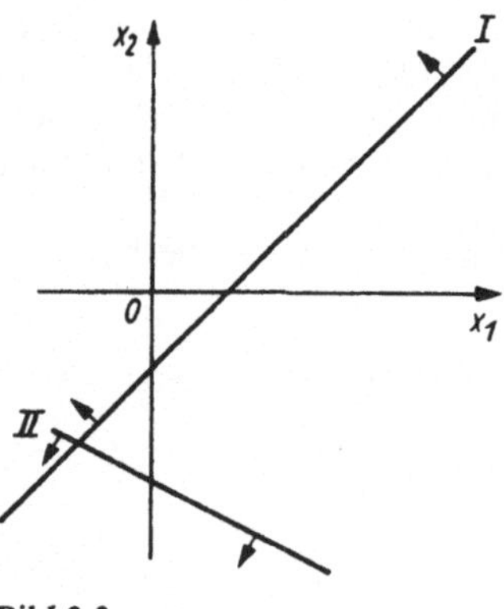

Bild 3.3

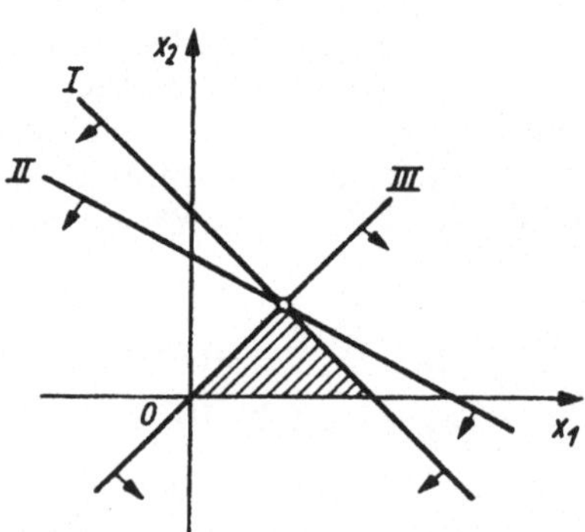

Bild 3.4

Doch zurück zu dem gelösten Ungleichungssystem. So verlockend es erscheint, solche Systeme linearer Ungleichungen nach wenigen Umformungen als Systeme linearer Gleichungen zu behandeln, so unbrauchbar wird dieses Verfahren bei größerer Anzahl der Variablen. Wie man sich leicht überlegt, ergeben sich aus den Nichtnegativitätsbedingungen für die frei wählbaren Parameter $\lambda, \mu, \ldots$ wieder Nebenbedingungen in Systemen von linearen Ungleichungen. Außerdem erhält man nicht unmittelbar einen Überblick über die Gestalt der Lösungsmenge. Daher benutzt man in der Praxis andere Verfahren, die aber hier nicht besprochen werden sollen.

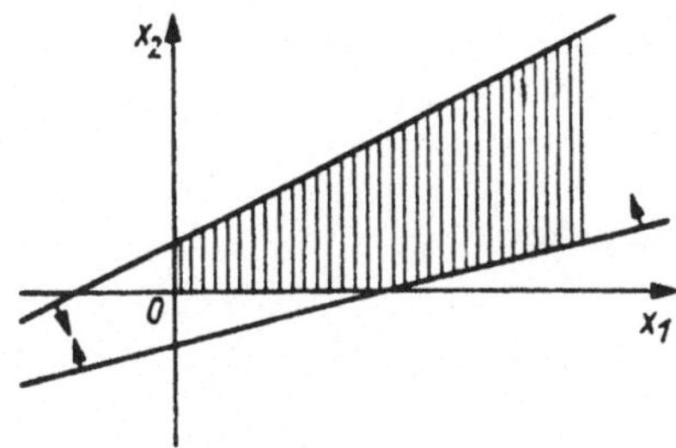

Bild 3.5

Abschließend wollen wir uns mit zwei sogenannten Alternativsätzen beschäftigen. Der erste Alternativsatz lautet:

Satz 3.3: *Entweder das Gleichungssystem* $\mathbf{A}\mathbf{x} = \mathbf{b}$ *besitzt eine Lösung* $\mathbf{x} \in R^n$, *oder* S.3.3 *das Gleichungssystem* $\mathbf{A}^T\mathbf{y} = \mathbf{o}$, $\mathbf{b}^T\mathbf{y} = 1$ *besitzt eine Lösung* $\mathbf{y} \in R^m$.

Dabei ist $\mathbf{A}$ eine Matrix vom Format (m, n), $\mathbf{b}$ eine Matrix vom Format $(m, 1)$, also ein (Spalten-)Vektor aus dem R^m.

Beweis: Zuerst zeigen wir, daß nicht beide Systeme gleichzeitig lösbar sein können, und als zweites, daß aus der Unlösbarkeit des Systems $\mathbf{A}\mathbf{x} = \mathbf{b}$ die Lösbarkeit des Systems $\mathbf{A}^T\mathbf{y} = \mathbf{o}$, $\mathbf{b}^T\mathbf{y} = 1$ folgt.

a) Angenommen $\mathbf{x} \in R^n$ und $\mathbf{y} \in R^m$ seien zugleich Lösungen der entsprechenden Systeme, und es gelte $\mathbf{A}^T\mathbf{y} = \mathbf{o}$. Dann gilt auch

$$\mathbf{o} = \mathbf{x}^T\mathbf{o} = \mathbf{x}^T\mathbf{A}^T\mathbf{y} = (\mathbf{A}\mathbf{x})^T\mathbf{y}.$$

Da $\mathbf{A}\mathbf{x} = \mathbf{b}$ ist, folgt $0 = \mathbf{b}^T\mathbf{y} = 1$, und wir haben einen Widerspruch.

b) Nun nehmen wir an, das System $\mathbf{A}\mathbf{x} = \mathbf{b}$ sei nicht lösbar. Dann folgt aus der Theorie der linearen Gleichungssysteme, daß $\mathbf{b}$ nicht Linearkombination der Spaltenvektoren der Matrix $\mathbf{A}$ sein kann. Wenn wir mit $r = R(\mathbf{A})$ den Rang der Matrix $\mathbf{A}$ bezeichnen und die Koeffizientenmatrix des Systems $\mathbf{A}^T\mathbf{y} = \mathbf{o}$, $\mathbf{b}^T\mathbf{y} = 1$ betrachten, bemerken wir, daß diese aus den Matrizen $\mathbf{A}^T$ und $\mathbf{b}^T$ zusammengesetzt ist und den Rang $r + 1$ hat. Die erweiterte Koeffizientenmatrix, als Block geschrieben

$$\begin{bmatrix} \mathbf{A}^T & 0 \\ \mathbf{b}^T & 1 \end{bmatrix},$$

hat auch den Rang $r + 1$. Da nun beide Ränge übereinstimmen, ist das zugehörige lineare Gleichungssystem lösbar. Damit ist der erste der Alternativsätze bewiesen. ∎

Der zweite Alternativsatz gibt eine Möglichkeit, entscheiden zu können, ob ein System linearer Ungleichungen positive Lösungen besitzt oder nicht. Er sei hier ohne Beweis mitgeteilt:

Satz 3.4: *Entweder besitzt das System* $\mathbf{A}\mathbf{x} = \mathbf{b}$ *eine positive Lösung* $\mathbf{x} \geq \mathbf{o}$ *im* R^n *oder* S.3.4 *das System* $\mathbf{A}^T\mathbf{y} \geq \mathbf{o}$, $\mathbf{b}^T\mathbf{y} < 0$ *mit* $\mathbf{y} \in R^m$ *besitzt eine Lösung im* R^m.

3.7.   Aufgaben

* **3.1:** Es sind die Lösungen des Gleichungssystems

$$2x_1 + x_2 + x_3 = 2,$$
$$x_1 + 3x_2 + x_3 = 3,$$
$$x_1 + x_2 + 7x_3 = 7$$

zu bestimmen!

* **3.2:** Gegeben ist das lineare inhomogene Gleichungssystem

$$x_1 - x_2 + x_3 = 4,$$
$$x_1 + 2x_2 + x_3 = 13,$$
$$2x_1 + 4x_2 + 2x_3 = 26,$$
$$4x_1 + 5x_2 + 4x_3 = 43.$$

Es sind die Lösungen für x_1 mit $x_3 = p$ als Parameter zu ermitteln!

* **3.3:** Für welche Werte von k hat das Gleichungssystem

$$36x_1 - 7x_2 + x_3 = 0,$$
$$-9x_1 + 5x_2 - kx_3 = 0,$$
$$6x_1 + x_2 - 9x_3 = 0$$

nichttriviale Lösungen?

* **3.4:** Vom Gleichungssystem

$$x_1 - x_2 + x_3 = -4,$$
$$x_1 + 2x_2 + x_3 = -13,$$
$$2x_1 + 4x_2 + 2x_3 = -26,$$
$$4x_1 + 5x_2 + 4x_3 = -43$$

ist die Lösung für x_1 mit $x_3 = p$ als Parameter zu ermitteln.

* **3.5:** Man berechne x_1, wenn im linearen Gleichungssystem

$$x_1 + x_2 + x_3 = t,$$
$$x_1 + x_2 - x_3 = t^2,$$
$$x_1 - x_2 - ax_3 = t^3$$

$a = 1$ gesetzt wird.

* **3.6:** Für welchen Wert von k hat das homogene lineare Gleichungssystem

$$15x_1 + 7x_2 - 3x_3 = 0,$$
$$-3x_1 - 4x_2 + kx_3 = 0,$$
$$5x_1 + 2x_2 - x_3 = 0$$

nichttriviale Lösungen? Außerdem berechne man x_2 für den ermittelten Wert von k!

* **3.7:** Für welchen Wert von k ist der Rang der Matrix A $R(A) = 2$, wenn

$$A = \begin{bmatrix} 3 & 2 & 3 \\ 1 & k & -1 \\ 1 & 2 & 2 \end{bmatrix}$$

ist?

3.8: Man bestimme diejenigen Werte λ, für die das Gleichungssystem $Ax = \lambda x$ mit

$$A = \begin{bmatrix} 2 & 1 & -\frac{2}{3} \\ 2 & 3 & -\frac{4}{3} \\ 3 & 3 & -1 \end{bmatrix}$$

nichttriviale Lösungen hat, und berechne für die gefundenen Werte λ jeweils die vollständige Lösung.

3.9: Man löse das Gleichungssystem

$$3x + 4y + 2z = 1,$$
$$x - y - 3z = 7,$$
$$2x + z = 4$$

a) nach dem Gaußschen Algorithmus;

b) mit Hilfe der Cramerschen Regel.

3.10: Für welche Werte von λ ist das System

$$3x + 2y + z = 0,$$
$$x + y + z = 0,$$
$$2x + y + \lambda z = 0$$

nichttrivial lösbar? Man bestimme für die gefundenen λ die Lösung.

3.11: Man beweise: Es seien $L_i = \sum_{k=1}^{n} a_{ik} x_k$ ($i = 1, 2, 3, \ldots, n$) n Linearformen („linke Seiten" eines Gleichungssystems). Gilt $\sum_{i=1}^{n} x_i L_i = 0$, so sind $L_1, L_2, \ldots, L_n$ bei ungeradem n linear abhängig.

4. Lineare Vektorräume und lineare Abbildungen

Ohne eine entsprechende Definition ,haben wir in den vorhergehenden Abschnitten mehrfach einen Raumbegriff verwendet. Von zunächst anschaulichen Interpretationen ausgehend, war versucht worden, eine Loslösung vom bekannten zwei- und dreidimensionalen Raum durch formale Übertragung bestimmter Begriffe vorzunehmen.

In diesem Abschnitt soll eine Verallgemeinerung des in vorhergehenden Abschnitten benutzten Raumbegriffes vorgenommen werden. Dabei werden wir durch gewisse Abstraktionen zu allgemeineren Aussagen als früher gelangen. Gleichzeitig werden in diesem und in den folgenden Abschnitten einige Grundlagen für die lineare Optimierung erarbeitet. Wir werden mehrfach Ergebnisse und Zusammenhänge berichten, ohne Einzelheiten zu beweisen.

4.1. Lineare Vektorräume

In der Menge $\mathbf{R}$ der reellen Zahlen gelten für die Addition der Zahlen folgende Axiome:

(1) *Wenn $\lambda, \mu \in \mathbf{R}$, dann liefert $\lambda + \mu = \nu$ ein eindeutig bestimmtes Element $\nu \in \mathbf{R}$;*

(2) *für die drei Elemente $\lambda, \mu, \nu \in \mathbf{R}$ gilt das assoziative Gesetz:*
$$(\lambda + \mu) + \nu = \lambda + (\mu + \nu) = \lambda + \mu + \nu;$$

(3) *es gibt ein neutrales Element (die Zahl Null oder das Nullelement) $0 \in \mathbf{R}$, so daß $\lambda + 0 = \lambda$ ist;*

(4) *zu jedem Element $\lambda \in \mathbf{R}$ gibt es ein entgegengesetztes oder inverses Element $(-\lambda) \in \mathbf{R}$, so daß $\lambda + (-\lambda) = 0$ gilt.*

D.4.1 **Definition 4.1:** *Wenn die Elemente einer Menge diese Axiome erfüllen, dann sagt man, sie haben Gruppeneigenschaft, oder sie bilden bezüglich der erklärten Verknüpfung (in diesem Falle bezüglich der Addition) eine* **Gruppe.**

Im vorliegenden Fall gilt noch das Axiom (5):

(5) $\lambda + \mu = \mu + \lambda$ *(kommutatives Gesetz)*; daher gilt

S.4.1 **Satz 4.1:** *Die reellen Zahlen bilden bezüglich der Addition eine kommutative (oder abelsche) Gruppe* (kommutative additive Gruppen werden auch *Moduln* genannt).

Das neutrale Element 0 sowie das entgegengesetzte Element $(-\lambda)$ sind jeweils eindeutig bestimmt.

Auch die Menge $\mathbf{P}$ der rationalen Zahlen und die Menge $\mathbf{K}$ der komplexen Zahlen haben diese Eigenschaften, bilden ebenfalls bezüglich der Addition kommutative Gruppen.

S.4.2 **Satz 4.2:** *Bezüglich der Multiplikation bilden die reellen Zahlen – unter Ausschluß der Zahl Null – ebenfalls eine kommutative oder abelsche Gruppe.*

Die Axiome (1) bis (5) sind offensichtlich für die multiplikative Verknüpfung ebenfalls erfüllt.

Dasselbe gilt für die rationalen und für die komplexen Zahlen.

Für die Verbindung von Multiplikation und Addition gilt für reelle Zahlen das *distributive Gesetz:*

$$(\lambda + \mu)\, v = \lambda v + \mu v.$$

Definition 4.2: *Wenn die Elemente einer Menge bezüglich der Addition und unter* **D.4.2** *Ausschluß des Nullelementes bezüglich der Multiplikation jeweils kommutative Gruppen sind und das distributive Gesetz gilt, so bilden sie einen* **Zahlkörper.**

Satz 4.3: *Die Menge der reellen Zahlen bildet einen Zahlkörper, den Körper R der* **S.4.3** *reellen Zahlen.*

Die Menge **P** der rationalen Zahlen und die Menge **K** der komplexen Zahlen sind natürlich auch Zahlkörper.

V sei eine Menge, deren Elemente die Vektoren **x**, **y**, ... sind. Je zwei Vektoren von V ist eindeutig ein dritter Vektor zugeordnet, den wir als Summe von **x** und **y** bezeichnen wollen. Es gelten folgende Axiome:

(1) $\mathbf{x} + \mathbf{y} = \mathbf{z}$;

(2) $(\mathbf{x} + \mathbf{y}) + \mathbf{z} = \mathbf{x} + (\mathbf{y} + \mathbf{z}) = \mathbf{x} + \mathbf{y} + \mathbf{z}$;

(3) $\mathbf{x} + \mathbf{o} = \mathbf{x}$ (**o** Nullvektor);

(4) $\mathbf{x} + (-\mathbf{x}) = \mathbf{o}$ ($-\mathbf{x}$ entgegengesetzter Vektor);

(5) $\mathbf{x} + \mathbf{y} = \mathbf{y} + \mathbf{x}$.

Die Menge V ist also eine additive kommutative Gruppe, ein Modul.

Die Vektoren des R^2, R^3 oder R^n, mit denen wir in den Kapiteln 1. bis 3. gerechnet haben, genügen selbstverständlich alle diesen Eigenschaften. Die hier dargestellten Eigenschaften gelten für beliebige Vektoren einer wohlbestimmten Menge von Vektoren.

Wir führen jetzt die reellen Zahlen von R als Multiplikatoren in V ein.

Definition 4.3: *In einer additiven kommutativen Gruppe V sei eine Multiplikation* **D.4.3** *mit reellen Zahlen erklärt, die folgenden Gesetzen genügt:*

$$\lambda, \mu \in R; \quad \mathbf{x}, \mathbf{y} \in V;$$

$$1 \cdot \mathbf{x} = \mathbf{x};$$

$$\lambda(\mu\mathbf{x}) = (\lambda\mu)\,\mathbf{x} \quad (Assoziativgesetz);$$

$$\left.\begin{array}{l} \lambda(\mathbf{x} + \mathbf{y}) = \lambda\mathbf{x} + \lambda\mathbf{y} \\ (\lambda + \mu)\,\mathbf{x} = \lambda\mathbf{x} + \mu\mathbf{x} \end{array}\right\} \quad (Distributivgesetze)$$

Dann nennt man V einen **reellen linearen Raum** *oder einen* **linearen Vektorraum** V **über dem Körper der reellen Zahlen** R.

Diese Gesetze sind uns sehr wohl bekannt; wir haben sie bei der Multiplikation eines Vektors mit einem Skalar kennengelernt.

8*

Die Elemente eines jeden anderen Zahlkörpers können ebenfalls als Multiplikatoren eingeführt werden; mit dem Körper C der komplexen Zahlen erhalten wir z. B. einen *komplexen Vektorraum* oder einen *linearen Vektorraum über dem Körper der komplexen Zahlen*. Zunächst erkennen wir, daß die Menge der Vektoren eines zweidimensionalen (euklidischen) Raumes R^2, also der Ebene, genau wie die des R^3 lineare Vektorräume im Sinne der Definition bilden. Aber z. B. bildet auch die Menge P aller Polynome

$$P(x) = a_0 x^n + a_1 x^{n-1} + \ldots + a_{n-1} x + a_n,$$

deren Grad $\leq n$ ist und deren Koeffizienten aus dem Körper R stammen, wenn man diese Polynome beliebig addiert und mit Zahlen aus R multipliziert, einen linearen Vektorraum P über dem reellen Zahlkörper R. Auch die Menge M aller Matrizen vom Format (m, n) bildet, wenn die Elemente aus dem Körper R stammen und die Addition dieser Matrizen sowie deren Multiplikation mit einer Zahl aus R erklärt sind, einen linearen Vektorraum.

Wie sich aus den Distributivgesetzen ergibt, gilt

S.4.4 Satz 4.4: *In einem Vektorraum kann ein Produkt aus Vektor und Zahl nur verschwinden, wenn mindestens einer der Faktoren gleich null ist.*

Wenn zwei Vektorräume V_1 und V_2 über dem Zahlkörper R gegeben sind, dann läßt sich daraus ein neuer Raum V_3 auf folgende Weise konstruieren:

Wenn $\mathbf{x} \in V_1$, $\mathbf{y} \in V_2$ Vektoren sind, dann ist das Vektorpaar $(\mathbf{x}, \mathbf{y})$ ein Vektor aus V_3; für die Vektoren aus V_3 gilt:

$$(\mathbf{x}_1, \mathbf{y}_1) + (\mathbf{x}_2, \mathbf{y}_2) = (\mathbf{x}_1 + \mathbf{x}_2, \mathbf{y}_1 + \mathbf{y}_2)$$

und

$$\lambda(\mathbf{x}_1, \mathbf{y}_1) = (\lambda \mathbf{x}_1, \lambda \mathbf{y}_1);$$

V_3 ist also ein linearer Vektorraum über R.

D.4.4 Definition 4.4: *Wenn* $\mathbf{x} \in V_1$, $\mathbf{y} \in V_2$, *dann ist das Vektorpaar* $(\mathbf{x}, \mathbf{y})$ *Element eines linearen Vektorraumes* V_3, *der das* **kartesische Produkt** *von* V_1 *und* V_2 *genannt wird.*

Nun betrachten wir die Vektoren des linearen Vektorraumes V über dem Zahlkörper R.

D.4.5 Definition 4.5: *Ein Ausdruck der Form*

$$\sum_{i=1}^{p} \lambda_i \mathbf{x}_i = \lambda_1 \mathbf{x}_1 + \lambda_2 \mathbf{x}_2 + \ldots + \lambda_p \mathbf{x}_p$$

wird eine **Linearkombination** *der Vektoren* $\mathbf{x}_i$ ($i = 1, 2, \ldots, p$) *mit* $\mathbf{x}_i \in V$ *und* $\lambda_i \in R$ *genannt.*

Von einer Linearkombination sprechen wir auch dann, wenn alle Koeffizienten verschwinden.

Wir unterscheiden zwei verschiedene Arten solcher Linearkombinationen.

Definition 4.6: *Die Gesamtheit der Vektoren* $\{x_i\}$ $(i = 1, 2, ..., p)$ *heißt* **linear unab-**   **D.4.6**
hängig, *wenn eine Linearkombination der p Vektoren* x_i *nur dann gleich dem Null-*
vektor ist, wenn alle Koeffizienten λ_i *verschwinden.*

Ist dagegen eine der möglichen Linearkombinationen gleich dem Nullvektor, ohne
daß alle Koeffizienten λ_i *gleichzeitig gleich null sind, so nennt man die Gesamtheit der*
Vektoren $\{x_i\}$ $(i = 1, 2, ..., p)$ **linear abhängig** *(vgl. Abschnitt 1.2.7.).*

Zunächst erkennen wir, daß der Nullvektor selbst sich stets als Linearkombination
beliebiger Vektoren darstellen läßt, er ist in jedem Falle von diesen Vektoren linear
abhängig. Ist mindestens ein Vektor aus einer Gesamtheit von Vektoren als Linearkombination der übrigen darstellbar, so sind diese Vektoren linear abhängig; ganz
sicher ist ein System von Vektoren linear abhängig, wenn es den Nullvektor enthält.

Satz 4.5: *Ist ein System von Vektoren linear unabhängig, so ist jedes Teilsystem dieses*   **S.4.5**
Systems wieder linear unabhängig.

Definition 4.7: *Zwei Systeme von Vektoren heißen* **äquivalent,** *wenn sich jeder Vektor*   **D.4.7**
des einen Systems als Linearkombination von Vektoren des anderen Systems darstellen
läßt und umgekehrt.

Die so definierte Äquivalenz hat folgende Eigenschaften: Sie ist *reflexiv*, denn jedes System von
Vektoren ist zu sich selbst äquivalent; sie ist *symmetrisch*, denn wenn das System S_1 dem System S_2
äquivalent ist: $S_1 \cong S_2$, dann ist auch $S_2 \cong S_1$; sie ist *transitiv*, denn wenn $S_1 \cong S_2$ und $S_2 \cong S_3$,
so ist auch $S_1 \cong S_3$.

Das System S_1 von endlich vielen Vektoren x_i $(i = 1, 2, ..., n)$ sei linear unabhängig;
wenn sich alle Vektoren x_i als Linearkombinationen von Vektoren eines Systems S_2
darstellen lassen, dann kann die Anzahl der Elemente von S_2 nicht kleiner als n sein.

Satz 4.6: *Es lassen sich n der Vektoren von* S_2 *durch die n Vektoren* x_i $(i = 1, 2, ..., n)$ **S.4.6**
von S_1 *derart ersetzen, daß das aus* S_2 *hervorgehende System* S_2' *dem ursprünglichen*
System S_1 *äquivalent ist (sog.* **Austauschsatz***).*

Wenn in einem Vektorraum V z. B. maximal n Vektoren x_i $(i = 1, 2, ..., n)$ eine
Menge von linear unabhängigen Vektoren bilden, so kann hier kein linear unabhängiges Teilsystem mehr als n Vektoren enthalten; denn wenn m Vektoren y_i $(i = 1,$
$2, ..., m)$ ein linear unabhängiges Teilsystem bilden, dann brauchen wir nur auf die y_i
und x_i den Austauschsatz anzuwenden, und es ergibt sich $m \leq n$.

Definition 4.8: *Die größtmögliche Anzahl von linear unabhängigen Vektoren einer*   **D.4.8**
Menge von Vektoren nennt man deren **Rang** *(vgl. Abschnitt 3.2. und 3.3.).*

Wie wir wissen, gibt es für $n = 1, 2, 3$ in den zugehörigen Vektorräumen jeweils
maximal 1, 2 oder 3 linear unabhängige Vektoren; dies gilt entsprechend auch für
jeden anderen endlichen Wert von n.

Definition 4.9: *Man bezeichnet die Maximalzahl der linear unabhängigen Vektoren*   **D.4.9**
eines Vektorraumes als **Dimension** *dieses Raumes.*

Die Dimension eines Raumes muß nicht endlich sein; wir wollen uns jedoch auf Räume endlicher Dimension beschränken. Zum Beispiel sind die Grundvektoren

$$\mathbf{e}_1 = \begin{bmatrix} 1 \\ 0 \\ 0 \\ \vdots \\ 0 \end{bmatrix}, \quad \mathbf{e}_2 = \begin{bmatrix} 0 \\ 1 \\ 0 \\ \vdots \\ 0 \end{bmatrix}, \quad \dots, \quad \mathbf{e}_n = \begin{bmatrix} 0 \\ 0 \\ 0 \\ \vdots \\ 1 \end{bmatrix}$$

stets voneinander linear unabhängig. Jeder Vektor $\mathbf{x}$ des Vektorraumes V der Dimension n (wir schreiben auch dim $V = n$) läßt sich in der Form

$$\mathbf{x} = \sum_{i=1}^{n} \lambda_i \mathbf{e}_i$$

darstellen. Diese Vektoren $\mathbf{e}_i$ bilden wie jedes beliebige andere maximale, linear unabhängige System von Vektoren eine *Basis* des Vektorraumes V.

S.4.7 **Satz 4.7:** *Wenn die Vektoren* $\mathbf{e}_i$ *(i = 1, 2, ..., n) eine Basis von V sind, und es sind* $\mathbf{e}_j$ *(j = 1, 2, ..., m, m < n) m voneinander linear unabhängige Vektoren von V, dann können die m Vektoren* $\mathbf{e}_j$ *durch Hinzunahme geeigneter Vektoren* $\mathbf{e}_i$ *zu einer Basis ergänzt werden.*

Die Richtigkeit dieser Aussage ·überlegt man sich folgendermaßen: Die $\mathbf{e}_i$ bilden eine Basis von V; daher können die $\mathbf{e}_j$ aus den $\mathbf{e}_i$ zusammengesetzt werden. Wegen der linearen Unabhängigkeit der $\mathbf{e}_j$ sind m der Vektoren $\mathbf{e}_i$ auf Grund des Austauschsatzes durch die $\mathbf{e}_j$ ersetzbar, so daß das entstehende System linear unabhängiger Vektoren dem System der Vektoren $\mathbf{e}_i$ äquivalent ist. Daher ist das so konstruierte System von Vektoren linear unabhängig, und da die Anzahl seiner Vektoren auch maximal ist, so stellt es eine Basis von V dar. ∎
Schließlich wollen wir noch die Verbindung zu den Überlegungen und Ergebnissen der Abschnitte 3.1. bis 3.3. herstellen und die Behandlung der linearen Abbildungen vorbereiten.
Das lineare Gleichungssystem

$$\mathbf{A}\mathbf{x} = \mathbf{b} \tag{4.1}$$

($\mathbf{A}$ hat das Format (m, n), $\mathbf{x}$ hat das Format $(n, 1)$, $\mathbf{b}$ hat das Format $(m, 1)$) erzeugt einen linearen Vektorraum V der Dimension n (vgl. hierzu Abschnitt 3.1. bis 3.3. und die Beispiele in Abschnitt 3.5. und am Beginn dieses Abschnittes). Wenn die Dimension dieses Vektorraumes mit der Dimension des durch das Gleichungssystem

$$\mathbf{A}\mathbf{x} = \mathbf{o} \tag{4.2}$$

erzeugten Vektorraumes übereinstimmt, so ist das Gleichungssystem (4.1) lösbar (vgl. Satz 3.1).
Das Gleichungssystem (4.2) besitzt in jedem Falle mindestens eine Lösung (vgl. Satz 3.1 und Abschnitt 3.3.1). Die Dimension des Lösungsraumes, also des linearen Vektorraumes H, der durch die Lösungsvektoren $\mathbf{x}^T = (x_1, x_2, \dots, x_n)$ erzeugt wird, sei s; sie hängt ab von der Dimension des durch die Vektoren $\mathbf{a}_{(i)} = (a_{i1}, a_{i2}, \dots, a_{in})$, $i = 1, 2, \dots, m$, erzeugten linearen Vektorraumes K; die Dimension von K ist

$$\dim K = r.$$

Wie wir im Abschnitt 3.5.1. an dem Beispiel im R^3 und den allgemeinen Überlegungen erkennen, ist also

$$\dim V = \dim K + \dim H$$

oder

$$n = r + s.$$

H ist ein Unterraum von V, d. h., H enthält eine Teilmenge der Elemente von V, die selbst die Eigenschaften eines linearen Vektorraumes besitzt, und damit gilt:

Satz 4.8: *Die Dimension r des durch die Vektoren $\mathbf{a}_{(i)} = (a_{i1}, a_{i2}, ..., a_{in})$, $i = 1, 2,$*   **S.4.8**
..., m, erzeugten linearen Vektorraumes K (des Koeffizientenraumes) addiert zur Dimension s des durch die Lösungsvektoren $\mathbf{x}^{\mathrm{T}} = (x_1, x_2, ..., x_n)$ erzeugten linearen Vektorraumes H (des Lösungsraumes) ist gleich der Dimension n des linearen Vektorraumes V, in dem das Gleichungssystem $\mathbf{Ax} = \mathbf{o}$ existiert.

Die Lösungsmenge I von (4.1) hat nicht die Eigenschaften eines linearen Vektorraumes, sondern sie stellt eine lineare Mannigfaltigkeit dar; sie wird erzeugt durch die Gesamtheit der Vektoren von H, also vom Lösungsraum von (4.2) und durch eine spezielle Lösung $\mathbf{x}_0$ von (4.1) (vgl. Satz 3.2), d. h.

$$I = H + \mathbf{x}_0 \quad \text{mit} \quad \mathbf{x}_0 \in K.$$

$\mathbf{x}_0 \in K$ ist Ausdruck der Tatsache, daß $\mathbf{b}$ als Linearkombination der Spaltenvektoren $\mathbf{a}^{(k)}$, $k = 1, 2, ..., n$, darstellbar sein muß, falls (4.1) lösbar ist; dies wird in Abschnitt 4.2. gezeigt.

Eine lineare Mannigfaltigkeit innerhalb eines linearen Vektorraumes V wird erzeugt durch die Elemente eines Unterraumes $H \subset V$ und einen Vektor $\mathbf{x}_0 \in V$. Die Elemente einer linearen Mannigfaltigkeit besitzen i. allg. nicht die Eigenschaften eines linearen Vektorraumes; dennoch ist für eine lineare Mannigfaltigkeit auch der Begriff „Nebenraum" üblich. Nur wenn im besonderen $\mathbf{x}_0 \in H$ gilt, dann ist die durch H und $\mathbf{x}_0$ erzeugte lineare Mannigfaltigkeit ein Unterraum.

4.2.   Lineare Abbildungen und Systeme linearer Gleichungen

Es seien zwei lineare Vektorräume V_1 und V_2 über demselben Koeffizientenkörper K gegeben (unter K soll ein beliebiger kommutativer Zahlkörper verstanden werden). Jedem Vektor $\mathbf{x} \in V_1$ sei ein eindeutig bestimmter Vektor $\mathbf{y} \in V_2$, der Bildvektor von $\mathbf{x}$, zugeordnet, der mit

$$\mathbf{y} = \Phi \mathbf{x}$$

bezeichnet werde. Es sollen für alle $\mathbf{x}_1, \mathbf{x}_2 \in V_1$ und alle $\varkappa \in K$ die Linearitätsbedingungen gelten:

I. $\Phi(\mathbf{x}_1 + \mathbf{x}_2) = \Phi \mathbf{x}_1 + \Phi \mathbf{x}_2$;

II. $\Phi(\varkappa \mathbf{x}_1) = \varkappa(\Phi \mathbf{x}_1)$,

d. h., die Zuordnung Φ hat die Eigenschaften einer linearen Funktion.

Definition 4.10: *Wenn $\mathbf{x} \in V_1$, $\mathbf{y} \in V_2$ und $\mathbf{y} = \Phi \mathbf{x}$ und Φ den Linearitätsbedingungen I*   **D.4.10**
und II genügt, dann heißt Φ eine **lineare Abbildung** *des (linearen) Vektorraumes V_1 in den (linearen) Vektorraum V_2. (Φ wird auch lineare Transformation von V_1 in V_2 genannt.) (Vgl. Def. 8.1, 8.2 und 9.1 im Band 1 dieser Reihe!)*

Φ ist eine Linearform.

Jede lineare Abbildung von V_1 in sich selbst wird **Endomorphismus** genannt. Ist Ψ ebenfalls eine lineare Abbildung von V_1 in V_2, dann gilt

$$(\Phi + \Psi)\,\mathbf{x} = \Phi\mathbf{x} + \Psi\mathbf{x}.$$

Solche Abbildungen werden durch Matrizen dargestellt; wenn z. B. $\mathbf{y}_{(m,1)} = \mathbf{A}_{(m,n)}\mathbf{x}_{(n,1)}$ gilt, dann wird durch $\mathbf{A}$ die lineare Abbildung repräsentiert. In 2.4.4.2. ist die orthogonale Transformation behandelt, die ebenfalls eine lineare Abbildung darstellt.

S.4.9   Satz 4.9: *Die Menge aller linearen Abbildungen $F(V_1, V_2)$ von V_1 in V_2 bildet einen linearen Vektorraum über K; dieser lineare Vektorraum wird mit V_1^* bezeichnet.*

Wenn $\mathbf{x} \in V_1$ und $\mathbf{x}^* \in V_1^*$, dann können wir jedem Vektorpaar $(\mathbf{x}, \mathbf{x}^*)$ ein Element aus K, also einen Skalar zuordnen, den wir mit $\langle \mathbf{x}, \mathbf{x}^* \rangle$ bezeichnen. Für diesen Skalar sollen gelten:

1 a) $\langle \lambda\mathbf{x}_1 + \mu\mathbf{x}_2, \mathbf{x}^* \rangle = \lambda\langle \mathbf{x}_1, \mathbf{x}^* \rangle + \mu\langle \mathbf{x}_2, \mathbf{x}^* \rangle$;

1 b) $\langle \mathbf{x}, \lambda\mathbf{x}_1^* + \mu\mathbf{x}_2^* \rangle = \lambda\langle \mathbf{x}, \mathbf{x}_1^* \rangle + \mu\langle \mathbf{x}, \mathbf{x}_2^* \rangle$;

2a) wenn $\langle \mathbf{x}_1, \mathbf{x}^* \rangle = 0$ für einen Vektor $\mathbf{x}_1 \in V_1$ und für alle Vektoren $\mathbf{x}^* \in V_1^*$, dann ist $\mathbf{x}_1^* = \mathbf{o}$;

2b) wenn $\langle \mathbf{x}, \mathbf{x}_1^* \rangle = 0$ für alle Vektoren $\mathbf{x} \in V_1$ und für einen Vektor $\mathbf{x}_1^* \in V_1^*$, dann ist $\mathbf{x}_1^* = \mathbf{o}$;
hierbei sind λ, μ Elemente aus K, $\mathbf{x}, \mathbf{x}_1, \mathbf{x}_2$ Vektoren aus V_1, $\mathbf{x}^*, \mathbf{x}_1^*, \mathbf{x}_2^*$ Vektoren aus V_1^*.

D.4.11   Definition 4.11: *Die beiden Räume V_1 und V_1^* heißen* **zueinander dual.** *Das Element $\langle \mathbf{x}, \mathbf{x}^* \rangle \in K$ ist das skalare Produkt der Vektoren $\mathbf{x}$ und $\mathbf{x}^*$.*

Wenn nun Φ den Raum V_1 in V_2 und Ψ wiederum V_2 in V_3 abbilden, dann wird durch

$$(\Psi\Phi)\,\mathbf{x} = \Psi\Phi(\mathbf{x})$$

eine lineare Abbildung von V_1 in V_3 erklärt, und zwar durch das „Produkt" $\Psi\Phi$ Dafür gilt

$$(\Psi\Phi)\,\varkappa = \Psi(\varkappa\Phi) = (\varkappa\Psi)\Phi;$$

ferner ist diese Produktbildung assoziativ. (Für die praktische Rechnung ist also eine Multiplikation von Matrizen auszuführen.)

Wird in II. $\varkappa = 0$ gesetzt, so ergibt sich $\Phi\mathbf{o} = \mathbf{o}$; der Nullvektor von V_1 wird demnach in den Nullvektor von V_2 überführt. Das System linear abhängiger Vektoren $\sum\limits_{\nu=1}^{p} \varkappa_\nu\mathbf{x}_\nu = \mathbf{o}$ aus V_1 geht vermittels Φ über in $\sum\limits_{\nu=1}^{p} \Phi(\varkappa_\nu\mathbf{x}_\nu) = \mathbf{o}$, also wiederum in ein System linear abhängiger Vektoren in V_2. Linear unabhängige Vektoren aus V_1 brauchen jedoch nicht in linear unabhängige Vektoren überzugehen; z. B. gibt es eine Abbildung $\Phi = 0$, die sogenannte *Nullabbildung*, die jeden Vektor in den (linear abhängigen) Nullvektor überführt.

Definition 4.12: *Man spricht von* **regulären linearen Abbildungen,** *wenn verschiedenen* **D.4.12**
Vektoren von V_1 auch verschiedene Bildvektoren von V_2 entsprechen.

Der Nullvektor von V_1 ist dann der einzige Vektor von V_1, der in den Nullvektor
von V_2 abgebildet wird; die Umkehrung ist ebenfalls richtig.

Satz 4.10: *Eine reguläre lineare Abbildung führt ein System linear unabhängiger Vek-* **S.4.10**
toren von V_1 in ein System linear unabhängiger Vektoren von V_2 über.

Beweis: Wenn $x_1, x_2, \ldots, x_p$ voneinander linear unabhängig sind und für die
Bildvektoren gilt

$$\sum_{\nu=1}^{p} \varkappa_\nu x_\nu^* = 0^*,$$

d. h. also, der Vektor $x = \sum_{\nu=1}^{p} \varkappa_\nu x_\nu$ geht in den Nullvektor über, dann müßte wegen
der Regularität der Abbildung $\sum_{\nu=1}^{p} \varkappa_\nu x_\nu = 0$, sein, woraus wegen der oben voraus-
gesetzten linearen Unabhängigkeit der x_ν ($\nu = 1, \ldots, p$) folgen würde: $\varkappa_1 = \varkappa_2$
$= \ldots = \varkappa_p = 0$. ∎
Es kann also darüber hinaus gefolgert werden, daß im Falle einer regulären
linearen Abbildung von V_1 in V_2 die Dimension von V_2 mindestens gleich der von V_1
sein muß.

Definition 4.13: *Wenn jeder Vektor $y \in V_2$ Bildvektor eines Vektors von V_1 ist, dann* **D.4.13**
wird V_1 auf V_2 abgebildet; ist diese Abbildung noch regulär, dann wird sie auch **Iso-**
morphismus *genannt.*

Ist Φ eine reguläre lineare Abbildung von V_1 auf V_2, also ein Isomorphismus, dann
ist zu jedem Bildvektor $y \in V_2$ ein Ausgangsvektor $x \in V_1$ bestimmbar, so daß

$$y = \Phi x$$

gilt. Daher kann jedem Vektor $y \in V_2$ auf diese Weise ein Vektor $x \in V_1$ zugeordnet
werden; man erhält eine Abbildung von V_2 auf V_1, die wiederum linear ist und die
wir als inverse lineare Abbildung oder als inversen Isomorphismus Φ^{-1} bezeichnen.

Definition 4.14: *Wenn Φ ein Isomorphismus von V_1 auf V_2 ist, dann ist Φ^{-1} ein Iso-* **D.4.14**
morphismus von V_2 auf V_1 und heißt **inverser Isomorphismus.**
Die beiden linearen Vektorräume V_1 und V_2 heißen dann zueinander isomorph:
$V_1 \leftrightarrow V_2$.

Der Begriff der regulären Matrix erfährt hier eine bedeutungsvolle neue Interpretation.

Satz 4.11: *Isomorphe Räume müssen von gleicher Dimension sein.* **S.4.11**

Die Richtigkeit dieser Aussage erkennt man durch Betrachtung der Transformation der linear unabhängigen Vektoren von V_1 durch den Isomorphismus Φ und
derjenigen von V_2 durch den Isomorphismus Φ^{-1}. Die Umkehrung ist ebenfalls
richtig, d. h., es gilt

S.4.12 Satz 4.12: *Lineare Räume gleicher Dimension sind zueinander isomorph.*

Beweis: Wenn $\{x_\nu\}$, $\{y_\nu\}$, $\nu = 1, 2, \ldots, n$, jeweils Basen in V_1 bzw. V_2 sind, dann gilt für jeden Vektor

$$x \in V_1: x = \sum_{\nu=1}^{n} \xi_\nu x_\nu .$$

Durch $\Phi x = \sum_{\nu=1}^{p} \xi_\nu y_\nu$ ist eine lineare Abbildung von V_1 auf V_2 bestimmt, die regulär i st; denn aus $\Phi x = o$ folgt $\xi_\nu = 0$ ($\nu = 1. \ldots, n$) und damit $x = o$. Also stellt diese lineare Abbildung einen Isomorphismus dar. ∎

Wenn nun Φ eine beliebige lineare Abbildung von V_1 in V_2 ist, dann wollen wir jetzt alle Vektoren $x \in V_1$ betrachten, die in den Nullvektor von V_2 übergehen. **S.4.13** Gehen z. B. x_1 und x_2 in den Nullvektor über, dann gehen auch alle Linearkombinationen $\varkappa_1 x_1 + \varkappa_2 x_2$ in den Nullvektor über. Somit gilt

Satz 4.13: *Die Gesamtheit aller Vektoren* x, $x \in V_1$, *mit* $\Phi x = o$, $o \in V_2$, *bildet einen Unterraum* U_1 *von* V_1, *den* **Kern** *oder den* **Nullraum** *der linearen Abbildung* Φ.

Wenn $x_1, x_k \in V_1$, $x_k \in U_1$, dann gilt $\Phi x_1 = \Phi(x_1 + x_k)$, weil $\Phi x_k = o$ ist. Wird also zu einem Vektor aus V_1 ein Vektor des Kerns addiert, dann ist der Bildvektor der Summe gleich dem Bildvektor des ursprünglichen Vektors.

Wenn $x_1 \neq x_2$, $x_1 \in V_1$, $x_2 \in V_1$ und wenn $\Phi x_1 = \Phi x_2$ gilt, dann unterscheiden sich x_1 und x_2 um einen Vektor des Kerns, d. h. $x_2 = x_1 + x_k$.

Betrachten wir die Bildvektoren, so sind z. B. mit Φx_1 und Φx_2 auch alle Linearkombinationen $\Phi(\varkappa_1 x_1 + \varkappa_2 x_2)$ Bildvektoren, und die Gesamtheit dieser Bildvektoren stellt einen Unterraum von V_2 dar, den sog. Bildraum $\Phi V_1 \subset V_2$. Mit $[\Phi V_1]$ soll die Dimension des Bildraumes bezeichnet werden, und zwar sei

$$[\Phi V_1] = r .$$

D.4.15 Definition 4.15: *Die Dimension des Bildraumes heißt* **Rang** *der linearen Abbildung.*

Wenn $[V_1] = n$, $[V_2] = m$, dann gilt

$$r \leq m \quad \text{und} \quad r \leq n .$$

Wegen $\Phi V_1 \subset V_2$ ist die erste Relation einzusehen; das Gleichheitszeichen gilt für $\Phi V_1 = V_2$, d. h., wenn Φ eine Abbildung von V_1 auf V_2 ist. Wegen $[V_1] = n$ stellt $\{x_\nu\}$ ($\nu = 1, 2, \ldots, n$) eine Basis von V_1 dar; der Bildraum wird dann von den Vektoren Φx_ν ($\nu = 1, 2, \ldots, n$) erzeugt, so daß seine Dimension höchstens gleich n sein kann.

Dann kann also geschrieben werden $r = n - k$, wobei k die Dimension des **Faktorraumes** V_1/U_1 von V_1 nach U_1 ist, der folgendermaßen konstruiert wird:

Wir fassen alle Vektoren zu einer Klasse zusammen, die denselben Bildvektor haben; die Vektoren jeder Klasse sind bezüglich U_1 äquivalent (die Abbildung der Differenz zweier Vektoren einer Klasse liefert den Nullvektor). Jeder Klasse wird das Bild eines beliebigen, als ihren Repräsentanten ausgewählten Vektors – das also Vektor von V_2 ist – zugeordnet. Damit erhält man eine eindeutige Abbildung des Faktorraumes V_1/U_1 in V_2, die linear und regulär ist. Der Bildraum ΦV_1 und der Faktorraum V_1/U_1

sind zueinander isomorph. Der Rang der Abbildung Φ ist genau gleich n, wenn $k = 0$ ist, d. h., wenn Φ regulär ist. Hat V_2 im besonderen dieselbe Dimension wie V_1, d. h. $[V_1] = [V_2] = n$, so handelt es sich um eine Abbildung von V_1 auf V_2. Also gilt

Satz 4.14: *Zwei lineare Vektorräume derselben Dimension werden genau dann durch* S.4.14 *eine lineare Abbildung aufeinander abgebildet, wenn diese Abbildung regulär ist. (Eine derartige Abbildung stellt eine Äquivalenztransformation dar.)*

Wenn nun ein System von m linearen Gleichungen mit n Unbekannten gelöst werden soll, d. h.

$$a_{11}x_1 + a_{12}x_2 + \ldots + a_{1n}x_n = b_1,$$
$$a_{21}x_1 + a_{22}x_2 + \ldots + a_{2n}x_n = b_2,$$
$$\ldots\ldots\ldots\ldots\ldots\ldots\ldots\ldots\ldots\ldots$$
$$a_{m1}x_1 + a_{m2}x_2 + \ldots + a_{mn}x_n = b_m,$$

dann fassen wir zunächst einmal die Koeffizienten spaltenweise zu Vektoren zusammen. Das Gleichungssystem stellt sich folgendermaßen dar:

$$\mathbf{a}^{(1)}x_1 + \mathbf{a}^{(2)}x_2 + \ldots + \mathbf{a}^{(n)}x_n = \mathbf{b}. \tag{4.3}$$

Daraus ergibt sich, daß das obige Gleichungssystem offensichtlich nur Lösungen besitzt, wenn sich der Vektor $\mathbf{b}$ als Linearkombination der Vektoren

$$\mathbf{a}^{(1)}, \mathbf{a}^{(2)}, \ldots, \mathbf{a}^{(n)}$$

darstellen läßt. Das ist genau dann der Fall, wenn der Rang der Vektorsysteme

$$\mathbf{a}^{(1)}, \mathbf{a}^{(2)}, \ldots, \mathbf{a}^{(n)} \quad \text{und} \quad \mathbf{a}^{(1)}, \mathbf{a}^{(2)}, \ldots, \mathbf{a}^{(n)}, \mathbf{b}$$

übereinstimmt. (Diese Ranggleichheit entspricht der Ranggleichheit von Koeffizientenmatrix $[a_{ij}]$ und erweiterter Koeffizientenmatrix $[a_{ij}, b_i]$.) Unter Benutzung des Raumbegriffes läßt sich diese Aussage folgendermaßen formulieren:

Satz 4.15: *Das Gleichungssystem* (4.3) *hat nur dann eine Lösung, wenn der Vektor* $\mathbf{b}$ S.4.15 *in dem von den Vektoren* $\mathbf{a}^{(1)}, \mathbf{a}^{(2)}, \ldots, \mathbf{a}^{(n)}$ *erzeugten Unterraum liegt.*

Man vergleiche hierzu die Beispiele aus 3.1. bis 3.3.

Wir wollen noch einen Schritt weitergehen und den Zusammenhang zwischen linearen Gleichungssystemen und linearen Abbildungen von Vektorräumen herstellen. Wir gehen von zwei linearen Vektorräumen V_1 und V_2 über demselben Koeffizientenkörper K aus; die Dimension von V_1 sei m, die von V_2 sei n; Φ sei eine lineare Abbildung von V_1 in V_2.

Durch $\{\mathbf{x}_i\}$ $(i = 1, 2, \ldots, m)$ und $\{\mathbf{y}_j\}$ $(j = 1, 2, \ldots, n)$ seien je eine Basis aus V_1 und eine aus V_2 gegeben. Dann ist jeder Bildvektor $\Phi\mathbf{x}_i$, eine Linearkombination der Vektoren $\mathbf{y}_j$:

$$\Phi\mathbf{x}_i = \sum_{j=1}^{n} a_{ij}\mathbf{y}_j; \quad i = 1, 2, \ldots, m; \ a_{ij} \in K,$$

ausführlich geschrieben:

$$\Phi\mathbf{x}_1 = a_{11}\mathbf{y}_1 + a_{12}\mathbf{y}_2 + \ldots + a_{1n}\mathbf{y}_n,$$
$$\Phi\mathbf{x}_2 = a_{21}\mathbf{y}_1 + a_{22}\mathbf{y}_2 + \ldots + a_{2n}\mathbf{y}_n,$$
$$\ldots\ldots\ldots\ldots\ldots\ldots\ldots\ldots\ldots\ldots\ldots$$
$$\Phi\mathbf{x}_m = a_{m1}\mathbf{y}_1 + a_{m2}\mathbf{y}_2 + \ldots + a_{mn}\mathbf{y}_n.$$

Ein beliebiger Vektor $\mathbf{x} \in V_1$ ist gegeben durch

$$\mathbf{x} = \sum_{i=1}^{m} \xi_i \mathbf{x}_i;$$

sein Bild ist dann

$$\Phi\mathbf{x} = \sum_{i=1}^{m} \xi_i \Phi\mathbf{x}_i = \sum_{i=1}^{m} \sum_{j=1}^{n} a_{ij}\xi_i \mathbf{y}_j.$$

Das heißt:

S.4.16 **Satz 4.16:** Die *Abbildung Φ ist durch die Koeffizientenmatrix $[a_{ij}]$ vollständig bestimmt.*

Sind $\{\eta_j\}$ $(j = 1, 2, ..., n)$ die Komponenten des Bildvektors in der Basis $\mathbf{y}_j$ $(j = 1, 2, ..., n)$, dann gilt für die Komponenten

$$\eta_j = \sum_{i=1}^{m} a_{ij}\xi_i \quad (j = 1, 2, ..., n)$$

oder

$$\eta_1 = a_{11}\xi_1 + a_{21}\xi_2 + ... + a_{m1}\xi_m,$$
$$\eta_2 = a_{12}\xi_1 + a_{22}\xi_2 + ... + a_{m2}\xi_m,$$
$$\cdots\cdots\cdots\cdots\cdots\cdots\cdots\cdots\cdots$$
$$\eta_n = a_{1n}\xi_1 + a_{2n}\xi_2 + ... + a_{mn}\xi_m;$$

die Koeffizientenmatrix $[a_{ji}]$ ist zur ursprünglichen transponiert.

Ist nun $\mathbf{b} = \sum_{j=1}^{n} \beta_j \mathbf{y}_j$ ein Vektor in V_2, so ist dieser ein Bildvektor, wenn es Lösungen ξ_i $(i = 1, 2, ..., m)$ für das Gleichungssystem

$$\sum_{i=1}^{m} a_{ij}\xi_i = \beta_j$$

gibt; dem letzten Gleichungssystem ist die Vektorgleichung

$$\Phi\mathbf{x} = \mathbf{b}$$

äquivalent.

Die Vektoren des Kerns U_1 lassen sich $(\mathbf{b} = \mathbf{o})$ daher wegen $\Phi\mathbf{x} = \mathbf{o}$ durch das homogene Gleichungssystem

$$\sum_{i=1}^{m} a_{ij}\xi_i = 0$$

charakterisieren. Oben haben wir gesehen, daß eine lineare Abbildung eines m-dimensionalen Raumes in einen n-dimensionalen Raum für $m > n$ nicht regulär sein kann; das heißt für unsere Überlegungen, daß ein homogenes lineares Gleichungssystem von n Gleichungen mit m Unbekannten für $n < m$ stets nichttriviale Lösungen hat.

Wir wollen noch im besonderen den Fall $m = n$ betrachten. Ist die Abbildung regulär, dann ist

$$\Phi V_1 = V_2$$

oder

$$\sum_{i=1} a_{ij}\xi_i = \eta_j; \quad j = 1, 2, ..., n.$$

Wenn das zugehörige homogene System

$$\sum_{i=1}^{n} a_{ij}\xi_i = 0$$

nur die triviale Lösung hat, also

$$\det\,[a_{ij}] \neq 0$$

ist, dann besteht der Kern U_1 der Abbildung nur aus dem Nullvektor. In diesem Falle hat das Gleichungssystem genau eine Lösung.

Zu den Betrachtungen über lineare Gleichungssysteme sei noch folgender Hinweis gestattet:

Die Koeffizienten und absoluten Glieder eines Systems von linearen Gleichungen gehören einem Körper K an; wenn es in diesem Körper K keine Lösungen des Gleichungssystems gibt, so gibt es auch in einem anderen, umfassenderen Körper keine Lösungen. (Auch die sich aus der Betrachtung von zwei linearen Vektorräumen V_1 und V_2 über einem kommutativen Körper K und einer linearen Abbildung Φ und V_1 und V_2 ergebenden diesbezüglichen Überlegungen lassen sich entsprechend formulieren.)

Erweiterungen von K ändern weder den Rang der Koeffizientenmatrix noch den Rang der erweiterten Koeffizientenmatrix. (Im Gegensatz hierzu denke man etwa an die Lösungen einer quadratischen Gleichung

$$ax^2 + bx + c = 0,$$

wenn a, b, c dem Körper der reellen Zahlen angehören, aber die Diskriminante

$$\Delta = b^2 - 4ac < 0$$

ist.)

Aus dem Gesamtgebiet der linearen Algebra sind nur einige einführende Betrachtungen dargestellt worden, hauptsächlich unter dem Gesichtspunkt, die künftigen Ingenieure, Ökonomen, Naturwissenschaftler und Landwirte mit diesen vertraut zu machen und um Voraussetzungen für Anwendungen der linearen Algebra und für eine Einführung in die lineare Optimierung (Bd. 14) und die Tensoralgebra (Bd. 11) zu schaffen. Im Literaturverzeichnis finden sich Hinweise auf einige weiterführende Werke.

4.3. Aufgaben

4.1: Man untersuche, ob die Vektorsysteme

a) $\mathbf{a}_1^\mathrm{T} = (-1, 1)$, $\mathbf{a}_2^\mathrm{T} = (1, 1)$;

b) $\mathbf{a}_1^\mathrm{T} = (-\tfrac{1}{2}, 1, \tfrac{1}{2})$, $\mathbf{a}_2^\mathrm{T} = (1, \tfrac{1}{2}, -\tfrac{1}{2})$, $\mathbf{a}_3^\mathrm{T} = (\tfrac{1}{2}, 0, \tfrac{3}{2})$;

c) $\mathbf{a}_1^\mathrm{T} = (1, 1, 0, 0)$, $\mathbf{a}_2^\mathrm{T} = (0, -1, 1, 0)$, $\mathbf{a}_3^\mathrm{T} = (0, 0, 1, -1)$, $\mathbf{a}_4^\mathrm{T} = (0, 0, 1, 1)$;

d) $\mathbf{a}_1^\mathrm{T} = (1, 0, 0, ..., 0)$, $\mathbf{a}_2^\mathrm{T} = (0, 1, 0, ..., 0)$, ..., $\mathbf{a}_n^\mathrm{T} = (0, 0, ..., 0, 1)$

jeweils Basen eines zwei-, drei-, vier- und n-dimensionalen Vektorraumes darstellen.

4.2: Man prüfe, ob der Nullvektor $\mathbf{o}$ für sich einen linearen Vektorraum darstellt.

4.3: Es ist zu zeigen:

a) Wenn $\mathbf{a}_1$, $\mathbf{a}_2 \in V$ linear unabhängig sind, sind auch $\mathbf{a}_1 + \mathbf{a}_2$ und $\mathbf{a}_1 - \mathbf{a}_2$ linear unabhängig.

b) Wenn $\mathbf{a}_1$, $\mathbf{a}_2$, ..., $\mathbf{a}_r \in V$ linear unabhängig sind, sind auch r beliebige, voneinander verschiedene Linearkombinationen dieser Vektoren linear unabhängig.

* **4.4:** Die Vektoren $a_1^T = (1, -1, 1, -1)$, $a_2^T = (1, -1, -1, 1)$ und $a_3^T = (-1, 1, 1, -1)$ sind durch einen Vektor a_4 zur Basis eines vierdimensionalen Vektorraumes zu ergänzen.

* **4.5:** Es ist nachzuweisen, daß $a_1^T = (-2, 3, 1)$, $a_2^T = (4, 1, 0)$, $a_3^T = (1, -1, 2)$ die Basis eines dreidimensionalen Vektorraumes bilden, und es sind die Koordinaten von $a_4^T = (5, 7, 4)$ bezüglich dieser Basis zu berechnen.

* **4.6:** Welches der Vektorsysteme

$a_1^T = (1, 4, 3, 0)$, $a_2^T = (2, 0, 1, 1)$, $a_3^T = (1, 0, 0, -1)$, $a_4^T = (0, 2, 3, 1)$ bzw. $b_1^T = (2, 1, 0, 1)$,

$b_2^T = (-1, 3, 1, 0)$, $b_3^T = (0, 1, 1, 1)$, $b_4^T = (4, 10, 3, 4)$ bildet eine Basis eines vierdimensionalen Vektorraumes? Der Vektor $a^T = (3, 1, 1, 2)$ ist bezüglich der ermittelten Basen zu zerlegen.

* **4.7:** Man weise nach, daß die Abbildungen

$$\Phi_0 = \begin{bmatrix} 0 & 0 & \dots & 0 \\ 0 & 0 & \dots & 0 \\ \vdots & \vdots & & \vdots \\ 0 & 0 & \dots & 0 \end{bmatrix} \quad \text{und} \quad \Phi_1 = \begin{bmatrix} 1 & 0 & 0 & \dots & 0 \\ 0 & 1 & 0 & \dots & 0 \\ \vdots & \vdots & \vdots & & \vdots \\ 0 & 0 & 0 & \dots & 1 \end{bmatrix}$$

linear sind.

5. Anwendungen der linearen Algebra

5.1. Bilineare und quadratische Formen

Die Menge der reellen Zahlen kann als linearer Vektorraum R aufgefaßt werden; denn die Axiome für einen linearen Vektorraum (vgl. 4.1.) werden von den reellen Zahlen erfüllt. Zum Beispiel ist mit zwei reellen Zahlen ϱ_1 und ϱ_2 auch deren Linearkombination $\alpha_1\varrho_1 + \alpha_2\varrho_2$ in R enthalten. Dann kann ein beliebiger Vektorraum V vermittels der linearen Abbildung Φ auf R abgebildet werden:

$$\Phi: V \to R$$

Eine solche Abbildung ist eine Linearform und genügt den Eigenschaften I und II von 4.2. Man bezeichnet Φ auch als Linearform auf V. Die Gesamtheit $F(V, R)$ aller dieser linearen Abbildungen von V auf R bildet einen linearen Vektorraum über R, nämlich den zu V dualen linearen Vektorraum V^* (vgl. 4.2.).

Wenn V_1 und V_2 zwei lineare Vektorräume über R sind, dann versteht man unter dem Produkt $V_1 \times V_2$ die Menge aller geordneten Paare $(\mathbf{x}_1, \mathbf{x}_2)$ mit $\mathbf{x}_1 \in V_1$ und $\mathbf{x}_2 \in V_2$.

Eine Abbildung

$$\Phi: V_1 \times V_2 \to R$$

heißt eine *Bilinearform* auf dem Raumpaar (V_1, V_2), wenn sie für jedes feste $\mathbf{x}_1 \in V_1$ eine Linearform auf V_2 und für jedes feste $\mathbf{x}_2 \in V_2$ eine Linearform auf V_1 ist. Wenn $\mathbf{x}_1, \mathbf{x}_1' \in V_1$, $\mathbf{x}_2, \mathbf{x}_2' \in V_2$ und $a \in R$, dann gelten

$$\Phi(\mathbf{x}_1 + \mathbf{x}_1', \mathbf{x}_2) = \Phi(\mathbf{x}_1, \mathbf{x}_2) + \Phi(\mathbf{x}_1', \mathbf{x}_2),$$
$$\Phi(\mathbf{x}_1, \mathbf{x}_2 + \mathbf{x}_2') = \Phi(\mathbf{x}_1, \mathbf{x}_2) + \Phi(\mathbf{x}_1, \mathbf{x}_2'),$$
$$\Phi(a\mathbf{x}_1, \mathbf{x}_2) \quad = a\Phi(\mathbf{x}_1, \mathbf{x}_2),$$
$$\Phi(\mathbf{x}_1, a\mathbf{x}_2) \quad = a\Phi(\mathbf{x}_1, \mathbf{x}_2).$$

Führen wir in V_1 und V_2 je eine Basis ein, wobei ξ_i bzw. η_k die zugehörigen Vektorkomponenten sind, dann ist mit beliebigen Koeffizienten $a_{ik} \in R$

$$\Phi(\mathbf{x}_1, \mathbf{x}_2) = \sum_{i,k} a_{ik}\xi_i\eta_k$$

eine Bilinearform auf (V_1, V_2). Und jede Bilinearform läßt sich in dieser Form darstellen.

Wenn $V_1 = V_2 = V$ ist, dann heißt die Abbildung

$$\Phi: V \times V \to R$$

eine Bilinearform auf V.

Sind nun $\mathbf{x}, \mathbf{y} \in V$, dann heißt Φ eine *symmetrische Bilinearform* auf V, wenn

$$\Phi(\mathbf{x}, \mathbf{y}) = \Phi(\mathbf{y}, \mathbf{x})$$

ist. Wenn $\{\mathbf{e}_1, \mathbf{e}_2, ..., \mathbf{e}_n\}$ eine Basis von V ist, also die $\mathbf{e}_i$, $i = 1, 2, ..., n$, voneinander linear unabhängig sind, und ξ_i und η_k sind die Komponenten von $\mathbf{x}$ bzw. $\mathbf{y}$ bezüglich dieser Basis, dann ist

$$\Phi(\mathbf{x}, \mathbf{y}) = \sum_{i=1}^{n} \sum_{k=1}^{n} a_{ik}\xi_i\eta_k$$

mit $a_{ik} = \Phi(\mathbf{e}_i, \mathbf{e}_k)$; $i, k = 1, 2, ..., n$.

Mit $[a_{ik}]_{(n,n)} = A$, $\begin{bmatrix} \xi_1 \\ \xi_2 \\ \vdots \\ \xi_n \end{bmatrix} = x$ und $\begin{bmatrix} \eta_1 \\ \eta_2 \\ \vdots \\ \eta_n \end{bmatrix} = y$ kann die Bilinearform auf V folgendermaßen dargestellt werden:

$$\Phi(x, y) = x^T A y.$$

Diese Bilinearform ist genau dann symmetrisch, wenn die zugehörige Matrix A symmetrisch ist, d. h., wenn gilt $A = A^T$. Zum Beispiel ist das Skalarprodukt

$$\Phi(x, y) = \sum_{i=1}^{2} \xi_i \eta_i$$

eine symmetrische Bilinearform auf R ($V = R$; Basis $e_1 = (1, 0)$, $e_2 = (0, 1)$).

Wenn $\Phi(x, y)$ eine symmetrische Bilinearform auf V ist, dann heißt

$$Q(x) = \Phi(x, x)$$

eine *quadratische Form* auf V. Ausführlich geschrieben:

$$\begin{aligned}
Q(x) = a_{11}x_1^2 &+ 2a_{12}x_1x_2 + 2a_{13}x_1x_3 + \cdots + 2a_{1n}x_1x_n \\
&+ a_{22}x_2^2 + 2a_{23}x_2x_3 + \cdots + 2a_{2n}x_2x_n \\
&\qquad\quad + a_{33}x_3^2 + \cdots + 2a_{3n}x_3x_n \\
&\qquad\qquad\qquad \vdots \qquad\qquad \vdots \\
&\qquad\qquad\qquad\qquad\qquad + a_{nn}x_n^2
\end{aligned}$$

oder in Matrixdarstellung

$$Q(x) = x^T A x.$$

Dabei ist $A^T = A$, und die Matrix A heißt Matrix der quadratischen Form Q. Wir wollen grundsätzlich annehmen, daß $V = R$, also x reell ist; da der Grundkörper über dem der lineare Vektorraum errichtet wird, der reelle Zahlkörper R ist, ist $Q(x)$ eine in den x_i homogene reellwertige Funktion 2. Grades der n Veränderlichen x_i.

Für physikalische und technische Anwendungen (z. B. für die Beschreibung der Energie in mechanischen Systemen) sind solche quadratischen Formen von Bedeutung, die für beliebige reelle Werte der x_i nur positive Werte annehmen oder höchstens gleich null werden, d. h.

wenn $Q(x) \geqq 0$ für $x_i \in R$,

$\quad Q(x) > 0$ für beliebige $x \neq o$ und

$\quad Q(x) = 0$ nur für $x = o$,

dann heißt $Q(x)$ *positiv definit*; wird der Wert 0 auch für $x \neq o$ angenommen und ist sonst $Q(x) > 0$, dann heißt $Q(x)$ *positiv semidefinit*. Die zur Form $Q(x)$ gehörige Matrix A heißt dann ebenfalls *positiv definite* oder *positiv semidefinite Matrix*. Eine positiv definite Matrix ist stets regulär. (Wenn also die Matrix singulär ist, dann kann die zugehörige Form höchstens positiv semidefinit sein.)

Wenn eine symmetrische Matrix A gegeben ist, dann ist die zugehörige quadratische Form $Q(x)$ dann und nur dann positiv definit, wenn die Determinanten Δ_i, $i = 1$, $2, \ldots, n$, alle größer als null (d. h. streng positiv) sind; dabei ist

$$\Delta_1 = a_{11}, \quad \Delta_2 = \det \begin{bmatrix} a_{11} & a_{12} \\ a_{21} & a_{22} \end{bmatrix}, \ldots, \Delta_n = \det A.$$

Eine quadratische Form $Q(x)$ kann durch Ähnlichkeitstransformationen (vgl. 5.2.4., 5.2.5.1. und 5.2.8.1.) oder reelle lineare Transformationen (oder durch geeignete Basiswechsel) so umgeformt werden, daß die Matrix **A** eine Diagonalmatrix wird, die quadratische Form also nur noch quadratische Glieder aufweist (sog. *Reduktion quadratischer Formen*). Besonders bemerkenswert ist die Eigenschaft, daß in der reduzierten Darstellung die Anzahl der positiven Glieder und der negativen Glieder konstant ist, diese Anzahlen also invariant gegenüber den durchgeführten Transformationen sind (*Trägheitsgesetz der quadratischen Formen*).

5.2. Eigenwertprobleme

5.2.1. Aufgabenstellung

Wir betrachten eine quadratische Matrix **A** mit n Zeilen und n Spalten, deren Elemente reelle oder komplexe Zahlen sind. Durch die Multiplikation der Matrix mit einem n-dimensionalen, i. allg. komplexwertigen Vektor **x** entsteht ein neuer n-dimensionaler Vektor **y**, wobei wir unterscheiden müssen, ob die Multiplikation von rechts oder von links durchgeführt wird. Bei Multiplikation von rechts schreiben wir

$$\mathbf{y} = \mathbf{A}\mathbf{x}$$

und bei Multiplikation von links

$$\mathbf{y}^T = \mathbf{x}^T\mathbf{A}.$$

Bei solchen linearen Transformationen

$$\mathbf{x} \to \mathbf{y}$$

tritt bei vielen praktischen und theoretischen Aufgabenstellungen die Frage auf, ob es Vektoren gibt, die bei der Transformation unverändert bleiben oder bei der Transformation in ein Vielfaches ihrer selbst übergehen. Die letztgenannte allgemeinere Fragestellung heißt *Eigenwertaufgabe*.

Die Eigenwertaufgabe wird zunächst für den Fall der *rechtsseitigen Multiplikation* formuliert: Gesucht sind alle (oder nur einige) vom Nullvektor verschiedenen (komplexwertigen) Vektoren **r** und zugehörigen (komplexen) Zahlen λ, so daß

$$\mathbf{A}\mathbf{r} = \lambda\mathbf{r} \tag{5.1}$$

bzw. in ausführlicher Schreibweise

$$\begin{aligned}
a_{11}r_1 + a_{12}r_2 + \ldots + a_{1n}r_n &= \lambda r_1 \\
a_{21}r_1 + a_{22}r_2 + \ldots + a_{2n}r_n &= \lambda r_2 \\
&\cdots \\
a_{n1}r_1 + a_{n2}r_2 + \ldots + a_{nn}r_n &= \lambda r_n
\end{aligned} \tag{5.1$'$}$$

gilt. Solche Vektoren **r** werden *rechtsseitige Eigenvektoren* und die zugehörigen Zahlen λ *Eigenwerte*, *charakteristische Zahlen* oder *charakteristische Wurzeln* der *Matrix* **A** genannt. Man überlegt sich leicht, daß bei dieser Definition der Nullvektor **o** als Eigenvektor ausgeschlossen werden muß. Ohne diese Einschränkung wäre **r** = **o** Eigenvektor jeder Matrix und damit alle reellen Zahlen zugehörige Eigenwerte.

Die Formulierung der Eigenwertaufgabe für die linksseitige Multiplikation lautet: Gesucht sind alle (oder nur einige) vom Nullvektor verschiedenen Vektoren **l**, für die

$$\mathbf{l}^T\mathbf{A} = \mu\mathbf{l}^T \tag{5.2}$$

gilt. Vektoren $\mathbf{l}$, die (5.2) erfüllen, heißen *linksseitige Eigenvektoren* und die zugehörigen Zahlen μ *Eigenwerte*.

Diese Aufgabenstellungen kommen häufig in modifizierter Form vor; z. B. ist oft nur nach den Eigenwerten und nicht nach den Eigenvektoren gefragt (daher auch der Name „*Eigenwertaufgabe*").

Beispiel 5.1: Für

$$A = \begin{bmatrix} 0 & -1 & 0 \\ -1 & -1 & 1 \\ 0 & 1 & 0 \end{bmatrix}, \quad \mathbf{r} = \begin{bmatrix} 1 \\ 2 \\ -1 \end{bmatrix}, \quad \lambda = -2$$

gilt

$$A\mathbf{r} = \begin{bmatrix} -2 \\ -4 \\ 2 \end{bmatrix} = -2 \begin{bmatrix} 1 \\ 2 \\ -1 \end{bmatrix} = -2\mathbf{r}.$$

Der Vektor $\mathbf{r}$ ist also ein Eigenvektor von A und λ der zugehörige Eigenwert. Ersetzen wir in diesem Beispiel den Vektor $\mathbf{r}$ durch den Vektor $\mathbf{s} = 2\mathbf{r}$, so ergibt sich, daß auch $\mathbf{s}$ ein Eigenvektor mit dem Eigenwert $\lambda = -2$ ist:

$$A\mathbf{s} = \begin{bmatrix} -4 \\ -8 \\ 4 \end{bmatrix} = -2 \begin{bmatrix} 2 \\ 4 \\ -2 \end{bmatrix} = -2\mathbf{s}.$$

Diese Eigenschaft gilt offenbar nicht nur für den Faktor 2 und nicht nur für dieses Beispiel, sondern für alle reellen oder komplexen Faktoren $c \neq 0$ und für beliebige Matrizen. *Die Eigenvektoren sind also nur bis auf einen (von null verschiedenen) Faktor eindeutig bestimmt.*

Eine weitere Eigenschaft der Eigenvektoren läßt sich ebenfalls unmittelbar erkennen.

Durch Transponieren von (5.2) erhält man

$$(\mathbf{l}^T A)^T = \mu \mathbf{l}$$

und daraus

$$A^T \mathbf{l} = \mu \mathbf{l}.$$

Die linksseitigen Eigenvektoren einer Matrix A *stimmen also mit den rechtsseitigen Eigenvektoren ihrer transponierten Matrix* A^T *überein, und auch die zugehörigen Eigenwerte sind die gleichen.* Aus diesem Grund genügt es, im weiteren bis auf wenige Ausnahmen nur die Eigenwertaufgabe für rechtsseitige Eigenvektoren zu betrachten. Es wird kurz von *Eigenvektoren* gesprochen, wenn *rechtsseitige Eigenvektoren* gemeint sind und kein Anlaß zu Verwechslungen vorliegt.

5.2.2. Berechnung der Eigenwerte. Charakteristische Gleichung

Die Gleichung (5.1) kann mit Hilfe der Einheitsmatrix E in der Form

$$A\mathbf{r} = \lambda E\mathbf{r}$$

oder

$$(A - \lambda E)\,\mathbf{r} = \mathbf{o} \tag{5.3}$$

geschrieben werden. Dieses lineare homogene Gleichungssystem für r hat genau dann nichttriviale Lösungen $r \neq o$, wenn die Determinante seiner Koeffizientenmatrix gleich null ist, d. h., wenn

$$\det (A - \lambda E) = 0, \tag{5.4}$$

bzw. ausführlich

$$\begin{vmatrix} a_{11} - \lambda & a_{12} & a_{13} \dots a_{1n} \\ a_{21} & a_{22} - \lambda & a_{23} \dots a_{2n} \\ \dots\dots\dots\dots\dots\dots\dots\dots\dots\dots \\ a_{n1} & a_{n2} & a_{n3} \dots a_{nn} - \lambda \end{vmatrix} = 0 \tag{5.4'}$$

gilt. Diese Gleichung heißt *charakteristische Gleichung* der Matrix A. Die in (5.4) auftretende Determinante ergibt bei ihrer Auflösung ein Polynom $p(\lambda)$ n-ten Grades bezüglich λ,

$$p(\lambda) = \det (A - \lambda E), \tag{5.5}$$

das sogenannte *charakteristische Polynom* von A. *Die Eigenwerte für die rechtsseitigen Eigenvektoren sind also die Nullstellen des charakteristischen Polynoms $p(\lambda)$.*

Über die zu den linksseitigen Eigenvektoren gehörigen Eigenwerte μ wissen wir bereits, daß sie mit den zu den rechtsseitigen Eigenvektoren von A^T gehörigen Eigenwerten μ übereinstimmen. Für diese Eigenwerte μ von A^T gilt aber entsprechend (5.5) die charakteristische Gleichung

$$\det (A^T - \mu E) = 0$$

woraus sich nach der Umformung

$$\det (A^T - \mu E) = \det (A - \mu E)^T = \det (A - \mu E)$$

(vgl. 2.4.2.) für die linksseitigen Eigenwerte μ die gleiche charakteristische Gleichung

$$\det (A - \mu E) = 0,$$

wie für die zu den rechtsseitigen Eigenvektoren gehörigen Eigenwerte λ ergibt. Wir fassen die Ergebnisse zusammen:

Satz 5.1: *Die zu den rechtsseitigen Eigenvektoren gehörigen Eigenwerte λ stimmen* **S.5.1** *mit den zu den linksseitigen Eigenvektoren gehörigen Eigenwerten μ überein.*

Satz 5.2: *Die Eigenwerte von A sind die Nullstellen des charakteristischen Polynoms* **S.5.2** $p(\lambda) = \det (A - \lambda E)$.

Mit den Rechenregeln für Determinanten läßt sich die charakteristische Gleichung von A noch genauer beschreiben. Man erhält

$$p(\lambda) = (-1)^n \lambda^n + (-1)^{n-1} \lambda^{n-1}(a_{11} + a_{22} + \dots + a_{nn}) + \dots + \det A$$

und damit die charakteristische Gleichung

$$\lambda^n - \lambda^{n-1} \operatorname{sp} (A) + \dots + (-1)^n \det (A) = 0, \tag{5.6}$$

9*

wobei sp (A), gelesen „*Spur von* A", als Abkürzung für *die Summe der Hauptdiagonalelemente von* A verwendet wird. Nach dem *Wurzelsatz von Vieta*[1]) gilt folglich für die Eigenwerte λ_i

$$\sum_{i=1}^{n} \lambda_i = \text{sp (A)}, \qquad \prod_{i=1}^{n} \lambda_i = \det \text{A}. \tag{5.7}$$

Beispiel 5.2: Gesucht werden die Eigenwerte der Matrix $\text{A} = \begin{bmatrix} 3 & 4 \\ 1 & 3 \end{bmatrix}$.

Das charakteristische Polynom von A ist

$$\begin{vmatrix} 3 - \lambda & 4 \\ 1 & 3 - \lambda \end{vmatrix} = (3 - \lambda)(3 - \lambda) - 4,$$

$$p(\lambda) = \lambda^2 - 6\lambda + 5.$$

Es hat die Nullstellen $\lambda_1 = 1$ und $\lambda_2 = 5$.

Beispiel 5.3: Die Eigenwerte der Matrix

$$\text{A} = \begin{bmatrix} 0 & -1 & 0 \\ -1 & -1 & 1 \\ 0 & 1 & 0 \end{bmatrix}$$

sind zu berechnen. Zunächst bestimmen wir das charakteristische Polynom $p(\lambda) = \det (\text{A} - \lambda\text{E})$, indem wir die Determinante nach ihrer ersten Zeile entwickeln (s. Entwicklungssatz für Determinanten, 2.4.3.)

$$\begin{vmatrix} -\lambda & -1 & 0 \\ -1 & -1 - \lambda & 1 \\ 0 & 1 & -\lambda \end{vmatrix} = -\lambda \begin{vmatrix} -1 - \lambda & 1 \\ 1 & -\lambda \end{vmatrix} - (-1) \begin{vmatrix} -1 & 1 \\ 0 & -\lambda \end{vmatrix}$$

$$= -\lambda((1 + \lambda)\lambda - 1) - (-1)\lambda$$

$$= -\lambda^3 - \lambda^2 + 2\lambda = p(\lambda).$$

Als Nullstellen von $p(\lambda)$ erhält man die drei Eigenwerte von A

$$\lambda_1 = -2, \qquad \lambda_2 = 0, \qquad \lambda_3 = 1.$$

Beispiel 5.4: Wir berechnen die Eigenwerte der Matrix

$$\text{A} = \begin{bmatrix} 0 & -1 & 1 \\ -7 & 0 & 5 \\ -5 & -2 & 5 \end{bmatrix}.$$

Das charakteristische Polynom ergibt sich zu

$$\begin{vmatrix} -\lambda & -1 & 1 \\ -7 & -\lambda & 5 \\ -5 & -2 & 5 - \lambda \end{vmatrix} = -\lambda^3 + 5\lambda^2 - 8\lambda + 4 = p(\lambda).$$

---

[1]) Wenn $x_1, x_2, \ldots, x_n$ Nullstellen des Polynoms $f(x) = x^n + a_1 x^{n-1} + \ldots + a_{n-1} x + a_n$ sind, dann gilt

$$a_1 = -(x_1 + x_2 + \ldots + x_n),$$

$$a_2 = +(x_1 x_2 + x_1 x_3 + \ldots + x_{n-1} x_n),$$

$$\vdots$$

$$a_n = (-1)^n x_1 x_2 \ldots x_n.$$

Hier hat $p(\lambda)$ die Nullstellen

$$\lambda_1 = 1, \quad \lambda_2 = 2, \quad \lambda_3 = 2.$$

Daß dabei $\lambda = 2$ doppelt zu zählen ist, folgt aus der Zerlegung

$$p(\lambda) = -(\lambda - 1)(\lambda - 2)(\lambda - 2).$$

Beispiel 5.5: Wir betrachten die Matrix

$$A = \begin{bmatrix} 5 & 4 \\ -4 & 5 \end{bmatrix}.$$

Das charakteristische Polynom ist

$$\begin{vmatrix} 5 - \lambda & 4 \\ -4 & 5 - \lambda \end{vmatrix} = \lambda^2 - 10\lambda + 41,$$

und seine Nullstellen sind

$$\lambda_1 = 5 + 4i, \quad \lambda_2 = 5 - 4i.$$

Die Eigenwerte reellwertiger Matrizen können auch komplex sein. Da bei reellwertigen Matrizen das charakteristische Polynom stets reelle Koeffizienten hat, treten bei reellwertigen Matrizen komplexe Eigenwerte immer paarweise, d. h. konjugiert komplex auf.

5.2.3. Eigenvektoren

In diesem Abschnitt werden spezielle Eigenschaften der Eigenvektoren, insbesondere Beziehungen zwischen linksseitigen und rechtsseitigen Eigenvektoren und die Berechnung der Eigenvektoren behandelt.

Satz 5.3: *Die zu verschiedenen Eigenwerten gehörigen rechtsseitigen und linksseitigen* **S.5.3** *Eigenvektoren sind zueinander orthogonal.*

Beweis: Wir betrachten einen rechtsseitigen Eigenvektor r mit dem Eigenwert λ und einen linksseitigen Eigenvektor l mit dem Eigenwert μ, wobei $\lambda \neq \mu$ sein soll. Es gilt also

$$Ar = \lambda r,$$
$$l^T A = \mu l^T.$$

Bilden wir in der ersten Gleichung auf beiden Seiten das Skalarprodukt mit l und in der zweiten Gleichung mit r, so erhalten wir

$$l^T Ar = \lambda l^T r,$$
$$l^T Ar = \mu l^T r.$$

Die zweite dieser Gleichungen, von der ersten subtrahiert, ergibt

$$(\lambda - \mu)\, l^T r = 0.$$

Das ist aber wegen $\lambda - \mu \neq 0$ nur dann möglich, wenn

$$l^T r = 0$$

gilt, also l und r orthogonal sind, womit unsere Behauptung bewiesen ist. ∎

Da die linksseitigen Eigenvektoren und Eigenwerte von **A** mit den rechtsseitigen Eigenvektoren und Eigenwerten von $\mathbf{A}^T$ übereinstimmen, kann der Inhalt von Satz 5.3 auch folgendermaßen formuliert werden:

S.5.4 Satz 5.4: *Die zu verschiedenen Eigenwerten gehörigen Eigenvektoren von* **A** *und* $\mathbf{A}^T$ *sind zueinander orthogonal.*

Beispiel 5.6: Für die Matrix **A** von Beispiel 5.4 ist

$$\mathbf{r}_1 = \begin{bmatrix} 2 \\ 1 \\ 3 \end{bmatrix} \text{ mit } \lambda_1 = 1$$

ein Eigenvektor mit zugehörigem Eigenwert, und für $\mathbf{A}^T$ gilt Entsprechendes für

$$\mathbf{r}_2 = \begin{bmatrix} 4 \\ 1 \\ -3 \end{bmatrix} \text{ mit } \lambda_2 = 2.$$

Dies bestätigt man leicht durch Einsetzen in $\mathbf{A}\mathbf{r}_1 = \lambda_1 \mathbf{r}_1$ und $\mathbf{A}^T\mathbf{r}_2 = \lambda_2 \mathbf{r}_2$. Folglich müssen $\mathbf{r}_1$ und $\mathbf{r}_2$ zueinander orthogonal sein, was man auch bestätigt findet:

$$\mathbf{r}_1^T\mathbf{r}_2 = 2 \cdot 4 + 1 \cdot 1 - 3 \cdot 3 = 0.$$

Wir wollen jetzt auf die Berechnung von Eigenvektoren eingehen. Bereits im vorhergehenden Abschnitt wurde festgestellt, daß

$$(\mathbf{A} - \lambda\mathbf{E})\,\mathbf{r} = \mathbf{o} \tag{5.3}$$

ein lineares homogenes Gleichungssystem für $\mathbf{r}$ bzw. für die Komponenten $r_1, ..., r_n$ von $\mathbf{r}$ ist. Dieses Gleichungssystem hat die Gestalt

$$\begin{aligned}
(a_{11} - \lambda)\,r_1 + a_{12}r_2 + ... + a_{1n}r_n &= 0 \\
a_{21}r_1 + (a_{22} - \lambda)\,r_2 + ... + a_{2n}r_n &= 0 \\
&\cdots \\
a_{n1}r_1 + a_{n2}r_2 + ... + (a_{nn} - \lambda)\,r_n &= 0.
\end{aligned} \tag{5.3'}$$

Die Erfüllung dieses Gleichungssystems durch eine nichttriviale Lösung ist gewährleistet, falls λ ein Eigenwert, also eine Nullstelle des charakteristischen Polynoms ist. Man hat folglich zuerst λ zu berechnen, dann λ in das Gleichungssystem (5.3') einzusetzen und schließlich die Lösung $r_1, ..., r_n$ von (5.3') zu bestimmen. Bei der Lösung von (5.3') ist besonders zu beachten, daß die Koeffizientendeterminante (5.4') von (5.3') gleich null und deshalb *mindestens* eine Gleichung linear abhängig ist. Deshalb ist *mindestens* eine der Unbekannten $r_1, ..., r_n$ frei wählbar. Mit dem Begriff des Ranges $R(\mathbf{A})$ einer Matrix **A** läßt sich die Anzahl der linear abhängigen Gleichungen bzw. der frei wählbaren Unbekannten angeben (vgl. 3.1.); sie ist gleich dem sogenannten „Rangabfall" $n - R(\mathbf{A} - \lambda\mathbf{E})$. Dies ist gleichzeitig auch die Anzahl der voneinander linear unabhängigen Lösungsvektoren des Gleichungssystems. Wir halten das für die Eigenvektoren resultierende Ergebnis im folgenden Satz fest.

S.5.5 Satz 5.5: *Die Anzahl der zu einem Eigenwert λ gehörigen linear unabhängigen Eigenvektoren ist*

$$n - R(\mathbf{A} - \lambda\mathbf{E}). \tag{5.8}$$

Ohne Beweis geben wir einen Sachverhalt an, der etwas über den Zusammenhang zwischen der Vielfachheit eines Eigenwertes und der Zahl der dazu maximal existierenden linear unabhängigen Eigenvektoren aussagt:

Satz 5.6: *Die durch (5.8) gegebene Zahl der zu einem Eigenwert λ gehörigen linear* **S.5.6** *unabhängigen Eigenvektoren ist nicht größer als die algebraische Vielfachheit des Eigenwertes.*

(Im Beispiel 5.4 hat der Eigenwert $\lambda = 2$ die algebraische Vielfachheit 2.)

Zu einem einfachen Eigenwert λ gibt es folglich genau einen Eigenvektor, abgesehen von den Eigenvektoren, die man erhält, wenn man den einen Eigenvektor mit einer von null verschiedenen Zahl multipliziert. Denn wegen $\det(\mathbf{A} - \lambda\mathbf{E}) = 0$ ist das Gleichungssystem (5.3) nichttrivial lösbar, und es gibt also mindestens einen Eigenvektor; andererseits schließt Satz 5.6 aus, daß es mehr als einen Eigenvektor gibt. *Hat eine Matrix nur einfache Eigenwerte, so gibt es insgesamt n Eigenvektoren, nämlich zu jedem der n Eigenwerte einen. Diese n Eigenvektoren sind linear unabhängig*, was wir am Ende dieses Abschnitts beweisen werden. Durch diese Eigenschaft, n linear unabhängige Eigenvektoren zu besitzen, ist eine wichtige Klasse von Matrizen gekennzeichnet, die sogenannten *diagonalähnlichen Matrizen*, mit denen wir uns in Abschnitt 5.2.5.1. ausführlicher befassen werden. Es kann aber vorkommen, daß es beispielsweise zu einem zweifachen Eigenwert nur einen Eigenvektor gibt. Ein solcher Fall liegt in dem unten angegebenen Beispiel 5.9 vor. Die Matrix hat dann weniger als n linear unabhängige Eigenvektoren.

Um zwei Eigenvektoren sofort ansehen zu können, ob sie kollinear sind, d. h. sich nur um einen Faktor unterscheiden, führt man eine Normierungsvorschrift ein (dafür liegen natürlich noch wesentlichere, z. B. rechentechnische Gründe vor). Dazu bieten sich viele Möglichkeiten an. Die verbreitetsten Normierungsvorschriften sind

1) $\qquad \sqrt{|r_1|^2 + |r_2|^2 + \dots + |r_n|^2} = 1,$

2) $\qquad \max_{i=1,\dots,n} |r_i| = 1,$

3) $\qquad |r_1| + |r_2| + \dots + |r_n| = 1.$

Wir wählen die erste Möglichkeit: *Die euklidische Länge der normierten Eigenvektoren soll stets eins sein.*

Beispiel 5.7: Wir bestimmen die Eigenvektoren der Matrix **A** aus Beispiel 5.2. Die Eigenwerte von **A** sind bereits bekannt,

$$\lambda_1 = 1, \qquad \lambda_2 = 5.$$

Die beiden Komponenten des zu λ_1 gehörigen Eigenvektors $\mathbf{r}_1$ bezeichnen wir mit r_{11} und r_{21}:

$$\mathbf{r}_1 = \begin{bmatrix} r_{11} \\ r_{21} \end{bmatrix}.$$

Das lineare Gleichungssystem (5.3') lautet dann

$$2r_{11} + 4r_{21} = 0,$$

$$r_{11} + 2r_{21} = 0.$$

Diese Gleichungen sind voneinander linear abhängig. Wir können also eine der beiden Unbekannten beliebig wählen. Setzen wir $r_{21} = 1$, so erhalten wir aus der zweiten Gleichung $r_{11} = -2$, also

$$\mathbf{r}_1 = \begin{bmatrix} -2 \\ 1 \end{bmatrix} \text{ und normiert: } \mathbf{r}_1^{(n)} = \begin{bmatrix} -2/\sqrt{5} \\ 1/\sqrt{5} \end{bmatrix}.$$

Für den Eigenwert $\lambda_2 = 5$ ergibt sich bei gleicher Bezeichnungsweise das Gleichungssystem

$$-2r_{12} + 4r_{22} = 0,$$
$$r_{12} - 2r_{22} = 0.$$

Wir wählen $r_{22} = 1$ und erhalten damit $r_{12} = 2$, also

$$\mathbf{r}_2 = \begin{bmatrix} 2 \\ 1 \end{bmatrix} \text{ und normiert: } \mathbf{r}_2^{(n)} = \begin{bmatrix} 2/\sqrt{5} \\ 1/\sqrt{5} \end{bmatrix}.$$

Daß $\mathbf{r}_1$ und $\mathbf{r}_2$ linear unabhängig sind, kann leicht nachgeprüft werden (vgl. 1.2.7.):

$$|\mathbf{r}_1, \mathbf{r}_2| = \begin{vmatrix} -2 & 2 \\ 1 & 1 \end{vmatrix} = -2 - 2 = -4 \neq 0.$$

Beispiel 5.8: Dieses Beispiel zeigt, daß auch beim Auftreten mehrfacher Eigenwerte ein System von n linear unabhängigen Eigenvektoren existieren kann. Die Matrix

$$\mathbf{A} = \begin{bmatrix} -4 & -3 & 3 \\ 2 & 3 & -6 \\ -1 & -3 & 0 \end{bmatrix}$$

hat das charakteristische Polynom

$$\det(\mathbf{A} - \lambda\mathbf{E}) = -(\lambda + 3)(\lambda + 3)(\lambda - 5)$$

und folglich die Eigenwerte

$$\lambda_1 = -3, \quad \lambda_2 = -3, \quad \lambda_3 = 5.$$

Wir bezeichnen die Komponenten der zu $\lambda_1 = -3$ gehörigen Eigenvektoren mit r_{11}, r_{21}, r_{31}. Das Gleichungssystem (5.3') hat dann die Form

$$-r_{11} - 3r_{21} + 3r_{31} = 0.$$
$$2r_{11} + 6r_{21} - 6r_{31} = 0, \tag{*}$$
$$-r_{11} - 3r_{21} + 3r_{31} = 0.$$

In diesem Gleichungssystem sind offenbar zwei Gleichungen von der dritten linear abhängig, es gilt $R(\mathbf{A} - \lambda\mathbf{E}) = 1$. Damit ist nach Satz 5.5 die Zahl der zum Eigenwert $\lambda_1 = -3$ gehörigen linear unabhängigen Eigenvektoren gleich

$$n - R(\mathbf{A} - \lambda\mathbf{E}) = 3 - 1 = 2.$$

Diese Eigenvektoren sind wegen der jetzt möglichen freien Wahl von zwei Komponenten auch bei Normierung nicht eindeutig bestimmt. Um den ersten Eigenvektor zu erhalten, wählen wir

$$r_{21} = 1, \quad r_{31} = 0$$

und erhalten damit aus dem Gleichungssystem $r_{11} = -3$, womit der erste Eigenvektor

$$\mathbf{r}_1 = \begin{bmatrix} -3 \\ 1 \\ 0 \end{bmatrix} \text{ und normiert: } \mathbf{r}_1^{(n)} = \begin{bmatrix} -3/\sqrt{10} \\ 1/\sqrt{10} \\ 0 \end{bmatrix}$$

ist. Um zum gleichen Eigenwert $\lambda_1 = -3$ einen zweiten, von diesem linear unabhängigen Eigenvektor $\mathbf{r}_2$ zu erhalten, müssen wir das Gleichungssystem mit den gleichen Koeffizienten wie (*), jedoch mit den Komponenten r_{12}, r_{22}, r_{32} verwenden; wir setzen jetzt

$$r_{22} = 0, \quad r_{32} = 1,$$

woraus nach Einsetzen in das Gleichungssystem $r_{12} = 3$ folgt, also

$$r_2 = \begin{bmatrix} 3 \\ 0 \\ 1 \end{bmatrix} \quad \text{und normiert: } r_2^{(n)} = \begin{bmatrix} 3/\sqrt{10} \\ 0 \\ 1/\sqrt{10} \end{bmatrix}.$$

Daß sich r_1 und r_2 nicht etwa nur um einen Faktor unterscheiden, ist offensichtlich; sie sind also linear unabhängig. Für die Berechnung des Eigenvektors zu $\lambda_2 = 5$ erhält man das Gleichungssystem

$$-9r_{13} - 3r_{23} + 3r_{33} = 0,$$
$$2r_{13} - 2r_{23} - 6r_{33} = 0,$$
$$-r_{13} - 3r_{23} - 5r_{33} = 0.$$

Da $\lambda_2 = 5$ ein einfacher Eigenwert ist, wissen wir bereits, daß es nur einen linear unabhängigen Eigenvektor gibt, das Gleichungssystem den Rang 2 hat und folglich nur eine Komponente beliebig gewählt werden kann. Wir wählen $r_{33} = 1$ und erhalten aus den ersten beiden Gleichungen das inhomogene Gleichungssystem

$$-9r_{13} - 3r_{23} = -3,$$
$$2r_{13} - 2r_{23} = 6$$

mit der Lösung $r_{13} = 1$, $r_{23} = -2$. Der dritte Eigenvektor lautet also

$$r_3 = \begin{bmatrix} 1 \\ -2 \\ 1 \end{bmatrix} \quad \text{und normiert: } r_3^{(n)} = \begin{bmatrix} 1/\sqrt{6} \\ -2/\sqrt{6} \\ 1/\sqrt{6} \end{bmatrix}.$$

Das System der Eigenvektoren r_1, r_2, r_3 ist linear unabhängig, denn die aus diesen Vektoren gebildete Determinante

$$|r_1, r_2, r_3| = \begin{vmatrix} -3 & 3 & 1 \\ 1 & 0 & -2 \\ 0 & 1 & 1 \end{vmatrix} = -8$$

ist von null verschieden.

Beispiel 5.9: An der Matrix A von Beispiel 5.4 werden wir sehen, daß es zu einem Eigenwert weniger linear unabhängige Eigenvektoren geben kann, als seine algebraische Vielfachheit beträgt. Die Eigenwerte von **A** sind

$$\lambda_1 = 1, \quad \lambda_2 = 2, \quad \lambda_3 = 2.$$

Die Berechnung des zum einfachen Eigenwert $\lambda_1 = 1$ gehörigen Eigenvektors erfolgt wie im vorangegangenen Beispiel aus einem linearen homogenen Gleichungssystem vom Range 2. Nach Wahl von $r_{31} = 3$ erhält man die Lösung $r_{11} = 2$, $r_{21} = 1$, also

$$r_1 = \begin{bmatrix} 2 \\ 1 \\ 3 \end{bmatrix} \quad \text{und normiert: } r_1^{(n)} = \begin{bmatrix} 2/\sqrt{14} \\ 1/\sqrt{14} \\ 3/\sqrt{14} \end{bmatrix}.$$

Für den Eigenwert $\lambda_2 = 2$ hat das System (5.3') die Gestalt

$$-2r_{12} - r_{22} + r_{32} = 0,$$
$$-7r_{12} - 2r_{22} + 5r_{32} = 0,$$
$$-5r_{12} - 2r_{22} + 3r_{32} = 0.$$

Die Koeffizientenmatrix dieses Systems hat den Rang 2, denn es gibt zweireihige Unterdeterminanten, die von null verschieden sind, beispielsweise gilt für die Unterdeterminante A_{33}

$$\begin{vmatrix} -2 & -1 \\ -7 & -2 \end{vmatrix} = -3.$$

Nach (5.8) gibt es zum Eigenwert $\lambda_2 = 2$ also nur einen linear unabhängigen Eigenvektor. Wir erhalten ihn, wenn wir eine der Komponenten frei wählen und in das Gleichungssystem einsetzen. Wir wählen $r_{22} = 1$ und erhalten als Lösung des resultierenden Gleichungssystems $r_{12} = -1, r_{32} = -1$. Der einzige zu $\lambda_2 = 2$ existierende Eigenvektor (abgesehen von seinen Vielfachen) lautet also

$$\mathbf{r}_2 = \begin{bmatrix} -1 \\ 1 \\ -1 \end{bmatrix} \quad \text{und normiert: } \mathbf{r}_2^{(n)} = \begin{bmatrix} -1/\sqrt{3} \\ 1/\sqrt{3} \\ -1/\sqrt{3} \end{bmatrix}.$$

Mithin hat die Matrix **A** nur zwei linear unabhängige Eigenvektoren.

Beispiel 5.10: Sind die Eigenwerte einer Matrix **A** komplexwertig, so müssen wegen $\mathbf{Ar} = \lambda\mathbf{r}$ bei reeller Matrix **A** auch die entsprechenden Eigenvektoren komplexwertig sein. *Da die bisher für die Bestimmung der Eigenvektoren angegebenen Regeln aus der Lösungstheorie der linearen Gleichungssysteme abgeleitet wurden und diese Theorie auch für Gleichungssysteme mit komplexen Koeffizienten gültig ist, können wir Eigenvektoren für komplexe Eigenwerte (und ganz allgemein Eigenvektoren komplexer Matrizen) nach den gleichen Regeln wie bisher berechnen.* Wir haben dabei nur die besonderen Rechenregeln der komplexen Zahlen untereinander zu beachten.

Wir wollen die Eigenwerte und Eigenvektoren der Matrix

$$\mathbf{A} = \begin{bmatrix} 5 & 4 \\ -5 & -3 \end{bmatrix}$$

berechnen. Das charakteristische Polynom

$$\begin{vmatrix} 5 - \lambda & 4 \\ -5 & -3 - \lambda \end{vmatrix} = \lambda^2 - 2\lambda + 5$$

hat die konjugiert komplexen Nullstellen

$$\lambda_1 = 1 + 2i, \qquad \lambda_2 = 1 - 2i.$$

Das Gleichungssystem für die Komponenten r_{11} und r_{21} des zu λ_1 gehörigen Eigenvektors $\mathbf{r}_1$ lautet

$$(4 - 2i)\,r_{11} + 4r_{21} = 0,$$
$$-5r_{11} - (4 + 2i)\,r_{21} = 0.$$

Sein Rang ist eins, denn die zweite Gleichung geht durch Multiplikation mit $-1 - i/2$ aus der ersten Gleichung hervor. Wählen wir $r_{21} = 5$, so folgt aus der zweiten Gleichung $r_{11} = -4 - 2i$, der erste Eigenvektor ist also

$$\mathbf{r}_1 = \begin{bmatrix} -4 - 2i \\ 5 \end{bmatrix}.$$

Entsprechend erhält man durch das Gleichungssystem

$$(4 + 2i)\,r_{12} + 4r_{22} = 0,$$
$$-5r_{12} - (4 - 2i)\,r_{22} = 0$$

den zu λ_2 gehörigen Eigenvektor

$$\mathbf{r}_2 = \begin{bmatrix} -4 + 2i \\ 5 \end{bmatrix}.$$

Nach diesen Beispielen wollen wir nach dem Grade der Unbestimmtheit bzw. Bestimmtheit der Eigenvektoren fragen. Wir haben bereits erkannt, daß jeder Eigenvektor nur bis auf einen allen Komponenten gemeinsamen Faktor genau bestimmbar ist, daß also *jedes von null verschiedene Vielfache eines zu einem Eigenwert λ gehörigen Eigenvektors wieder ein Eigenvektor zum gleichen Eigenwert λ ist.* Diese Regel gilt in allgemeinerer Form auch für den Fall, daß aus zum gleichen Eigenwert λ gehörigen Eigenvektoren Linearkombinationen gebildet werden.

Wir nehmen an, $\mathbf{r}_1, \mathbf{r}_2, ..., \mathbf{r}_m$ seien Eigenvektoren zum gleichen Eigenwert λ, es gelte also

$$\mathbf{A}\mathbf{r}_k = \lambda\mathbf{r}_k, \qquad \mathbf{r}_k \neq \mathbf{o} \quad \text{für} \quad k = 1, 2, ..., m.$$

Aus den Eigenvektoren $\mathbf{r}_k$ bilden wir mit den Zahlen $c_1, c_2, ..., c_m$, von denen mindestens eine ungleich null sein muß, die Linearkombination

$$\mathbf{r} = c_1\mathbf{r}_1 + c_2\mathbf{r}_2 + ... + c_m\mathbf{r}_m. \tag{5.9}$$

Für den so gebildeten Vektor $\mathbf{r}$ gilt nun

$$\begin{aligned}
\mathbf{A}\mathbf{r} &= \mathbf{A}(c_1\mathbf{r}_1) + \mathbf{A}(c_2\mathbf{r}_2) + ... + \mathbf{A}(c_m\mathbf{r}_m) \\
&= c_1\mathbf{A}\mathbf{r}_1 + c_2\mathbf{A}\mathbf{r}_2 + ... + c_m\mathbf{A}\mathbf{r}_m \\
&= c_1\lambda\mathbf{r}_1 + c_2\lambda\mathbf{r}_2 + ... + c_m\lambda\mathbf{r}_m \\
&= \lambda(c_1\mathbf{r}_1 + c_2\mathbf{r}_2 + ... + c_m\mathbf{r}_m) \\
&= \lambda\mathbf{r}.
\end{aligned}$$

Der Vektor $\mathbf{r}$ ist demnach auch wieder ein Eigenvektor zum Eigenwert λ, falls er nicht gerade der Nullvektor ist. Wir fassen zusammen:

Satz 5.7: *Jede vom Nullvektor verschiedene Linearkombination von Eigenvektoren, die alle zum gleichen Eigenwert λ gehören, ist wieder ein Eigenvektor zum Eigenwert λ.* S.5.7

Durch eine solche Linearkombination entsteht aber stets ein von den zur Linearkombination herangezogenen Eigenvektoren *linear abhängiger Eigenvektor.* Man kann also von einem bekannten System linear unabhängiger Eigenvektoren durch Linearkombination seiner Vektoren nicht zu einem umfassenderen linear unabhängigen System gelangen.

Der folgende Satz gibt Aufschluß über die lineare Unabhängigkeit von Eigenvektoren, die zu verschiedenen Eigenwerten gehören.

Satz 5.8: *Sind λ_k ($k = 1, 2, ..., m$) paarweise voneinander verschiedene Eigenwerte und $\mathbf{r}_k$ ($k = 1, 2, ..., m$) zugehörige Eigenvektoren, so ist das System der Eigenvektoren $\{\mathbf{r}_1, \mathbf{r}_2, ..., \mathbf{r}_m\}$ linear unabhängig.* S.5.8

Beweis: Wir müssen zeigen, daß die Vektorgleichung

$$c_1\mathbf{r}_1 + c_2\mathbf{r}_2 + ... + c_m\mathbf{r}_m = \mathbf{o} \tag{5.10}$$

nur gilt, wenn alle Koeffizienten c_i verschwinden. Durch Multiplikation beider Seiten dieser Gleichung von links mit $\mathbf{A}$ folgt

$$c_1\lambda_1\mathbf{r}_1 + c_2\lambda_2\mathbf{r}_2 + ... + c_m\lambda_m\mathbf{r}_m = \mathbf{o}. \tag{5.11}$$

Multiplizieren wir nun Gleichung (5.10) mit λ_1 und subtrahieren sie dann von (5.11), so erhalten wir

$$c_2(\lambda_2 - \lambda_1)\,\mathbf{r}_2 + c_3(\lambda_3 - \lambda_1)\,\mathbf{r}_3 + \dots + c_m(\lambda_m - \lambda_1)\,\mathbf{r}_m = \mathbf{o}. \tag{5.12}$$

Die gleichen Operationen, die wir mit Gleichung (5.10) vorgenommen haben, wiederholen wir nun mit Gleichung (5.12), nur mit dem Unterschied, daß wir zur zweiten Multiplikation nicht λ_1, sondern λ_2 verwenden. Es ergibt sich dann

$$c_3(\lambda_3 - \lambda_1)\,(\lambda_3 - \lambda_2)\,\mathbf{r}_3 + \dots + c_m(\lambda_m - \lambda_1)\,(\lambda_m - \lambda_2)\,\mathbf{r}_m = \mathbf{o}.$$

Diese Operationen können wir offenbar fortsetzen, bis zuletzt

$$c_m(\lambda_m - \lambda_1)\,(\lambda_m - \lambda_2)\dots(\lambda_m - \lambda_{m-1})\,\mathbf{r}_m = \mathbf{o}$$

entsteht. Da alle λ_k voneinander verschieden sind und $\mathbf{r}_m \neq \mathbf{o}$ ist, läßt diese Gleichung nur den Schluß

$$c_m = 0$$

zu. Durch Umnumerierung in (5.10) und gleiches Vorgehen können wir auch das Verschwinden jedes anderen Koeffizienten c_k zeigen. Es gilt also

$$c_1 = c_2 = \dots = c_m = 0,$$

womit der Satz bewiesen ist. ■
   Der eben dargestellte Sachverhalt läßt eine wichtige Folgerung für den Spezialfall einer Matrix mit nur einfachen Eigenwerten zu. *Die zu den n einfachen Eigenwerten λ_k ($k = 1, \dots, n$) gehörigen Eigenvektoren $\mathbf{r}_k$ bilden nach Satz 5.8 ein linear unabhängiges Vektorsystem, also eine Basis des komplexen Vektorraumes C^n.*

5.2.4.   Ähnlichkeitstransformationen

Wir wenden uns jetzt wieder der durch die Matrix $\mathbf{A}$ im Raume R^n vermittelten linearen Abbildung

$$\mathbf{y} = \mathbf{A}\mathbf{x} \tag{5.13}$$

zu. Es soll zunächst untersucht werden, wie diese Abbildung zu beschreiben ist, wenn man bezüglich der Darstellung der Vektoren $\mathbf{x}$ und $\mathbf{y}$ zu einem anderen Koordinatensystem übergeht.
   Verwenden wir statt des „alten" Koordinatensystems mit den Grundvektoren

$$\mathbf{e}_1 = \begin{bmatrix} 1 \\ 0 \\ \vdots \\ 0 \end{bmatrix},\ \mathbf{e}_2 = \begin{bmatrix} 0 \\ 1 \\ \vdots \\ 0 \end{bmatrix},\ \dots,\ \mathbf{e}_n = \begin{bmatrix} 0 \\ 0 \\ \vdots \\ 1 \end{bmatrix}$$

das „neue" Koordinatensystem mit den linear unabhängigen Grundvektoren

$$\mathbf{c}_1 = \begin{bmatrix} c_{11} \\ c_{21} \\ \vdots \\ c_{n1} \end{bmatrix},\ \ \mathbf{c}_2 = \begin{bmatrix} c_{12} \\ c_{22} \\ \vdots \\ c_{n2} \end{bmatrix},\ \dots,\ \mathbf{c}_n = \begin{bmatrix} c_{1n} \\ c_{2n} \\ \vdots \\ c_{nn} \end{bmatrix}$$

(Darstellung im alten Koordinatensystem), so bestehen zwischen den Darstellungen x, y im alten Koordinatensystem und x', y' im neuen Koordinatensystem die Beziehungen

$$x = Cx', \qquad y = Cy', \tag{5.14}$$

wobei C die spaltenweise aus den neuen Koordinateneinheitsvektoren c_1, ..., c_n gebildete Matrix ist. Wir sind damit in der Lage, die im alten Koordinatensystem durch (5.13) vermittelte Abbildung $x \to y$ auch im neuen Koordinatensystem als Abbildung $x' \to y'$ durch eine Multiplikation „Matrix mal Vektor", also

$$y' = Bx'$$

beschreiben zu können. Um B zu ermitteln, setzen wir die Darstellungen (5.14) in (5.13) ein und erhalten

$$Cy' = ACx',$$
$$y' = C^{-1}ACx'.$$

Die gesuchte Matrix B hat demnach die Gestalt

$$B = C^{-1}AC. \tag{5.15}$$

Durch die Änderung des Koordinatensystems werden sowohl die Vektoren als auch die Matrizen einer Transformation unterworfen.

Definition 5.1: *Die durch (5.15) beschriebene Matrizenoperation $A \to B$ heißt Ähnlichkeitstransformation; zwei durch eine solche Ähnlichkeitstransformation verknüpfte Matrizen A, B heißen ähnliche Matrizen.* D.5.1

Bevor wir uns wieder den Eigenwertproblemen zuwenden, halten wir noch *die bei einer Ähnlichkeitstransformation vorliegende Dualität* fest. Aus (5.15) folgt durch Auflösung nach A

$$A = CBC^{-1} \tag{5.16}$$

und, wenn wir $F = C^{-1}$ setzen,

$$A = F^{-1}BF.$$

Es geht also auch A durch Ähnlichkeitstransformation aus B hervor, und zwar durch Transformation mit der zu C inversen Matrix C^{-1}. Es ist noch zu bemerken, daß eigentlich erst durch diese Feststellung die oben eingeführte Bezeichnung „A und B sind ähnlich" gerechtfertigt wird.

Für die Eigenwerte und Eigenvektoren von ähnlichen Matrizen gelten grundlegende Beziehungen, die häufig bei theoretischen und praktischen Problemen (z. B. in der Geometrie und in der Rechentechnik) als Hilfsmittel benutzt werden.

Satz 5.9: *Ähnliche Matrizen haben die gleichen Eigenwerte.* S.5.9

Beweis: Es sei λ ein Eigenwert und r ein Eigenvektor der Matrix A, und die Matrix B sei durch die Ähnlichkeitstransformation (5.15) aus A hervorgegangen. Dann gelten für den Vektor

$$s = C^{-1}r$$

die Beziehungen

$$\mathbf{Bs} = \mathbf{C}^{-1}\mathbf{ACC}^{-1}\mathbf{r} = \mathbf{C}^{-1}\mathbf{Ar} = \lambda\mathbf{C}^{-1}\mathbf{r},$$

und folglich

$$\mathbf{Bs} = \lambda\mathbf{s}.$$

Ferner gilt $\mathbf{s} \neq \mathbf{o}$, denn aus $\mathbf{s} = \mathbf{o}$ würde $\mathbf{r} = \mathbf{Cs} = \mathbf{o}$ folgen, was im Widerspruch dazu steht, daß $\mathbf{r}$ ein Eigenvektor ist. Der Vektor $\mathbf{s}$ ist also ein Eigenvektor von $\mathbf{B}$ und λ der zugehörige Eigenwert. Damit ist bewiesen, daß die Eigenwerte von $\mathbf{A}$ auch Eigenwerte von $\mathbf{B}$ sind. Auf Grund der bestehenden Dualität ist dann aber auch jeder Eigenwert von $\mathbf{B}$ ein Eigenwert von $\mathbf{A}$. Die Matrizen $\mathbf{A}$ und $\mathbf{B}$ besitzen also die gleiche Menge von Eigenwerten. ∎

Aus dem eben geführten Beweis kann noch die Beziehung zwischen den Eigenvektoren ähnlicher Matrizen ersehen werden. Ist $\mathbf{r}$ ein Eigenvektor von $\mathbf{A}$ zum Eigenwert λ, so ist $\mathbf{s} = \mathbf{C}^{-1}\mathbf{r}$ ein Eigenvektor mit dem gleichen Eigenwert λ der Matrix $\mathbf{B}$. Für die Rücktransformation (5.16) gilt die entsprechende duale Aussage: Wenn $\mathbf{B}$ einen Eigenvektor $\mathbf{s}$ mit dem Eigenwert λ hat, so ist der Vektor $\mathbf{r} = \mathbf{Cs}$ ein Eigenvektor von $\mathbf{A}$ mit dem gleichen Eigenwert λ.

Es sei nun $\{\mathbf{r}_1, ..., \mathbf{r}_m\}$ ein linear unabhängiges System von Eigenvektoren von $\mathbf{A}$. Wir betrachten das durch $\mathbf{s}_k = \mathbf{C}^{-1}\mathbf{r}_k$ zugeordnete System $\{\mathbf{s}_1, ..., \mathbf{s}_m\}$ von Eigenvektoren der Matrix $\mathbf{B} = \mathbf{C}^{-1}\mathbf{AC}$ und wollen zeigen, daß dieses linear unabhängig ist Dazu ersetzen wir in der Vektorgleichung

$$c_1\mathbf{s}_1 + c_2\mathbf{s}_2 + ... + c_m\mathbf{s}_m = \mathbf{o} \tag{5.17}$$

die Eigenvektoren $\mathbf{s}_k$ gemäß $\mathbf{s}_k = \mathbf{C}^{-1}\mathbf{r}_k$, und erhalten so

$$c_1\mathbf{C}^{-1}\mathbf{r}_1 + c_2\mathbf{C}^{-1}\mathbf{r}_2 + ... + c_m\mathbf{C}^{-1}\mathbf{r}_m = \mathbf{o}.$$

Aus dieser Gleichung entsteht nach Multiplikation mit der Matrix $\mathbf{C}$

$$c_1\mathbf{r}_1 + c_2\mathbf{r}_2 + ... + c_m\mathbf{r}_m = \mathbf{o},$$

woraus wegen der linearen Unabhängigkeit der Eigenvektoren $\mathbf{r}_1, \mathbf{r}_2, ..., \mathbf{r}_m$ folgt, daß alle Koeffizienten $c_1, c_2, ..., c_m$ dieser Gleichung verschwinden müssen. Wir haben damit gezeigt, daß in der Vektorgleichung (5.17) notwendig alle Koeffizienten $c_1, ..., ..., c_m$ gleich null sind. Das Vektorsystem $\{\mathbf{s}_1, ..., \mathbf{s}_m\}$ ist also linear unabhängig. Beachtet man zusätzlich noch die Umkehrbarkeit der Ähnlichkeitstransformation, so ergibt sich

S.5.10 **Satz 5.10:** *Ähnliche Matrizen haben zu gleichen Eigenwerten die gleiche Anzahl linear unabhängiger Eigenvektoren.*

5.2.5.   Eigenwertprobleme für spezielle Matrizen

5.2.5.1.   Diagonalähnliche Matrizen. Hauptachsentransformation

Die fundamentale Bedeutung der Ähnlichkeitstransformation für Eigenwertprobleme und die besonders übersichtlichen Verhältnisse bei Diagonalmatrizen legen es nahe, alle zu Diagonalmatrizen ähnliche Matrizen als eine besondere Klasse von Matrizen zu behandeln.

D.5.2 **Definition 5.2:** *Eine Matrix $\mathbf{A}$, die durch eine Ähnlichkeitstransformation (5.15) in eine Diagonalmatrix übergeführt werden kann, heißt diagonalähnlich.*

Es gibt demnach für jede diagonalähnliche Matrix $\mathbf{A}$ eine nichtsinguläre Matrix $\mathbf{C}$, so daß

$$\mathbf{D} = \mathbf{C}^{-1}\mathbf{A}\mathbf{C} \qquad (5.18)$$

eine Diagonalmatrix ist. Da die Diagonalelemente von $\mathbf{D}$ gleichzeitig die Eigenwerte von $\mathbf{D}$ sind, müssen sie wegen der Invarianz der Eigenwerte gegenüber einer Ähnlichkeitstransformation mit den Eigenwerten $\lambda_1, \ldots, \lambda_n$ von $\mathbf{A}$ übereinstimmen. $\mathbf{D}$ hat also die Form

$$\mathbf{D} = \begin{bmatrix} \lambda_1 & 0 & \ldots & 0 \\ 0 & \lambda_2 & \ldots & 0 \\ & \cdots\cdots\cdots & \\ 0 & 0 & \ldots & \lambda_n \end{bmatrix}.$$

Linear unabhängige Eigenvektoren von $\mathbf{D}$ sind $\mathbf{e}_1, \mathbf{e}_2, \ldots, \mathbf{e}_n$, von $\mathbf{A}$ folglich

$$\mathbf{C}\mathbf{e}_1, \mathbf{C}\mathbf{e}_2, \ldots, \mathbf{C}\mathbf{e}_n;$$

das sind aber gerade die n linear unabhängigen Spaltenvektoren $\mathbf{c}_k$ von $\mathbf{C}$.

Im vorangehenden Abschnitt ist gezeigt worden, daß bei einer Koordinatentransformation der Form $\mathbf{x}' = \mathbf{C}^{-1}\mathbf{x}$ die Matrix $\mathbf{B} = \mathbf{C}^{-1}\mathbf{A}\mathbf{C}$ im neuen Koordinatensystem die gleiche lineare Abbildung wie die Matrix $\mathbf{A}$ im alten Koordinatensystem vermittelt. Ist $\mathbf{B}$ nun eine Diagonalmatrix, $\mathbf{B} = \mathbf{D} = \operatorname{diag}\{\lambda_i\}$, so ist die durch $\mathbf{B}$ erzeugte lineare Abbildung $\mathbf{x}' \to \mathbf{y}' = \mathbf{B}\mathbf{x}'$ besonders einfach, nämlich durch

$$y_k' = \lambda_k x_k' \quad (k = 1, 2, \ldots, n)$$

zu beschreiben. Diese Abbildung ist längs der neuen Koordinatenachsen $\mathbf{c}_k$ eine reine Streckung bzw. Stauchung mit dem Zentrum im Koordinatenursprung und dem Streckungs- bzw. Stauchungsverhältnis λ_k. Die gesamte lineare Abbildung $\mathbf{x}' \to \mathbf{B}\mathbf{x}'$ und damit auch die lineare Abbildung $\mathbf{x} \to \mathbf{A}\mathbf{x}$ stellt eine Überlagerung von n einfachen Streckungen bzw. Stauchungen längs der Achsen $\mathbf{c}_k$ dar. Die $\mathbf{c}_k$ – die Eigenvektoren von $\mathbf{A}$ – werden aus diesem Grund auch als *Hauptachsen* von $\mathbf{A}$ und die Ähnlichkeitstransformation auf Diagonalform als *Hauptachsentransformation* oder als *Diagonalisierung* bezeichnet.

Es soll jetzt gezeigt werden, wie man für eine (n, n)-Matrix $\mathbf{A}$ mit n linear unabhängigen Eigenvektoren die Hauptachsentransformation (5.18) durchführen kann, indem man die für die Ähnlichkeitstransformation benötigten Matrizen $\mathbf{C}$ und $\mathbf{C}^{-1}$ konstruiert. Es sei $\{\mathbf{a}_1, \mathbf{a}_2, \ldots, \mathbf{a}_n\}$ ein System von n linear unabhängigen Eigenvektoren von $\mathbf{A}$. Da die zu $\mathbf{A}$ transponierte Matrix $\mathbf{A}^T$ das gleiche charakteristische Polynom, also die gleichen Eigenwerte mit gleicher Vielfachheit wie $\mathbf{A}$ hat und auch der Rangabfall (5.8) für $\mathbf{A}^T$ bei jedem Eigenwert der gleiche ist wie für $\mathbf{A}$, hat auch $\mathbf{A}^T$ ein System von n linear unabhängigen Eigenvektoren $\{\mathbf{b}_1, \ldots, \mathbf{b}_n\}$. Zuerst betrachten wir den Fall, daß alle Eigenwerte einfach sind. Dann gilt nach Satz 5.4 zwischen allen Eigenvektoren $\mathbf{a}_j$, $\mathbf{b}_k$ die *Orthogonalitätsrelation*

$$\mathbf{a}_j^T\mathbf{b}_k = 0 \quad \text{für} \quad j \neq k. \qquad (5.19)$$

Durch Multiplikation der $\mathbf{a}_j$, $\mathbf{b}_k$ mit gewissen Faktoren, z. B.

$$\mathbf{r}_j = \mathbf{a}_j, \quad \mathbf{t}_k = \beta_k\mathbf{b}_k$$

kann man noch die spezielle Normierungsvorschrift

$$\mathbf{r}_j^T\mathbf{t}_j = 1 \quad (j = 1, \ldots, n)$$

erfüllen, also insgesamt

$$\mathbf{r}_j^T\mathbf{t}_k = \delta_{jk} \quad (\delta_{jk}: \text{Kroneckersymbol, vgl. 1.3.1.}). \qquad (5.20)$$

Aus diesen Eigenvektoren $\mathbf{r}_j$, $\mathbf{t}_k$ werden nun die Matrizen

$$\mathbf{R} = [\mathbf{r}_1, ..., \mathbf{r}_n], \qquad \mathbf{T} = \begin{bmatrix} \mathbf{t}_1^T \\ \mathbf{t}_2^T \\ \vdots \\ \mathbf{t}_n^T \end{bmatrix}$$

gebildet. Es gilt dann

$$\mathbf{TAR} = \mathbf{T}[\mathbf{Ar}_1, ..., \mathbf{Ar}_n] = \mathbf{T}[\lambda_1 \mathbf{r}_1, ..., \lambda_n \mathbf{r}_n]$$

$$= \begin{bmatrix} \lambda_1 \mathbf{t}_1^T \mathbf{r}_1 & \lambda_2 \mathbf{t}_1^T \mathbf{r}_2 & \dots & \lambda_n \mathbf{t}_1^T \mathbf{r}_n \\ \lambda_1 \mathbf{t}_2^T \mathbf{r}_1 & \lambda_2 \mathbf{t}_2^T \mathbf{r}_2 & \dots & \lambda_n \mathbf{t}_2^T \mathbf{r}_n \\ \dots\dots\dots\dots & \dots\dots\dots\dots \\ \lambda_1 \mathbf{t}_n^T \mathbf{r}_1 & \lambda_2 \mathbf{t}_n^T \mathbf{r}_2 & \dots & \lambda_n \mathbf{t}_n^T \mathbf{r}_n \end{bmatrix} = \begin{bmatrix} \lambda_1 & 0 & \dots & 0 \\ 0 & \lambda_2 & \dots & 0 \\ \dots\dots\dots\dots \\ 0 & 0 & \dots & \lambda_n \end{bmatrix} = \mathbf{D}.$$

Entsprechend erhält man

$$\mathbf{TR} = \mathbf{E},$$

was gleichbedeutend mit

$$\mathbf{T} = \mathbf{R}^{-1}$$

ist. Insgesamt gilt also

$$\mathbf{R}^{-1}\mathbf{AR} = \mathbf{D},$$

und $\mathbf{C} = \mathbf{R}$ ist die gesuchte Transformationsmatrix.

Wir haben noch den Fall eines mehrfachen Eigenwertes $\lambda_1 = \lambda_2 = ... = \lambda_p$ zu untersuchen. Zwischen den zugehörigen Eigenvektoren $\mathbf{a}_1, ..., \mathbf{a}_p$ und $\mathbf{b}_1, ..., \mathbf{b}_p$ besteht zunächst keine Orthogonalität der Form (5.19), sondern man muß erst durch geeignete Linearkombinationen neue Eigenvektoren $\mathbf{r}_1, ..., \mathbf{r}_p$ und $\mathbf{t}_1, ..., \mathbf{t}_p$ bestimmen, die die gewünschte Eigenschaft (5.20) besitzen. Dazu können wir folgendermaßen vorgehen. Wir setzen

$$\begin{aligned} \mathbf{r}_1 &= \mathbf{a}_1, & \mathbf{t}_1 &= y_{11}\mathbf{b}_1, \\ \mathbf{r}_2 &= x_{21}\mathbf{r}_1 + \mathbf{a}_2, & \mathbf{t}_2 &= y_{21}\mathbf{t}_1 + y_{22}\mathbf{b}_2, \\ &\ \ \vdots & &\ \ \vdots \\ \mathbf{r}_p &= x_{p1}\mathbf{r}_1 + ... + x_{p,p-1}\mathbf{r}_{p-1} + \mathbf{a}_p; & \mathbf{t}_p &= y_{p1}\mathbf{t}_1 + ... + y_{p,p-1}\mathbf{t}_{p-1} + y_{pp}\mathbf{b}_p \end{aligned}$$

und bestimmen die unbekannten Koeffizienten x_{jk}, y_{jk} nacheinander aus den Forderungen

$$\mathbf{r}_1^T\mathbf{t}_1 = 1;$$

$$\mathbf{r}_2^T\mathbf{t}_1 = 0, \qquad \mathbf{r}_1^T\mathbf{t}_2 = 0, \qquad \mathbf{r}_2^T\mathbf{t}_2 = 1, \tag{5.21}$$

usw.

Es kann dabei vorkommen, daß eine Forderung $\mathbf{r}_k^T\mathbf{t}_k = 1$ nicht zu erfüllen ist. Dann hat man die Reihenfolge der Vektoren $\mathbf{b}_j, j \geq k$, geeignet zu vertauschen und danach die Rechnung fortzusetzen.

Es ist zu bemerken, daß die Konstruktion von $\mathbf{C}$ und $\mathbf{C}^{-1}$ nicht notwendig mit Hilfe der Eigenvektoren von $\mathbf{A}^T$ geschehen muß, wie wir es hier getan haben. Man kann die Matrix $\mathbf{C}$ auch spaltenweise aus einem beliebigen System linear unabhängiger Eigenvektoren von $\mathbf{A}$ aufbauen und dann $\mathbf{C}^{-1}$ durch Inversion, d. h. durch direkte Berechnung der zu $\mathbf{C}$ reziproken Matrix $\mathbf{C}^{-1}$ gewinnen.

Wir fassen die Ergebnisse zusammen.

Satz 5.11: *Eine (n, n)-Matrix ist genau dann diagonalähnlich, wenn sie n linear unab-* **S.5.11**
hängige Eigenvektoren hat.

Die Existenz von n linear unabhängigen Eigenvektoren $r_1, \dots, r_n$ bei einer diagonalähnlichen Matrix hat zur Folge, daß das System der Eigenvektoren $\{r_1, \dots, r_n\}$ eine
Basis des R^n bildet. Diese Feststellung führt zu dem sogenannten Entwicklungssatz.

Satz 5.12 (*Entwicklungssatz*): *Jeder n-dimensionale Vektor x läßt sich in eindeutiger* **S.5.12**
Weise als Linearkombination

$$x = c_1 r_1 + c_2 r_2 + \dots + c_n r_n$$

der Eigenvektoren einer diagonalähnlichen Matrix darstellen.

Satz 5.13: *Zu jeder diagonalähnlichen (n, n)-Matrix A läßt sich ein linear unabhängiges* **S.5.13**
System $r_1, \dots, r_n$ von Eigenvektoren von A und ein ebensolches System $t_1, \dots, t_n$ von
Eigenvektoren von A^T angeben, so daß

$$r_j^T t_k = \delta_{jk} \quad (j = 1, \dots, n; \, k = 1, \dots, n)$$

gilt. Die spalten- bzw. zeilenweise aus den Eigenvektoren r_j bzw. t_k aufgebauten Ma-
trizen R und T vermitteln die Ähnlichkeitstransformation von A auf Diagonalform,
d. h., es gilt $T = R^{-1}$ und

$$TAR = D = \mathrm{diag}\,(\lambda_i).$$

Beispiel 5.11: Wir führen die Ähnlichkeitstransformation für die Matrix

$$A = \begin{bmatrix} 3 & 4 \\ 1 & 3 \end{bmatrix}$$

(vgl. Beispiele 5.2 und 5.7) durch. Wir kennen bereits die Eigenwerte $\lambda_1 = 1$, $\lambda_2 = 5$ und die zugehörigen Eigenvektoren $a_1^T = [-2, 1]$, $a_2^T = [2, 1]$. Die Eigenvektoren von A^T sind noch zu berechnen,
und zwar erhält man für b_1 bzw. b_2 die Gleichungssysteme

$$2b_{11} + b_{21} = 0, \qquad -2b_{12} + b_{22} = 0,$$
$$4b_{11} + 2b_{21} = 0, \qquad 4b_{12} - 2b_{22} = 0.$$

Setzt man $b_{11} = b_{12} = 1$, so ergibt sich

$$b_1 = \begin{bmatrix} 1 \\ -2 \end{bmatrix}, \quad b_2 = \begin{bmatrix} 1 \\ 2 \end{bmatrix}.$$

Folgen wir der oben dargestellten Konstruktion, so haben wir

$$r_1 = a_1, \qquad r_2 = a_2, \qquad t_1 = \beta_1 b_1, \qquad t_2 = \beta_2 b_2$$

mit

$$\beta_1 = \frac{1}{a_1^T b_1} = -\frac{1}{4}, \qquad \beta_2 = \frac{1}{a_2^T b_2} = \frac{1}{4}$$

zu setzen, also schließlich

$$r_1 = \begin{bmatrix} -2 \\ 1 \end{bmatrix}, \quad r_2 = \begin{bmatrix} 2 \\ 1 \end{bmatrix}; \quad t_1 = \begin{bmatrix} -1/4 \\ 1/2 \end{bmatrix}, \quad t_2 = \begin{bmatrix} 1/4 \\ 1/2 \end{bmatrix}.$$

Damit erhalten wir die Matrizen

$$R = \begin{bmatrix} -2 & 2 \\ 1 & 1 \end{bmatrix}, \quad T = \begin{bmatrix} -1/4 & 1/2 \\ 1/4 & 1/2 \end{bmatrix},$$

für welche man tatsächlich $RT = E$ und $TAR = D = \mathrm{diag}(\lambda_i)$ bestätigt findet. Für die zur Berechnung der Matrix TAR erforderlichen Matrizenmultiplikationen AR und $T(AR)$ verwenden wir zweimal das Falksche Schema (siehe Abschnitt 2.2.3.) und ordnen die beiden Schemata zweckmäßigerweise untereiander an:

$$\begin{array}{cc}
 & \begin{bmatrix} -2 & 2 \\ 1 & 1 \end{bmatrix} R \\[2em]
A \begin{bmatrix} 3 & 4 \\ 1 & 3 \end{bmatrix} & \begin{bmatrix} -2 & 10 \\ 1 & 5 \end{bmatrix} AR \\[2em]
T \begin{bmatrix} -1/4 & 1/2 \\ 1/4 & 1/2 \end{bmatrix} & \begin{bmatrix} 1 & 0 \\ 0 & 5 \end{bmatrix} TAR
\end{array}$$

Beispiel 5.12: An Hand der Matrix A von Beispiel 5.8 soll das beim Auftreten mehrfacher Eigenwerte auszuführende Orthogonalisierungsverfahren demonstriert werden. Die Eigenwerte sind $\lambda_1 = \lambda_2 = -3$, $\lambda_3 = 5$, und die Vektoren

$$a_1 = \begin{bmatrix} -3 \\ 1 \\ 0 \end{bmatrix}, \quad a_2 = \begin{bmatrix} 3 \\ 0 \\ 1 \end{bmatrix}, \quad a_3 = \begin{bmatrix} 1 \\ -2 \\ 1 \end{bmatrix}$$

bilden ein System linear unabhängiger Eigenvektoren von A. Ein ebensolches System bezüglich A wird von den Vektoren

$$b_1 = \begin{bmatrix} -1 \\ 0 \\ 1 \end{bmatrix}, \quad b_2 = \begin{bmatrix} 2 \\ 1 \\ 0 \end{bmatrix}, \quad b_3 = \begin{bmatrix} 1 \\ 3 \\ -3 \end{bmatrix}$$

gebildet. Mit den zum gleichen Eigenwert gehörigen Eigenvektoren a_1, a_2, b_1, b_2 ist die oben beschriebene Orthogonalisierung durchzuführen. Wir setzen

$$\begin{aligned}
r_1 &= a_1, & t_1 &= y_{11} b_1, \\
r_2 &= x_{21} r_1 + a_2, & t_2 &= y_{21} t_1 + y_{22} b_2
\end{aligned}$$

und berechnen die Koeffizienten y_{11}, x_{21}, y_{22}, y_{21} aus den Bedingungen (5.21):

$$r_1^T t_1 = 3 y_{11} = 1 \;\rightarrow\; y_{11} = \frac{1}{3}, \quad t_1^T = [-1/3, 0, 1/3],$$

$$r_2^T t_1 = x_{21} - \frac{2}{3} = 0 \;\rightarrow\; x_{21} = \frac{2}{3}, \quad r_2^T = [1, 2/3, 1],$$

$$r_2^T t_2 = y_{22} r_2^T b_2 = \frac{8}{3} y_{22} = 1 \;\rightarrow\; y_{22} = \frac{3}{8},$$

$$r_1^T t_2 = y_{21} - \frac{15}{8} = 0 \;\rightarrow\; y_{21} = \frac{15}{8}, \quad t_2^T = [1/8, 3/8, 5/8].$$

Schließlich ist noch b_3 zu normieren. Wir setzen

$$r_3 = a_3, \quad t_3 = y_{33} b_3$$

und erhalten aus der Forderung $r_3^T t_3 = 1$ den Wert $y_{33} = -1/8$. Aus den neuen Eigenvektoren r_k und t_k werden die Matrizen R und T gebildet (siehe Schema). Die Überprüfung von $RT = E$ ergibt, daß T die zu R inverse Matrix ist, $T = R^{-1}$. Für die zweifache Multiplikation TAR wird wieder das Falksche Schema verwendet:

$$
\begin{bmatrix} -3 & 1 & 1 \\ 1 & 2/3 & -2 \\ 0 & 1 & 1 \end{bmatrix} R
$$

$$
A\begin{bmatrix} -4 & -3 & 3 \\ 2 & 3 & -6 \\ -1 & -3 & 0 \end{bmatrix} \quad \begin{bmatrix} 9 & -3 & 5 \\ -3 & -2 & -10 \\ 0 & -3 & 5 \end{bmatrix} AR
$$

$$
T\begin{bmatrix} -1/3 & 0 & 1/3 \\ 1/8 & 3/8 & 5/8 \\ -1/8 & -3/8 & 3/8 \end{bmatrix} \quad \begin{bmatrix} -3 & 0 & 0 \\ 0 & -3 & 0 \\ 0 & 0 & 5 \end{bmatrix} TAR
$$

Diese Rechnung bestätigt, daß die Matrix A durch $TAR = R^{-1}AR$ auf Diagonalform transformiert wird, wobei die Hauptdiagonalelemente gerade die Eigenwerte von A sind.

5.2.5.2. Symmetrische und hermitesche Matrizen

Für den Fall einer symmetrischen Matrix, also einer Matrix mit der Eigenschaft

$$A^T = A$$

ist aus Satz 5.4 eine wichtige Eigenschaft der Eigenvektoren sofort ablesbar.

Satz 5.14: *Zu verschiedenen Eigenwerten gehörige Eigenvektoren einer symmetrischen Matrix sind zueinander orthogonal.* S.5.14

Eine weitere Besonderheit der Eigenwertaufgaben bei symmetrischen Matrizen besteht darin, daß ihre Eigenwerte alle reell sind, falls die Matrix selbst reell ist. Wir wollen diese Eigenschaft herleiten. Es sei λ ein Eigenwert und $r \neq o$ ein zugehöriger Eigenvektor der reellen symmetrischen Matrix A, also $Ar = \lambda r$. Wir wissen, daß im allgemeinen λ und die Komponenten r_k von r komplexe Zahlen sein können. Bei unserer Herleitung der Reellwertigkeit von λ werden deshalb auch die zu λ und r_k konjugiert komplexen Zahlen $\bar{\lambda}$ und $\bar{r}_k$ auftreten. Für die konjugiert komplexen Zahlen verwenden wir dabei als wichtigste Rechenregel die folgende Umformung des komplexen Skalarprodukts[1])

$$\bar{r}^T r = \sum_{k=1}^{n} \bar{r}_k r_k = \sum_{k=1}^{n} |r_k|^2. \tag{5.22}$$

Durch Transponierung beider Seiten von $Ar = \lambda r$ entsteht

$$(Ar)^T = \lambda r^T,$$

$$r^T A^T = \lambda r^T$$

---

[1]) Hier und im folgenden kann nach Def. 2.8 für $\bar{r}^T$, $\bar{R}^T$, $\bar{A}^T$, ... auch r^*, R^*, A^*, ... geschrieben werden.

10*

und daraus wegen der Symmetrie von $\mathbf{A}$

$$\mathbf{r}^T\mathbf{A} = \lambda\mathbf{r}^T.$$

Zu den auf beiden Seiten stehenden Vektoren bilden wir nun die konjugiert komplexen Vektoren, also

$$\overline{(\mathbf{r}^T\mathbf{A})} = \overline{(\lambda\mathbf{r}^T)},$$

$$\overline{\mathbf{r}^T\mathbf{A}} = \overline{\lambda}\,\overline{\mathbf{r}}^T.$$

Da wir hier nur reelle Matrizen betrachten, gilt $\mathbf{A} = \overline{\mathbf{A}}$ und demnach

$$\overline{\mathbf{r}}^T\mathbf{A} = \overline{\lambda}\,\overline{\mathbf{r}}^T.$$

Auf beiden Seiten wird nun das Skalarprodukt mit $\mathbf{r}$ gebildet:

$$\overline{\mathbf{r}}^T\mathbf{A}\mathbf{r} = \overline{\lambda}\,\overline{\mathbf{r}}^T\mathbf{r}. \tag{5.23}$$

Andererseits erhält man direkt aus $\mathbf{A}\mathbf{r} = \lambda\mathbf{r}$ durch Multiplikation von links mit $\overline{\mathbf{r}}^T$

$$\overline{\mathbf{r}}^T\mathbf{A}\mathbf{r} = \lambda\overline{\mathbf{r}}^T\mathbf{r}.$$

Aus den letzten beiden Gleichungen folgt

$$(\overline{\lambda} - \lambda)\,\overline{\mathbf{r}}^T\mathbf{r} = 0. \tag{5.24}$$

Da $\mathbf{r} \neq \mathbf{o}$ gilt, hat $\mathbf{r}$ mindestens eine von null verschiedene Komponente r_k. Dann gilt aber nach (5.22) $\overline{\mathbf{r}}^T\mathbf{r} > 0$, und damit folgt aus (5.24)

$$\overline{\lambda} = \lambda;$$

die konjugiert komplexe Zahl von λ stimmt also mit λ selbst überein. Das gilt aber nur, wenn λ reellwertig ist. Wir formulieren das Ergebnis im

S.5.15 Satz 5.15: *Die Eigenwerte einer reellen symmetrischen Matrix sind stets reell.*

Für die Eigenvektoren einer reellen symmetrischen Matrix erhält man ein ähnliches Ergebnis, wenn man das Gleichungssystem $(\mathbf{A} - \lambda\mathbf{E})\,\mathbf{r} = \mathbf{o}$ für die Berechnung der Eigenvektoren genauer betrachtet. Da die Eigenwerte λ reell sind, sind alle Koeffizienten des Gleichungssystems reell, und man erhält als Lösungen zunächst nur reelle Vektoren. Trotzdem wäre es falsch zu behaupten, alle Eigenvektoren von $\mathbf{A}$ wären reell; denn multiplizieren wir einen solchen reellwertigen Eigenvektor mit einer beliebigen komplexen Zahl, so entsteht wieder ein Eigenvektor, dessen Komponenten aber jetzt komplexe Zahlen sind. Da wir uns bei den bisherigen Betrachtungen stets auf den komplexen Vektorraum C^n bezogen haben, dürfen wir an dieser Stelle die komplexen Eigenvektoren nicht vernachlässigen. Wir können den Sachverhalt in folgender Weise formulieren:

S.5.16 Satz 5.16: *Jeder Eigenvektor einer reellen symmetrischen Matrix kann in reeller Form dargestellt werden.*

Beispiel 5.13: Wir wollen die Eigenwerte der reellen symmetrischen Matrix

$$\mathbf{A} = \begin{bmatrix} 2a & b \\ b & 2c \end{bmatrix}, \quad a, b, c \text{ reelle Zahlen,}$$

berechnen. Das charakteristische Polynom ist

$$\begin{vmatrix} 2a - \lambda & b \\ b & 2c - \lambda \end{vmatrix} = \lambda^2 - 2(a + c)\lambda + 4ac - b^2.$$

Seine Nullstellen λ_1, λ_2 sind die Eigenwerte von $\mathbf{A}$:

$$\lambda_{1,2} = a + c \pm \sqrt{b^2 + (a - c)^2}.$$

Diese beiden Eigenwerte sind reell, denn der unter der Wurzel stehende Ausdruck kann nicht negativ werden.

Bisher wurde in diesem Zusammenhang nur von reellwertigen Matrizen gesprochen und unter diesen eine spezielle Klasse von Matrizen, nämlich die der symmetrischen Matrizen angegeben, die diese Eigenschaft besitzen. Es besteht also Grund zu der Frage, ob auch unter den komplexwertigen Matrizen eine Klasse von Matrizen mit nur reellen Eigenwerten vorhanden ist und durch eine ähnliche einfache Eigenschaft beschrieben werden kann. Diese Frage läßt sich beantworten, indem wir im Beweis von Satz 5.15 prüfen, an welchen Stellen benutzt wurde, daß $\mathbf{A}$ reell und symmetrisch ist. Für die Herleitung der den Schlüssel zum Beweis darstellenden Beziehung (5.23) wurde einmal $\mathbf{A}^{\mathsf{T}} = \mathbf{A}$ und ein andermal an gleicher Stelle $\bar{\mathbf{A}} = \mathbf{A}$ verwendet. Es hätte also zum Beweis auch ausgereicht, wenn

$$\bar{\mathbf{A}}^{\mathsf{T}} = \mathbf{A} \tag{5.25}$$

gilt. Matrizen mit dieser Eigenschaft heißen bekanntlich *hermitesche Matrizen* (siehe Abschnitt 2.1.2.). Es gilt demnach der

Satz 5.17: *Die Eigenwerte einer hermiteschen Matrix sind stets reell.*   **S.5.17**

Da die hermiteschen Matrizen im allgemeinen nicht symmetrisch sind, ist für sie Satz 5.14 nicht anwendbar. Eine dem Satz 5.14 entsprechende Orthogonalitätsaussage läßt sich jedoch treffen, wenn man einen den komplexen Vektoren angepaßten allgemeineren Orthogonalitätsbegriff verwendet.

Definition 5.3: *Man bezeichnet zwei komplexe Vektoren* $\mathbf{r}$, $\mathbf{s}$ *als (komplex) orthogonal* **D.5.3** *oder als* **unitär**, *wenn*

$$\bar{\mathbf{r}}^{\mathsf{T}}\mathbf{s} = 0$$

gilt.

Für diese Orthogonalität gilt folgende Aussage:

Satz 5.18: *Zu verschiedenen Eigenwerten gehörige Eigenvektoren einer hermiteschen* **S.5.18** *Matrix sind zueinander (komplex) orthogonal.*

Die Gültigkeit dieses Satzes kann der Leser ohne Mühe aus der Herleitung der Sätze 5.3, 5.4, 5.14 und aus den vorhergehenden Betrachtungen bestätigen. Für einen zu Satz 5.16 äquivalenten Satz über die Eigenvektoren reicht die Eigenschaft (5.25) allerdings nicht aus.

Beispiel 5.14: Wir berechnen die Eigenwerte und Eigenvektoren der hermiteschen Matrix

$$\mathbf{A} = \begin{bmatrix} 4 & 1 + 2\mathrm{i} \\ 1 - 2\mathrm{i} & 0 \end{bmatrix}.$$

Die Eigenwerte werden als Nullstellen des charakteristischen Polynoms

$$\begin{vmatrix} 4 - \lambda & 1 + 2i \\ 1 - 2i & -\lambda \end{vmatrix} = \lambda^2 - 4\lambda - 5$$

bestimmt,

$$\lambda_1 = -1, \quad \lambda_2 = 5.$$

Für $\lambda_1 = -1$ ist der zugehörige Eigenvektor $r_1^T = [r_{11}, r_{21}]$ aus dem Gleichungssystem

$$5r_{11} + (1 + 2i)\, r_{21} = 0,$$
$$(1 - 2i)\, r_{11} + \qquad r_{21} = 0$$

zu berechnen. Da eine Gleichung linear abhängig ist, wählen wir z. B. für r_{21} eine beliebige komplexe Zahl und bestimmen dazu r_{11} aus dem Gleichungssystem. Die Rechnung vereinfacht sich, wenn wir $r_{21} = 1 - 2i$ setzen. Es ergibt sich dann $r_{11} = -1$, also

$$r_1 = \begin{bmatrix} -1 \\ 1 - 2i \end{bmatrix}.$$

Analog wird der zweite Eigenvektor

$$r_2 = \begin{bmatrix} 1 + 2i \\ 1 \end{bmatrix}$$

ermittelt. Es ist offensichtlich, daß hier die Eigenvektoren durch Multiplikation mit einer komplexen Zahl nicht in reelle Vektoren überführt werden können. Auch die (komplexe) Orthogonalität von r_1 und r_2 findet sich bestätigt:

$$\bar{r}_1^T r_2 = [-1;\, 1 + 2i] \begin{bmatrix} 1 + 2i \\ 1 \end{bmatrix} = -1 - 2i + 1 + 2i = 0.$$

Eine weitere Besonderheit der reellen symmetrischen und auch der hermiteschen Matrizen ist, daß es zu jedem p-fachen Eigenwert auch p linear unabhängige Eigenvektoren gibt. Der Beweis dazu würde zu weit führen. – Eine direkte Folgerung aus dieser Eigenschaft ist die Existenz eines vollständigen Systems linear unabhängiger Eigenvektoren. *Die reellen symmetrischen und die hermiteschen Matrizen gehören also zur Klasse der diagonalähnlichen Matrizen.* Führen wir die in Abschnitt 5.2.5.1. beschriebene Hauptachsentransformation für eine symmetrische Matrix A durch, so kann wegen der Übereinstimmung der Eigenvektoren von A und A^T jetzt $b_k = a_k$ gewählt werden. Normiert man vorher noch diese Eigenvektoren (es gilt dann $a_k^T a_k = 1$), so führen die Forderungen (5.21) auf $r_k = t_k$ $(k = 1, ..., n)$, also $R^T = T$. Da außerdem $T = R^{-1}$ gilt, erhalten wir

$$R^T = R^{-1}, \tag{5.26}$$

d. h., die Matrix R ist orthogonal (siehe Abschnitt 2.3.). Wir fassen zusammen:

S.5.19 **Satz 5.19:** *Jede reelle symmetrische Matrix besitzt ein vollständiges System paarweise orthogonaler Eigenvektoren und kann durch Ähnlichkeitstransformation mit einer reellen orthogonalen Matrix auf Diagonalform gebracht werden (orthogonale Hauptachsentransformation).*

Das eben festgehaltene Ergebnis läßt sich auch geometrisch interpretieren. *Jede durch eine reelle symmetrische Matrix A erzeugte lineare Transformation $x \rightarrow Ax$ kann vermittels einer geeigneten Drehung des Koordinatensystems als Überlagerung von Streckungen längs der Koordinatenachsen beschrieben werden.*

Für hermitesche Matrizen gilt Analoges, nur daß man jetzt auf Grund der anderen, der komplexen Orthogonalität der Eigenvektoren statt (5.26) für die Transformationsmatrix $\mathbf{R}$

$$\overline{\mathbf{R}}^T = \mathbf{R}^{-1} \tag{5.27}$$

erhält. Matrizen mit dieser Eigenschaft heißen *unitäre Matrizen*.

Satz 5.20: *Jede hermitesche Matrix kann durch eine Ähnlichkeitstransformation mit einer unitären Matrix auf Diagonalform gebracht werden.* S.5.20

Beispiel 5.15: Die reelle symmetrische Matrix

$$A = \begin{bmatrix} 1 & \sqrt{2} & -\sqrt{6} \\ \sqrt{2} & 2 & \sqrt{3} \\ -\sqrt{6} & \sqrt{3} & 0 \end{bmatrix}$$

hat die charakteristische Gleichung

$$\lambda^3 - 3\lambda^2 - 9\lambda + 27 = 0$$

mit den Nullstellen

$$\lambda_1 = 3, \quad \lambda_2 = 3, \quad \lambda_3 = -3.$$

Aus den beiden Gleichungssystemen $(\mathbf{A} - \lambda\mathbf{E})\,\mathbf{r} = \mathbf{o}$ erhält man die Eigenvektoren

$$\mathbf{a}_1 = \begin{bmatrix} 1 \\ \sqrt{2} \\ 0 \end{bmatrix}, \quad \mathbf{a}_2 = \begin{bmatrix} -3 \\ 0 \\ \sqrt{6} \end{bmatrix}, \quad \mathbf{a}_3 = \begin{bmatrix} 2 \\ -\sqrt{2} \\ \sqrt{6} \end{bmatrix}.$$

Die Vektoren $\mathbf{a}_1$ und $\mathbf{a}_2$, die zum gleichen Eigenwert gehören, sind nun noch zu orthogonalisieren und zu normieren, während $\mathbf{a}_3$ nur normiert werden muß. Wir setzen zunächst

$$\mathbf{s}_1 = \mathbf{a}_1,$$
$$\mathbf{s}_2 = x_{21}\mathbf{s}_1 + \mathbf{a}_2$$

und bestimmen den Koeffizienten x_{21} aus der Bedingung $\mathbf{s}_1^T\mathbf{s}_2 = 0$. Es ergibt sich $x_{21} = 1$, also $\mathbf{s}_2^T = [-2, \sqrt{2}, \sqrt{6}]$. Die Vektoren $\mathbf{s}_1$, $\mathbf{s}_2$ und $\mathbf{a}_3$ werden schließlich noch normiert. Als Ergebnis erhalten wir das orthonormale System von Eigenvektoren (Hauptachsen)

$$\mathbf{r}_1 = \begin{bmatrix} 1/\sqrt{3} \\ 2/\sqrt{6} \\ 0 \end{bmatrix}, \quad \mathbf{r}_2 = \begin{bmatrix} -1/\sqrt{3} \\ 1/\sqrt{6} \\ 1/\sqrt{2} \end{bmatrix}, \quad \mathbf{r}_3 = \begin{bmatrix} 1/\sqrt{3} \\ -1/\sqrt{6} \\ 1/\sqrt{2} \end{bmatrix}.$$

Die spaltenweise aus diesen Vektoren gebildete Matrix $\mathbf{R}$ (siehe Schema) ist orthogonal, denn es gilt $\mathbf{R}\mathbf{R}^T = \mathbf{E}$. Davon kann man sich leicht durch Ausmultiplizieren von $\mathbf{R}\mathbf{R}^T$ überzeugen. Mit dieser Matrix wird nun die Ähnlichkeitstransformation $\mathbf{R}^{-1}\mathbf{A}\mathbf{R} = \mathbf{R}^T\mathbf{A}\mathbf{R} = \mathbf{D}$ durchgeführt, bei der die aus den Eigenwerten von $\mathbf{A}$ gebildete Diagonalmatrix $\mathbf{D} = \mathrm{diag}\,(3, 3, -3)$ entstehen muß. Die beiden dazu erforderlichen Matrizenmultiplikationen nehmen wir wieder im Falkschen Schema vor.

$$\mathbf{R} = \begin{bmatrix} 1/\sqrt{3} & -1/\sqrt{3} & 1/\sqrt{3} \\ 2/\sqrt{6} & 1/\sqrt{6} & -1/\sqrt{6} \\ 0 & 1/\sqrt{2} & 1/\sqrt{2} \end{bmatrix}$$

$$\mathbf{A} \begin{bmatrix} 1 & \sqrt{2} & -\sqrt{6} \\ \sqrt{2} & 2 & \sqrt{3} \\ -\sqrt{6} & \sqrt{3} & 0 \end{bmatrix} \quad \begin{bmatrix} \sqrt{3} & -\sqrt{3} & -\sqrt{3} \\ \sqrt{6} & \sqrt{6}/2 & \sqrt{6}/2 \\ 0 & 3/\sqrt{2} & -3/\sqrt{2} \end{bmatrix} \mathbf{AR}$$

$$\mathbf{R^T} \begin{bmatrix} 1/\sqrt{3} & 2/\sqrt{6} & 0 \\ -1/\sqrt{3} & 1/\sqrt{6} & 1/\sqrt{2} \\ 1/\sqrt{3} & -1/\sqrt{6} & 1/\sqrt{2} \end{bmatrix} \quad \begin{bmatrix} 3 & 0 & 0 \\ 0 & 3 & 0 \\ 0 & 0 & -3 \end{bmatrix} \mathbf{R^T AR}$$

Positiv definite Matrizen

In Abschnitt 5.1. wurden für reelle symmetrische Matrizen die Begriffe „positiv definit" und „positiv semidefinit" eingeführt. Zwischen diesen speziellen Matrizeneigenschaften und den Eigenwerten besteht ein enger Zusammenhang. Wir nehmen an, $\mathbf{r}$ sei ein Eigenvektor einer positiv definiten symmetrischen Matrix $\mathbf{A}$ und λ der zugehörige Eigenwert. Für die quadratische Form $\mathbf{x^T Ax}$ gilt also

$$\mathbf{x^T Ax} > 0 \text{ für alle reellen Vektoren } \mathbf{x} \neq \mathbf{o}, \text{ und für } \mathbf{r} \text{ gilt } \mathbf{Ar} = \lambda\mathbf{r}, \mathbf{r} \neq \mathbf{o}.$$

Nach Satz 5.16 kann angenommen werden, daß $\mathbf{r}$ reell ist. Der Eigenvektor $\mathbf{r}$ vermittelt also der quadratischen Form $\mathbf{x^T Ax}$ einen positiven Wert, den wir wie folgt darstellen können:

$$0 < \mathbf{r^T Ar} = \mathbf{r^T}(\mathbf{Ar}) = \mathbf{r^T}(\lambda\mathbf{r}) = \lambda\mathbf{r^T r}.$$

Wir dividieren durch die positive Zahl $\mathbf{r^T r}$ und erhalten $0 < \lambda$.

Die Eigenwerte positiv definiter Matrizen sind also sämtlich positiv. Aus der Herleitung ist klar, daß für positiv semidefinite Matrizen nur $\lambda \geqq 0$ gefolgert werden kann.

Wir wollen nun umgekehrt nachweisen, daß jede reelle symmetrische Matrix $\mathbf{A}$ mit nur positiven Eigenwerten eine positiv definite Matrix ist. Dazu benutzen wir den Entwicklungssatz (Satz 5.12), wonach sich – da $\mathbf{A}$ als symmetrische Matrix diagonalähnlich ist – jeder beliebige Vektor $\mathbf{x}$ als Linearkombination

$$\mathbf{x} = c_1\mathbf{r}_1 + c_2\mathbf{r}_2 + \ldots + c_n\mathbf{r}_n$$

der Eigenvektoren von $\mathbf{A}$ darstellen läßt. Dabei muß im Falle $\mathbf{x} \neq \mathbf{o}$ mindestens einer der Koeffizienten c_k von null verschieden sein. Diese Darstellung von $\mathbf{x}$ setzen wir in die quadratische Form $\mathbf{x^T Ax}$ ein:

$$\mathbf{Ax} = c_1\mathbf{Ar}_1 + c_2\mathbf{Ar}_2 + \ldots + c_n\mathbf{Ar}_n = c_1\lambda_1\mathbf{r}_1 + c_2\lambda_2\mathbf{r}_2 + \ldots + c_n\lambda_n\mathbf{r}_n,$$

$$\mathbf{x^T Ax} = c_1^2\lambda_1\mathbf{r}_1^T\mathbf{r}_1 + c_2^2\lambda_2\mathbf{r}_2^T\mathbf{r}_2 + \ldots + c_n^2\lambda_n\mathbf{r}_n^T\mathbf{r}_n \qquad (*)$$

$$= c_1^2\lambda_1 + c_2^2\lambda_2 + \ldots + c_n^2\lambda_n.$$

Dieser Ausdruck ist aber immer positiv, wenn $\mathbf{x} \neq \mathbf{o}$ ist, weil dann mindestens ein c_k^2 positiv ist und die Eigenwerte λ_k nach unserer Voraussetzung alle positiv sind. Wir haben damit gezeigt, daß $\mathbf{x^T Ax} > 0$ für alle Vektoren $\mathbf{x} \neq \mathbf{o}$ gilt. Die Matrix $\mathbf{A}$ ist also positiv definit. Falls von den Eigenwerten nur Nichtnegativität vorausgesetzt wird, kann aus (*) nicht der Schluß $\mathbf{x^T Ax} > 0$, sondern nur $\mathbf{x^T Ax} \geqq 0$ gezogen werden; dann ist die Matrix $\mathbf{A}$ also positiv semidefinit. Wir fassen zusammen:

Satz 5.21: *Eine reelle symmetrische Matrix ist genau dann positiv definit (semidefinit),*   S.5.21
wenn ihre sämtlichen Eigenwerte positiv (nichtnegativ) sind.

Dieser Satz kann als *hinreichendes Kriterium* für die positive Definitheit bzw. Semidefinitheit einer Matrix verwendet werden, wenn man die Eigenwerte kennt oder einfach berechnen kann. Wenn die Eigenwerte unbekannt sind, läßt sich aber trotzdem eine einfache *notwendige Bedingung* für die positive Definitheit bzw. Semidefinitheit aus Satz 5.21 ableiten. Wegen (5.7) muß nämlich für jede positiv definite (semidefinite) Matrix **A**

$$\det \mathbf{A} > 0 \quad (\det \mathbf{A} \geq 0)$$

gelten. Die sich ebenfalls aus (5.7) ergebende Bedingung sp $(\mathbf{A}) > 0$ (sp $(\mathbf{A}) \geq 0$) können wir unbeachtet lassen, denn ein anderes *notwendiges Kriterium* ist, daß *alle* Hauptdiagonalelemente von **A** *positiv (nichtnegativ)* sind. Die Bedingung sp $(\mathbf{A}) > 0$ (sp $(\mathbf{A}) \geq 0$) stellt also nur ein sehr *schwaches notwendiges Kriterium* dar.

Beispiel 5.16: Die Matrix

$$\mathbf{A} = \begin{bmatrix} 6 & -2 & 4 \\ -2 & 2 & 0 \\ 4 & 0 & 3 \end{bmatrix}$$

ist zwar symmetrisch, aber nicht positiv definit, denn ihre Determinante ist negativ: $\det \mathbf{A} = -8$.

Beispiel 5.17: Zum gleichen Ergebnis gelangt man bei der Matrix

$$\mathbf{A} = \begin{bmatrix} 2 & 2 & 5 \\ 2 & 3 & -1 \\ 5 & -1 & -6 \end{bmatrix},$$

weil sie ein negatives Hauptdiagonalelement hat.

Beispiel 5.18: Für die Matrix

$$\mathbf{A} = \begin{bmatrix} 3 & 1 & -1 \\ 1 & 1 & -1 \\ -1 & -1 & 3 \end{bmatrix}$$

sind die notwendigen Bedingungen erfüllt, es ist $\det \mathbf{A} = 4$ und alle Hauptdiagonalelemente sind positiv. Um behaupten zu können, daß **A** positiv definit ist, muß aber ein hinreichendes Kriterium herangezogen werden. Die Berechnung der Eigenwerte λ_k von **A** ergibt

$$\lambda_1 = \tfrac{1}{2}\left(5 - \sqrt{17}\right), \quad \lambda_2 = 2, \quad \lambda_3 = \tfrac{1}{2}\left(5 + \sqrt{17}\right)$$

und nach Satz 5.21 ist **A** positiv definit.

5.2.5.3. Schiefsymmetrische und schiefhermitesche Matrizen

Eine reelle schiefsymmetrische Matrix, also eine reelle Matrix mit der Eigenschaft

$$\mathbf{A} = -\mathbf{A}^\mathrm{T}$$

hat nur rein imaginäre Eigenwerte. Wir erkennen das, wenn wir die Herleitung der Reellwertigkeit der Eigenwerte symmetrischer Matrizen (Satz 5.15) von der Stelle an abändern, wo $\mathbf{A} = \mathbf{A}^\mathrm{T}$ gesetzt wurde. Wir erhalten dann statt (5.23)

$$-\overline{\mathbf{r}}^\mathrm{T}\mathbf{A}\mathbf{r} = \overline{\lambda}\,\overline{\mathbf{r}}^\mathrm{T}\mathbf{r}$$

und statt (5.24)

$$(\bar{\lambda} + \lambda)\,\bar{\mathbf{r}}^{\mathrm{T}}\mathbf{r} = 0.$$

Daraus folgt

$$\bar{\lambda} = -\lambda.$$

Setzen wir $\lambda = \alpha + \mathrm{i}\beta$, so erhält diese Gleichung die Form

$$\alpha - \mathrm{i}\beta = -\alpha - \mathrm{i}\beta,$$

woraus sich $\alpha = 0$ ergibt. Jeder Eigenwert λ ist also rein imaginär. Bei den komplexen Matrizen kommt man für die sogenannten schiefhermiteschen Matrizen, die durch

$$\bar{\mathbf{A}} = -\mathbf{A}^{\mathrm{T}}$$

definiert sind, zum gleichen Ergebnis. Es gilt also

S.5.22   **Satz 5.22:** *Die Eigenwerte jeder reellen schiefsymmetrischen Matrix und jeder schiefhermiteschen Matrix sind rein imaginär.*

Für die Eigenvektoren läßt sich bei den schiefsymmetrischen Matrizen keine Eigenschaft angeben, die unmittelbar mit der Reellwertigkeit der Eigenvektoren symmetrischer Matrizen im Sinne von Satz 5.16 vergleichbar ist. Es gibt aber wie bei den symmetrischen Matrizen wieder zu jedem Eigenwert eine der Vielfachheit des Eigenwertes entsprechende Anzahl linear unabhängiger Eigenvektoren. Deshalb gehören die reellen schiefsymmetrischen Matrizen und die schiefhermiteschen Matrizen auch zur Klasse der diagonalähnlichen Matrizen. Es gilt

S.5.23   **Satz 5.23:** *Jede reelle schiefsymmetrische und jede schiefhermitesche Matrix kann durch eine Ähnlichkeitstransformation mit einer unitären Matrix auf Diagonalform gebracht werden.*

Bezüglich der Orthogonalität der Eigenvektoren gilt folgendes:

S.5.24   **Satz 5.24:** *Die zu verschiedenen Eigenwerten gehörigen Eigenvektoren reeller schiefsymmetrischer Matrizen und schiefhermitescher Matrizen sind (komplex) orthogonal.*

Beweis: Da die reellen schiefsymmetrischen Matrizen spezielle schiefhermitesche Matrizen sind, braucht der Beweis nur für letztere Matrizenklasse geführt zu werden. Es seien also $\mathbf{A}$ eine schiefhermitesche Matrix und $\mathbf{r}$, $\mathbf{s}$ zwei Eigenvektoren von $\mathbf{A}$ mit den Eigenwerten λ und μ, $\lambda \neq \mu$. Dann gilt

$$\bar{\mathbf{s}}^{\mathrm{T}}\mathbf{A}\mathbf{r} = \bar{\mathbf{s}}^{\mathrm{T}}(\lambda\mathbf{r}) = \lambda\bar{\mathbf{s}}^{\mathrm{T}}\mathbf{r} = \lambda\mathbf{r}^{\mathrm{T}}\bar{\mathbf{s}} \tag{5.28}$$

und andererseits, da $\bar{\mathbf{s}}^{\mathrm{T}}\mathbf{A}\mathbf{r}$ eine Zahl ist und demnach $\bar{\mathbf{s}}^{\mathrm{T}}\mathbf{A}\mathbf{r} = (\mathbf{s}^{\mathrm{T}}\mathbf{A}\mathbf{r})^{\mathrm{T}}$ ist,

$$\bar{\mathbf{s}}^{\mathrm{T}}\mathbf{A}\mathbf{r} = \mathbf{r}^{\mathrm{T}}\mathbf{A}^{\mathrm{T}}\bar{\mathbf{s}} = -\mathbf{r}^{\mathrm{T}}\bar{\mathbf{A}}\bar{\mathbf{s}} = -\bar{\mu}\mathbf{r}^{\mathrm{T}}\bar{\mathbf{s}} = \mu\mathbf{r}^{\mathrm{T}}\bar{\mathbf{s}}; \tag{5.29}$$

dabei wurde zuletzt verwendet, daß μ rein imaginär ist, also $\bar{\mu} = -\mu$ gilt. Durch Differenzbildung von (5.28) und (5.29) entsteht

$$(\lambda - \mu)\,\mathbf{r}^{\mathrm{T}}\bar{\mathbf{s}} = 0,$$

woraus sich wegen $\lambda \neq \mu$ die Orthogonalitätsrelation $\mathbf{r}^{\mathrm{T}}\bar{\mathbf{s}} = \bar{\mathbf{r}}^{\mathrm{T}}\mathbf{s} = 0$ ergibt. ∎

Beispiel 5.19: Wir führen die Hauptachsentransformation für die reelle schiefsymmetrische Matrix

$$A = \begin{bmatrix} 0 & 2 \\ -2 & 0 \end{bmatrix}$$

durch. Das charakteristische Polynom

$$p(\lambda) = \det(A - \lambda E) = \lambda^2 + 4$$

hat die rein imaginären Nullstellen

$$\lambda_1 = 2i, \quad \lambda_2 = -2i.$$

Als zugehörige normierte Eigenvektoren ermittelt man (Normierungsvorschrift $r^T r = 1$)

$$r_1 = \begin{bmatrix} 1/\sqrt{2} \\ i/\sqrt{2} \end{bmatrix}, \quad r_2 = \begin{bmatrix} 1/\sqrt{2} \\ -i/\sqrt{2} \end{bmatrix}.$$

Diese Eigenvektoren sind nicht im reellen, sondern im komplexen Sinn orthogonal, d. h. unitär, wie aus

$$r_1^T r_2 = \tfrac{1}{2} + \tfrac{1}{2} \neq 0,$$
$$\bar{r}_1^T r_2 = \tfrac{1}{2} - \tfrac{1}{2} = 0$$

hervorgeht. Die spaltenweise aus r_1, r_2 gebildete Matrix R (siehe Falksches Schema) ist unitär, da $\bar{R}^T R = E$ erfüllt ist, und erzeugt die Ähnlichkeitstransformation

$$R^{-1} A R = \bar{R}^T A R = \operatorname{diag}(\lambda_1, \lambda_2).$$

Um dies zu bestätigen, legen wir wieder das Falksche Schema an.

$$
\begin{array}{cc}
 & \begin{bmatrix} 1/\sqrt{2} & 1/\sqrt{2} \\ i/\sqrt{2} & -i/\sqrt{2} \end{bmatrix} R \\[2em]
A \begin{bmatrix} 0 & 2 \\ -2 & 0 \end{bmatrix} & \begin{bmatrix} i\sqrt{2} & -i\sqrt{2} \\ -\sqrt{2} & -\sqrt{2} \end{bmatrix} AR \\[2em]
\bar{R}^T \begin{bmatrix} 1/\sqrt{2} & -i/\sqrt{2} \\ 1/\sqrt{2} & i/\sqrt{2} \end{bmatrix} & \begin{bmatrix} 2i & 0 \\ 0 & -2i \end{bmatrix} \bar{R}^T A R
\end{array}
$$

5.2.5.4. Orthogonale und unitäre Matrizen

Die reellen orthogonalen Matrizen bzw. die unitären Matrizen sind durch die Eigenschaft

$$A^T = A^{-1} \quad \text{bzw.} \quad \bar{A}^T = A^{-1}$$

definiert. Da für reelle Matrizen wegen $\bar{A}^T = A^T$ beide Definitionen übereinstimmen sind die reellen orthogonalen Matrizen spezielle unitäre Matrizen. Es reicht also aus wenn wir die Herleitung einer einfachen Eigenschaft der Eigenwerte dieser Matrizen nur für die unitären Matrizen vornehmen; denn diese Eigenschaft besitzen dann auch die Eigenwerte der reellen orthogonalen Matrizen. Es sei also A eine unitäre Matrix und r ein Eigenvektor von A mit dem Eigenwert λ, d. h. es gilt $Ar = \lambda r$, $r \neq o$. Wir transponieren beide Vektoren Ar und λr und gehen zu den konjugiert komplexen Werten über, so daß

$$(\overline{Ar})^T = (\overline{\lambda r})^T$$

oder nach Auflösen der Klammern

$$\bar{\mathbf{r}}^T\bar{\mathbf{A}}^T = \bar{\lambda}\bar{\mathbf{r}}^T$$

entsteht. Diese Zeilenvektoren werden nun mit den entsprechenden Spaltenvektoren von $\mathbf{Ar} = \lambda\mathbf{r}$ multipliziert, woraus sich

$$\mathbf{r}^T\bar{\mathbf{A}}^T\mathbf{Ar} = \lambda\bar{\lambda}\bar{\mathbf{r}}^T\mathbf{r}$$

ergibt. Aus $\bar{\mathbf{A}}^T\mathbf{A} = \mathbf{A}^{-1}\mathbf{A} = \mathbf{E}$ und $\bar{\mathbf{r}}^T\mathbf{r} \neq 0$ (wegen $\mathbf{r} \neq \mathbf{o}$) folgt unmittelbar

$$\lambda\bar{\lambda} = 1.$$

Setzen wir hier noch $\lambda\bar{\lambda} = |\lambda|^2$, so ist damit die Gültigkeit des folgenden Satzes erwiesen:

S.5.25 **Satz 5.25:** *Die Eigenwerte reeller orthogonaler Matrizen und unitärer Matrizen sind dem Betrage nach gleich eins; sie sind also in der Form*

$$\lambda = e^{i\varphi} = \cos\varphi + i\sin\varphi$$

darstellbar.

Mit diesem Satz ist der wichtigste Unterschied zu den bisher behandelten speziellen Eigenwertproblemen genannt. *Für die Eigenvektoren reeller orthogonaler und unitärer Matrizen gelten ähnliche Aussagen wie für die hermiteschen oder die schiefhermiteschen Matrizen.* Wir verzichten darauf, diese Aussagen ausführlich zu formulieren, sondern begnügen uns mit einer kurzen Aufzählung: *Es gibt ein vollzähliges System linear unabhängiger Eigenvektoren; zu verschiedenen Eigenwerten gehörige Eigenvektoren sind (komplex) orthogonal; eine unitäre Hauptachsentransformation ist stets durchführbar.*

Beispiel 5.20: Wir betrachten die reelle orthogonale Matrix

$$\mathbf{A} = \begin{bmatrix} \cos\varphi & -\sin\varphi \\ \sin\varphi & \cos\varphi \end{bmatrix}.$$

Aus der charakteristischen Gleichung

$$\lambda^2 - 2\lambda\cos\varphi + 1 = 0$$

ergeben sich die Eigenwerte zu

$$\lambda_1 = \cos\varphi + i\sin\varphi = e^{i\varphi},$$
$$\lambda_2 = \cos\varphi - i\sin\varphi = e^{-i\varphi}.$$

Die zugehörigen normierten Eigenvektoren sind

$$\mathbf{r}_1 = \begin{bmatrix} 1/\sqrt{2} \\ -i/\sqrt{2} \end{bmatrix}, \quad \mathbf{r}_2 = \begin{bmatrix} 1/\sqrt{2} \\ i/\sqrt{2} \end{bmatrix}.$$

Diese Eigenvektoren sind wegen

$$\bar{\mathbf{r}}_1^T\mathbf{r}_2 = \begin{bmatrix} 1/\sqrt{2}, & i/\sqrt{2} \end{bmatrix} \begin{bmatrix} 1/\sqrt{2} \\ i/\sqrt{2} \end{bmatrix} = \frac{1}{2} - \frac{1}{2} = 0$$

(komplex) orthogonal. Die Hauptachsentransformation demonstrieren wir wieder mit dem Falkschen Schema:

$$
\begin{array}{cc}
 & \begin{bmatrix} 1/\sqrt{2} & 1/\sqrt{2} \\ -i/\sqrt{2} & i/\sqrt{2} \end{bmatrix} \mathbf{R} \\[4ex]
\mathbf{A} \begin{bmatrix} \cos\varphi & -\sin\varphi \\ \sin\varphi & \cos\varphi \end{bmatrix} & \begin{bmatrix} e^{i\varphi}/\sqrt{2} & e^{-i\varphi}/\sqrt{2} \\ -ie^{i\varphi}/\sqrt{2} & ie^{-i\varphi}/\sqrt{2} \end{bmatrix} \mathbf{AR} \\[4ex]
\overline{\mathbf{R}}^{\mathrm{T}} \begin{bmatrix} 1/\sqrt{2} & i/\sqrt{2} \\ 1/\sqrt{2} & -i/\sqrt{2} \end{bmatrix} & \begin{bmatrix} e^{i\varphi} & 0 \\ 0 & e^{-i\varphi} \end{bmatrix} \overline{\mathbf{R}}^{\mathrm{T}}\mathbf{AR}
\end{array}
$$

5.2.5.5. Inverse Matrizen

In diesem Abschnitt wollen wir untersuchen, welche Beziehungen zwischen dem Eigenwertproblem

$$\mathbf{Ar} = \lambda\mathbf{r} \tag{5.1}$$

und dem Eigenwertproblem für die zu $\mathbf{A}$ inverse Matrix $\mathbf{A}^{-1}$,

$$\mathbf{A}^{-1}\mathbf{s} = \mu\mathbf{s} \tag{5.30}$$

bestehen. Dabei müssen wir natürlich von Beginn an voraussetzen, daß $\mathbf{A}$ nicht singulär ist, daß also $\det\mathbf{A} \neq 0$ gilt; denn nur in diesem Fall gibt es zu $\mathbf{A}$ die inverse Matrix $\mathbf{A}^{-1}$. Wir überlassen es dem Leser als Übung, sich zu überlegen, daß aus der Existenz von $\mathbf{A}^{-1}$ für die Eigenwerte λ von $\mathbf{A}$ die Folgerung $\lambda \neq 0$ gezogen werden kann. Dann existiert aber auch die Matrix $\dfrac{1}{\lambda}\mathbf{A}^{-1}$. Mit dieser Matrix multiplizieren wir beide Seiten von (5.1), so daß nach Vertauschung der Seiten

$$\mathbf{A}^{-1}\mathbf{r} = \frac{1}{\lambda}\mathbf{r}$$

entsteht. Der Vergleich dieser Beziehung mit (5.30) ergibt $\mathbf{r} = \mathbf{s}$ und $\mu = \dfrac{1}{\lambda}$. Es gilt demnach

Satz 5.26: *Die Matrizen $\mathbf{A}$ und $\mathbf{A}^{-1}$ haben die gleichen Eigenvektoren. Die zugehörigen* **S.5.26** *Eigenwerte sind zueinander reziprok.*

Da $\mathbf{A}$ und $\mathbf{A}^{-1}$ die gleichen Eigenvektoren haben, sind $\mathbf{A}$ und $\mathbf{A}^{-1}$ entweder beide diagonalähnlich oder beide nicht diagonalähnlich. Sind sie diagonalähnlich, so können sie durch die gleiche Hauptachsentransformation auf Diagonalform gebracht werden.

5.2.5.6. Vertauschbare Matrizen

Der Satz 5.26 im vorangehenden Abschnitt gibt zu der Frage Anlaß, ob es außer der inversen Matrix $\mathbf{A}^{-1}$ noch weitere Matrizen gibt, die mit einer gegebenen Matrix $\mathbf{A}$ sämtliche Eigenvektoren gemeinsam haben. Zur Beantwortung dieser Frage nehmen wir an, daß $\mathbf{A}$ diagonalähnlich ist. Es gibt also eine nichtsinguläre Matrix $\mathbf{R}$, deren Spalten $\mathbf{r}_1, \ldots, \mathbf{r}_n$ Eigenvektoren von $\mathbf{A}$ sind, so daß $\mathbf{D} = \mathbf{R}^{-1}\mathbf{AR}$ eine Diagonalmatrix ist.

Es wird jetzt eine mit **A** vertauschbare Matrix **B** betrachtet, also eine Matrix **B**, für die

$$\mathbf{AB} = \mathbf{BA}$$

gilt. Wir bilden

$$\mathbf{R^{-1}ABR} = \mathbf{R^{-1}BAR},$$

und daraus durch Einfügen der Einheitsmatrix $\mathbf{E} = \mathbf{RR^{-1}}$ zwischen **A** und **B**

$$\mathbf{R^{-1}ARR^{-1}BR} = \mathbf{R^{-1}BRR^{-1}AR}.$$

In dieser Gleichung wird nun $\mathbf{R^{-1}AR}$ durch die Diagonalmatrix **D** ersetzt,

$$\mathbf{D(R^{-1}BR)} = \mathbf{(R^{-1}BR)D}.$$

Die Matrix $\mathbf{R^{-1}BR}$ ist demnach mit der Diagonalmatrix **D** vertauschbar, also selbst eine Diagonalmatrix:

$$\mathbf{R^{-1}BR} = \begin{bmatrix} \mu_1 & 0 & \ldots & 0 \\ 0 & \mu_2 & \ldots & 0 \\ \cdot & \ldots\ldots\ldots \\ 0 & 0 & \ldots & \mu_n \end{bmatrix} = \tilde{\mathbf{D}}.$$

Wir multiplizieren nun diese Gleichung von links mit der Matrix **R**, erhalten dadurch

$$\mathbf{BR} = \mathbf{R\tilde{D}}$$

und lesen die neue Gleichung einzeln für jede Spalte $\mathbf{r}_k$ von **R**. Sie zerfällt dann in die n Gleichungen

$$\mathbf{Br}_k = \mu_k \mathbf{r}_k.$$

Die Eigenvektoren $\mathbf{r}_k$ von **A** sind also auch Eigenvektoren von **B**, allerdings im allgemeinen mit anderen Eigenwerten. Wir fassen zusammen:

S.5.27 Satz 5.27: *Vertauschbare diagonalähnliche Matrizen haben die gleichen Eigenvektoren.*

An dieser Stelle bringen wir ein andersgeartetes Beispiel. Es soll mit diesem Beispiel gezeigt werden, daß im Satz 5.27 die Voraussetzung der Diagonalähnlichkeit tatsächlich erforderlich ist. Dazu werden zwei spezielle vertauschbare, aber nicht diagonalähnliche Matrizen angegeben, die unterschiedliche Eigenvektoren haben. Es ist also ein Gegenbeispiel zu der falschen Behauptung „vertauschbare Matrizen haben stets die gleichen Eigenvektoren". Obwohl solche Gegenbeispiele immer nur negative Aussagen liefern, spielen sie in der Mathematik eine wichtige Rolle, da durch sie die Grenzen der als positive Aussagen formulierbaren Ergebnisse abgesteckt werden können.

Beispiel 5.21: Die beiden Matrizen

$$\mathbf{A} = \begin{bmatrix} 1 & 1 & 0 \\ 0 & 1 & 0 \\ 0 & 0 & 1 \end{bmatrix}, \quad \mathbf{B} = \begin{bmatrix} 3 & 0 & 1 \\ 0 & 3 & 0 \\ 0 & 0 & 3 \end{bmatrix}$$

sind vertauschbar, denn es gilt $\mathbf{AB} = \mathbf{BA}$. Zu den Eigenwerten $\lambda_1 = \lambda_2 = \lambda_3 = 1$ von **A** und $\mu_1 = \mu_2 = \mu_3 = 3$ von **B** gibt es jeweils nur zwei linear unabhängige Eigenvektoren $\mathbf{r}_1, \mathbf{r}_2$ und

s_1, s_2, da der Rangabfall wegen $R(A - E) = R(B - 3E) = 1$ in beiden Fällen zwei ist. Linear unabhängige Systeme von Eigenvektoren werden beispielsweise gebildet durch

$$r_1 = \begin{bmatrix} 1 \\ 0 \\ 0 \end{bmatrix}, \quad r_2 = \begin{bmatrix} 0 \\ 0 \\ 1 \end{bmatrix}; \quad s_1 = \begin{bmatrix} 1 \\ 0 \\ 0 \end{bmatrix}, \quad s_2 = \begin{bmatrix} 0 \\ 1 \\ 0 \end{bmatrix}.$$

Die beiden Matrizen sind also nicht diagonalähnlich, denn jede von ihnen müßte sonst drei linear unabhängige Eigenvektoren haben. Es ist offensichtlich, daß A und B unterschiedliche Mengen von Eigenvektoren aufweisen. Denn trotz der Möglichkeit, weitere Eigenvektoren durch Linearkombination aus den bereits bekannten erzeugen zu können, haben alle Eigenvektoren von B als letzte Komponente die Null, während es unter den Eigenvektoren von A solche gibt, deren letzte Komponente von null verschieden ist.

5.2.6. Extremaleigenschaft der Eigenwerte. Rayleigh-Quotient

In diesem Abschnitt betrachten wir nur Matrizen A, die *reell und symmetrisch* sind. Die n reellen Eigenwerte A wollen wir nach ihrer Größe numerieren, es wird also

$$\lambda_1 \leqq \lambda_2 \leqq \dots \leqq \lambda_n$$

angenommen. Von den zugehörigen Eigenvektoren wird vorausgesetzt, daß sie bereits orthogonalisiert sind, d. h., daß auch die zu einem mehrfachen Eigenwert gehörigen Eigenvektoren paarweise zueinander orthogonal sind. Ausgehend von diesen Voraussetzungen lassen sich für den *Rayleigh-Quotienten*

$$R(x) = \frac{x^T A x}{x^T x} \tag{5.31}$$

außerordentlich weittragende Eigenschaften nachweisen, die vor allem bei den numerischen Methoden zur Berechnung von Eigenwerten eine wichtige Rolle spielen.

Zuerst wollen wir in den Rayleigh-Quotienten für x die Eigenvektoren $x = r_k$ von A einsetzen, also $R(r_k)$ berechnen. Wir erhalten

$$R(r_k) = \frac{r_k^T A r_k}{r_k^T r_k} = \frac{r_k^T (\lambda_k r_k)}{r_k^T r_k} = \lambda_k. \tag{5.32}$$

Der Rayleigh-Quotient stimmt für die n Eigenvektoren $x = r_k$ mit den zugehörigen Eigenwerten λ_k überein. Zur näheren Untersuchung des Rayleigh-Quotienten für beliebige Vektoren x ziehen wir den Entwicklungssatz (Satz 5.12) aus Abschnitt 5.2.5.1. heran. Seine Verwendung ist erlaubt, da die Matrix A symmetrisch und mithin auch diagonalähnlich ist. Wir können einen beliebigen Vektor x in der Form

$$x = c_1 r_1 + c_2 r_2 + \dots + c_n r_n \tag{5.33}$$

darstellen. Für das Einsetzen in den Rayleigh-Quotienten bringen wir Ax in die unter Verwendung der Eigenwertbeziehung und (5.33) entstehende Form

$$Ax = c_1 \lambda_1 r_1 + c_2 \lambda_2 r_2 + \dots + c_n \lambda_n r_n$$

und beachten beim Ausmultiplizieren von $x^T(Ax)$ die Orthogonalität der Eigenvektoren:

$$R(x) = \frac{[c_1 r_1 + \dots + c_n r_n]^T [c_1 \lambda_1 r_1 + \dots + c_n \lambda_n r_n]}{[c_1 r_1 + \dots + c_n r_n]^T [c_1 r_1 + \dots + c_n r_n]}$$

$$= \frac{\lambda_1 c_1^2 r_1^T r_1 + \lambda_2 c_2^2 r_2^T r_2 + \dots + \lambda_n c_n^2 r_n^T r_n}{c_1^2 r_1^T r_1 + c_2^2 r_2^T r_2 + \dots + c_n^2 r_n^T r_n}. \tag{5.34}$$

Da keiner der Koeffizienten $c_k^2 \mathbf{r}_k^T \mathbf{r}_k$ von λ_k negativ ist, kann dieser Ausdruck nach unten abgeschätzt werden, indem wir alle λ_k durch λ_1 ersetzen, es entsteht so

$$R(\mathbf{x}) \geqq \frac{\lambda_1 c_1^2 \mathbf{r}_1^T \mathbf{r}_1 + \lambda_1 c_2^2 \mathbf{r}_2^T \mathbf{r}_2 + \ldots + \lambda_1 c_n^2 \mathbf{r}_n^T \mathbf{r}_n}{c_1^2 \mathbf{r}_1^T \mathbf{r}_1 + c_2^2 \mathbf{r}_2^T \mathbf{r}_2 + \ldots + c_n^2 \mathbf{r}_n^T \mathbf{r}_n} = \lambda_1.$$

Entsprechend läßt sich $R(\mathbf{x})$ nach oben durch $R(\mathbf{x}) \leqq \lambda_n$ abschätzen. Zusammen mit den Relationen (5.32) für $k = 1$ und $k = n$ gelangen wir damit zu

S.5.28 **Satz 5.28:** *Der kleinste (größte) Eigenwert einer reellen symmetrischen Matrix ist das Minimum (Maximum) des Rayleigh-Quotienten $R(\mathbf{x})$*

$$\lambda_1 = \min_{\mathbf{x} \in R^n} R(\mathbf{x}), \qquad \lambda_n = \max_{\mathbf{x} \in R^n} R(\mathbf{x}). \tag{5.35}$$

Dieses Minimum (Maximum) nimmt der Rayleigh-Quotient für jeden zum kleinsten (größten) Eigenwert gehörigen Eigenvektor an, d. h., es gilt für alle reellen Vektoren $\mathbf{x}$

$$\lambda_1 = R(\mathbf{r}_1) \leqq R(\mathbf{x}) \leqq R(\mathbf{r}_n) = \lambda_n.$$

Für dieses Extremalprinzip gibt es einige Verallgemeinerungen, auf die hier nur hingewiesen wird:

1) Der Ausdruck (5.34) kann in gleicher Weise nach unten durch λ_2 abgeschätzt werden, wenn $c_1 = 0$ gilt. In der Darstellung (5.33) eines Vektors $\mathbf{x}$ gilt aber $c_1 = 0$ genau dann, wenn $\mathbf{r}_1^T \mathbf{x} = 0$ ist, d. h., wenn $\mathbf{x}$ zu $\mathbf{r}_1$ orthogonal ist. Das Minimum des Rayleigh-Quotienten bezüglich aller zu $\mathbf{r}_1$ orthogonalen Vektoren $\mathbf{x}$ ist also gleich λ_2. Dieses Verfahren läßt sich offenbar fortsetzen, so daß man *jeden Eigenwert als Minimum oder – falls man die Abschätzung nach oben verwendet – als Maximum des Rayleigh-Quotienten darstellen kann.*

2) Der Rayleigh-Quotient läßt sich auch für hermitesche Matrizen sinnvoll erklären, wenn man ihn in der Form

$$R(\mathbf{x}) = \frac{\overline{\mathbf{x}}^T A \mathbf{x}}{\overline{\mathbf{x}}^T \mathbf{x}}$$

definiert. Sein Wert ist dann für alle komplexen Vektoren $\mathbf{x}$ reell.

3) Der Rayleigh-Quotient (5.31) kann ferner so definiert werden, daß das in Satz 5.28 festgehaltene Extremalprinzip auch für allgemeine Eigenwertaufgaben gültig ist (siehe Abschnitt 5.2.7.).

Auf Grund der dargestellten Extremaleigenschaft besitzt der Rayleigh-Quotient große Bedeutung bei der numerischen Lösung von Eigenwertaufgaben; denn es ist dadurch möglich, ohne großen Rechenaufwand beispielsweise für den kleinsten Eigenwert eine obere Schranke anzugeben. Dazu hat man lediglich einen beliebigen Vektor $\mathbf{x}$ auszuwählen und den zugehörigen Rayleigh-Quotienten $R(\mathbf{x})$ auszurechnen. Ebenfalls mit Hilfe von (5.34) kann unter gewissen Voraussetzungen an die gegenseitige Lage der Eigenwerte gezeigt werden, daß die so erhaltenen Schranken für λ_k auch ausgezeichnet *gute Näherungswerte* für λ_k sind, wenn $\mathbf{x}$ nur annähernd mit dem zugehörigen Eigenvektor übereinstimmt.

Beispiel 5.22: Die Eigenschaften des Rayleigh-Quotienten sollen an Hand der Matrix A von Beispiel 5.18 gezeigt werden. Die Eigenwerte von A sind

$$\lambda_1 = 0{,}44; \quad \lambda_2 = 2; \quad \lambda_3 = 4{,}56.$$

a) Wir setzen $x^T = [-1; 0; 1]$ in $R(x)$ ein und erhalten

$$x^T A = [-4; -2; 4], \quad x^T A x = 8, \quad x^T x = 2,$$

$$R(x) = \frac{8}{2} = 4.$$

In gleicher Weise wird für $x^T = [1; -2; 0]$ der Rayleigh-Quotient

$$R(x) = \frac{3}{5} = 0,6$$

berechnet. Aus beiden Ergebnissen folgt, daß der kleinste Eigenwert von A kleiner als 0,6 und der größte Eigenwert größer als 4 ist.

b) Es werden jetzt einige Vektoren x in den Rayleigh-Quotienten eingesetzt, die bereits gute Näherungen für den zum Eigenwert $\lambda_2 = 2$ gehörigen Eigenvektor sind. Wir stellen uns dabei vor, daß diese Vektoren x durch ein Verfahren zur näherungsweisen Berechnung des Eigenvektors entstehen und der Eigenvektor selbst einschließlich des Eigenwerts λ_2 noch unbekannt sind.

$$x_1^T = [2; 1; 1] \to R(x_1) = 2,3333,$$

$$x_2^T = [4; 1; 3] \to R(x_2) = 2,0769,$$

$$x_3^T = [10; 1; 9] \to R(x_3) = 2,0110,$$

$$x_4^T = [100; 1; 99] \to R(x_4) = 2,0001.$$

Zum Vergleich:

$$r_2^T = [1; 0; 1] \to R(r_2) = 2.$$

5.2.7. Die allgemeine Eigenwertaufgabe

Viele aus praktischen Aufgabenstellungen herrührenden Eigenwertprobleme treten nicht in der Form (5.1) auf, wie sie bisher betrachtet wurde, sondern sie haben die Gestalt

$$Ax = \lambda Bx. \tag{5.36}$$

Setzt man hier für B speziell die Einheitsmatrix E ein, so entsteht wieder die Eigenwertaufgabe (5.1), die wir in diesem Abschnitt im Unterschied zur Aufgabe (5.36) als *spezielle Eigenwertaufgabe* bezeichnen wollen. Eine Eigenwertaufgabe von der Form (5.36) heißt *allgemeine Eigenwertaufgabe*. Wie bei den speziellen Eigenwertaufgaben werden nur solche Lösungen λ, x von (5.36) gesucht, für die $x \neq o$ ist.

Bei der allgemeinen Eigenwertaufgabe erfolgt die Berechnung der Eigenwerte und Eigenvektoren sinngemäß wie bei der speziellen Eigenwertaufgabe. Die Eigenwertaufgabe (5.36) ist nämlich äquivalent mit der Aufgabe, das homogene lineare Gleichungssystem

$$(A - \lambda B) x = o \tag{5.37}$$

zu lösen. Dieses Gleichungssystem hat genau dann nichttriviale Lösungen x, wenn

$$\det (A - \lambda B) = 0 \tag{5.38}$$

oder ausführlich

$$\begin{vmatrix} a_{11} - \lambda b_{11} & a_{12} - \lambda b_{12} & \ldots & a_{1n} - \lambda b_{1n} \\ a_{21} - \lambda b_{21} & a_{22} - \lambda b_{22} & \ldots & a_{2n} - \lambda b_{2n} \\ \cdots\cdots\cdots\cdots\cdots\cdots\cdots\cdots\cdots\cdots\cdots \\ a_{n1} - \lambda b_{n1} & a_{n2} - \lambda b_{n2} & \ldots & a_{nn} - \lambda b_{nn} \end{vmatrix} = 0$$

gilt. Man hat also zuerst die *verallgemeinerte charakteristische Gleichung* (5.38) zu lösen, dann die so gefundenen Eigenwerte in (5.37) einzusetzen und für jeden Eigenwert einen oder, je nachdem wie der Rangabfall $n - R(\mathbf{A} - \lambda\mathbf{B})$ ausfällt, mehrere Eigenvektoren zu bestimmen.

Beispiel 5.23: Gesucht sind Eigenwerte und Eigenvektoren der allgemeinen Eigenwertaufgabe für die Matrizen

$$\mathbf{A} = \begin{bmatrix} 5 & 5 \\ 5 & 10 \end{bmatrix} \quad \text{und} \quad \mathbf{B} = \begin{bmatrix} 2 & -1 \\ 1 & 2 \end{bmatrix}.$$

Die verallgemeinerte charakteristische Gleichung ist

$$\begin{vmatrix} 5 - 2\lambda & 5 + \lambda \\ 5 - \lambda & 10 - 2\lambda \end{vmatrix} = 25 - 30\lambda + 5\lambda^2 = 0,$$

sie hat die Nullstellen

$$\lambda_1 = 1, \quad \lambda_2 = 5.$$

Damit sind die Eigenwerte des Problems gefunden. Der zu $\lambda_1 = 1$ gehörige Eigenvektor $\mathbf{r}_1$ wird aus dem linearen homogenen Gleichungssystem $(\mathbf{A} - \lambda_1\mathbf{B})\,\mathbf{r}_1 = \mathbf{o}$ berechnet (es wird $\mathbf{r}_1^{\mathrm{T}} = [r_{11}, r_{21}]$ gesetzt):

$$3r_{11} + 6r_{21} = 0,$$

$$4r_{11} + 8r_{21} = 0.$$

Eine Komponente kann frei gewählt werden; wählt man $r_{21} = 1$, so folgt $r_{11} = -2$ und damit

$$\mathbf{r}_1 = \begin{bmatrix} -2 \\ 1 \end{bmatrix} \text{ und normiert: } \mathbf{r}_1^{(n)} = \begin{bmatrix} -2/\sqrt{5} \\ 1/\sqrt{5} \end{bmatrix}.$$

Auf gleiche Weise ergibt sich für den zu $\lambda_2 = 5$ gehörigen Eigenvektor das Gleichungssystem

$$-5r_{12} + 10r_{22} = 0,$$

$$0 \cdot r_{12} + 0 \cdot r_{22} = 0.$$

Wählt man $r_{22} = 1$, so ergibt sich $r_{12} = 2$, also

$$\mathbf{r}_2 = \begin{bmatrix} 2 \\ 1 \end{bmatrix} \text{ und normiert: } \mathbf{r}_2^{(n)} = \begin{bmatrix} 2/\sqrt{5} \\ 1/\sqrt{5} \end{bmatrix}.$$

Wenn die Determinante von $\mathbf{B}$ nicht verschwindet, kann die allgemeine Eigenwertaufgabe in eine spezielle Eigenwertaufgabe umgewandelt werden, indem man (5.36) von links mit $\mathbf{B}^{-1}$ multipliziert. Es entsteht dann

$$\mathbf{B}^{-1}\mathbf{A}\mathbf{x} = \lambda\mathbf{x},$$

also eine spezielle Eigenwertaufgabe mit der Matrix $\hat{\mathbf{A}} = \mathbf{B}^{-1}\mathbf{A}$. Diese Umformung weist allerdings den Nachteil auf, daß bei dem in der Praxis häufig auftretenden Fall symmetrischer Matrizen $\mathbf{A}$, $\mathbf{B}$ durch die Multiplikation $\mathbf{B}^{-1}\mathbf{A}$ die Symmetrie verlorengeht, die Matrix $\hat{\mathbf{A}}$ also im allgemeinen nicht mehr symmetrisch ist. Die allgemeine Eigenwertaufgabe für symmetrische Matrizen $\mathbf{A}$, $\mathbf{B}$ läßt sich dagegen sowohl theoretisch als auch praktisch in ihrer ursprünglichen Form (5.36) leichter behandeln, wenn man gewisse Begriffe wie beispielsweise die Orthogonalität und den Rayleigh-

Quotienten in einer anderen, der Aufgabenstellung angepaßten Weise definiert. Multipliziert man nämlich die Eigenwertrelation

$$\mathbf{A}\mathbf{x}_k = \lambda_k \mathbf{B}\mathbf{x}_k$$

von links mit einem Eigenvektor $\mathbf{x}_j$, der zu einem von λ_k verschiedenen Eigenwert $\lambda_j \neq \lambda_k$ gehört, so entsteht

$$\mathbf{x}_j^T \mathbf{A}\mathbf{x}_k = \lambda_k \mathbf{x}_j^T \mathbf{B}\mathbf{x}_k. \tag{5.39}$$

Geht man andererseits von $\mathbf{A}\mathbf{x}_j = \lambda_j \mathbf{B}\mathbf{x}_j$ aus, so ergibt sich durch Multiplikation von links mit $\mathbf{x}_k^T$

$$\mathbf{x}_k^T \mathbf{A}\mathbf{x}_j = \lambda_j \mathbf{x}_k^T \mathbf{B}\mathbf{x}_j. \tag{5.40}$$

Subtrahiert man nun (5.40) von (5.39) und setzt die infolge der Symmetrie von $\mathbf{A}$ und $\mathbf{B}$ geltenden Beziehungen

$$\mathbf{x}_k^T \mathbf{B}\mathbf{x}_j = \mathbf{x}_j^T \mathbf{B}\mathbf{x}_k, \qquad \mathbf{x}_k^T \mathbf{A}\mathbf{x}_j = \mathbf{x}_j^T \mathbf{A}\mathbf{x}_k$$

ein, erhält man

$$0 = (\lambda_k - \lambda_j)\,\mathbf{x}_j^T \mathbf{B}\mathbf{x}_k.$$

Wegen $\lambda_k \neq \lambda_j$ gilt also

$$\mathbf{x}_j^T \mathbf{B}\mathbf{x}_k = 0. \tag{5.41}$$

Zu verschiedenen Eigenwerten gehörige Eigenvektoren sind demnach nicht unmittelbar orthogonal, sondern nur in dem durch (5.41) festgelegten Sinn.

Auch der Rayleigh-Quotient läßt sich in die Untersuchung der allgemeinen Eigenwertaufgabe einbeziehen, wenn man ihn in der Form

$$R(\mathbf{x}) = \frac{\mathbf{x}^T \mathbf{A}\mathbf{x}}{\mathbf{x}^T \mathbf{B}\mathbf{x}} \quad (\mathbf{x} \neq \mathbf{o}) \tag{5.42}$$

definiert. Um garantieren zu können, daß der Nenner von $R(\mathbf{x})$ nicht null wird, ist dazu allerdings die zusätzliche Voraussetzung erforderlich, daß die Matrix $\mathbf{B}$ positiv definit ist. Die sich unter dieser Voraussetzung insgesamt für die Eigenwerte und Eigenvektoren ergebenden Aussagen werden ohne Beweis im folgenden Satz angegeben.

Satz 5.29: *Es werde vorausgesetzt, daß die in der allgemeinen Eigenwertaufgabe (5.36)* **S.5.29** *stehenden Matrizen* $\mathbf{A}$*,* $\mathbf{B}$ *symmetrisch sind und die Matrix* $\mathbf{B}$ *zusätzlich positiv definit ist. Dann sind alle Eigenwerte* λ_k *der allgemeinen Eigenwertaufgabe (5.36) reell, und die Eigenvektoren* $\mathbf{r}_k$ *können in reeller Form dargestellt werden. Ferner existiert stets ein vollständiges System linear unabhängiger Eigenvektoren, die der verallgemeinerten Orthogonalitätsbeziehung*

$$\mathbf{r}_j^T \mathbf{B}\mathbf{r}_k = 0 \quad \text{für} \quad j \neq k$$

genügen und die Normierungsvorschrift

$$\mathbf{r}_k^T \mathbf{B}\mathbf{r}_k = 1$$

erfüllen. Der verallgemeinerte Rayleigh-Quotient (5.42) besitzt die gleichen Extremaleigenschaften (5.35) wie der Rayleigh-Quotient für die spezielle Eigenwertaufgabe.

11*

5.2.8.   Anwendungen

5.2.8.1.   Hauptachsentransformation quadratischer Formen

Unter einer n-dimensionalen quadratischen Gleichung versteht man eine Gleichung der Gestalt

$$\sum_{j=1}^{n} \sum_{k=1}^{n} a_{jk} x_j x_k + \sum_{k=1}^{n} b_k x_k + c_0 = 0. \tag{5.43}$$

Der quadratische Anteil dieser Gleichung besteht dabei aus einer sogenannten *quadratischen Form*. Bei dieser Schreibweise kommt das Produkt zweier verschiedener Variablen x_j, x_k zweimal vor: einmal im Summanden $a_{jk} x_j x_k$ und einmal im Summanden $a_{kj} x_k x_j$, was zunächst natürlich unzweckmäßig erscheint, da bei der Zusammenfassung beider Summanden die Form kürzer geschrieben werden könnte. Das doppelte Auftreten der Summanden benutzt man jedoch dazu, die Symmetriebeziehung

$$a_{kj} = a_{jk} \quad (j \neq k)$$

herzustellen. Bildet man nun aus den Koeffizienten der Gleichung (5.43) die Matrix $\mathbf{A} = (a_{jk})$ und den Vektor $\mathbf{b}^{\mathrm{T}} = [b_1, \ldots, b_n]$, so kann (5.43) in der Gestalt

$$\mathbf{x}^{\mathrm{T}} \mathbf{A} \mathbf{x} + \mathbf{b}^{\mathrm{T}} \mathbf{x} + c_0 = 0 \tag{5.44}$$

geschrieben werden, wobei $\mathbf{A}$ eine *symmetrische Matrix* ist. Die Bedeutung der im Abschnitt 5.2.4. eingeführten Ähnlichkeitstransformation (Darstellung für symmetrische Matrizen im Abschn. 5.2.5.1.) besteht nun gerade darin, daß durch den Übergang zu einem speziellen Koordinatensystem die Matrix $\mathbf{A}$ Diagonalform erhält und somit die quadratische Form nur noch rein quadratische Glieder aufweist. Faßt man diese dann noch mit den linearen Gliedern zusammen (quadratische Ergänzung!), so weist die gesamte quadratische Gleichung nur noch Quadrate und eine Konstante auf. Im einzelnen sind dabei folgende Schritte auszuführen.

Schritt 1. Berechnung der Eigenwerte λ_k und Eigenvektoren $\mathbf{r}_k$ von $\mathbf{A}$.

Schritt 2. Orthogonalisierung derjenigen Eigenvektoren, die zu einem mehrfachen Eigenwert gehören; Normierung sämtlicher Eigenvektoren.

Schritt 3. Koordinatentransformation ($\mathbf{y}^{\mathrm{T}} = [y_1, \ldots, y_n]$ neue Koordinaten)

$$\mathbf{x} = \mathbf{R}\mathbf{y}, \qquad \mathbf{R} = [\mathbf{r}_1, \ldots, \mathbf{r}_n]. \tag{5.45}$$

Ergebnis: Quadratische Gleichung der Gestalt

$$\lambda_1 y_1^2 + \lambda_2 y_2^2 + \ldots + \lambda_n y_n^2 + d_1 y_1 + d_2 y_2 + \ldots + d_n y_n + c_0 = 0. \tag{5.46}$$

Schritt 4. Gilt $\lambda_k \neq 0$, so können durch

$$\lambda_k y_k^2 + d_k y_k = \lambda_k \left(y_k + \frac{d_k}{2\lambda_k} \right)^2 - \frac{d_k^2}{4\lambda_k}$$

die linearen Glieder von (5.46) mit den quadratischen Gliedern vereinigt werden.

Will man später gewisse im y-Koordinatensystem beschriebene Punkte wieder im ursprünglichen x-Koordinatensystem angeben, so erfolgt dies ebenfalls mit der Beziehung (5.45).

Dadurch, daß in (5.45) die Koeffizienten der quadratischen Terme gerade die Eigenwerte der Matrix $\mathbf{A}$ sind, läßt sich bei den quadratischen Gleichungen mit zwei

Veränderlichen – den Gleichungen der Kurven 2. Ordnung oder *Kegelschnitts-gleichungen* – die Art des durch sie beschriebenen Kegelschnitts erkennen. Geht man z. B. von der Gleichung

$$a_{11}x_1^2 + 2a_{12}x_1x_2 + a_{22}x_2^2 + b_1x_1 + b_2x_2 + c_0 = 0$$

aus, so kann man diese in der Form

$$\mathbf{x}^T\mathbf{A}\mathbf{x} + \mathbf{b}^T\mathbf{x} + c_0 = 0 \qquad\qquad (*)$$

mit $\mathbf{A}^T = \mathbf{A}$ schreiben. Die Eigenwerte von $\mathbf{A}$ werden aus der Gleichung

$$\det(\mathbf{A} - \lambda\mathbf{E}) = 0$$

bestimmt. Die zugehörigen normierten und orthogonalisierten Eigenvektoren seien $\mathbf{r}_1$ und $\mathbf{r}_2$. Bildet man $\mathbf{R} = [\mathbf{r}_1, \mathbf{r}_2]$ und $\mathbf{x} = \mathbf{R}\mathbf{y}$, so geht

$$\mathbf{x}^T\mathbf{A}\mathbf{x} + \mathbf{b}^T\mathbf{x} + c_0 = 0$$

über in

$$\mathbf{y}^T\mathbf{R}^T\mathbf{A}\mathbf{R}\mathbf{y} + \mathbf{b}^T\mathbf{R}\mathbf{y} + c_0 = 0; \qquad\qquad (**)$$

dabei ist $\mathbf{R}^T\mathbf{A}\mathbf{R}$ eine Diagonalmatrix, deren Diagonalelemente die Eigenwerte von $\mathbf{A}$ sind. Aus

$$a_{11}x_1^2 + 2a_{12}x_1x_2 + a_{22}x_2^2 + b_1x_1 + b_2x_2 + c_0 = 0$$

wird dann

$$\lambda_1 y_1^2 + \lambda_2 y_2^2 + (r_{11}b_1 + r_{21}b_2)y_1 + (r_{12}b_1 + r_{22}b_2)y_2 + c_0 = 0.$$

Für $\lambda_1, \lambda_2 \neq 0$ läßt sich die letzte Gleichung umformen in

$$\lambda_1\left(y_1 + \frac{d_1}{2\lambda_1}\right)^2 + \lambda_2\left(y_2 + \frac{d_2}{2\lambda_2}\right)^2 + C_0 = 0,$$

wenn

$$d_1 = r_{11}b_1 + r_{21}b_2, \quad d_2 = r_{12}b_1 + r_{22}b_2, \quad C_0 = -\left(\frac{d_1^2}{4\lambda_1} + \frac{d_2^2}{4\lambda_2}\right) + c_0$$

gesetzt wird.

Wir unterscheiden folgende Kegelschnitte:

I. Für $C_0 \neq 0$:

(1) $\lambda_1 \neq \lambda_2$, $\lambda_1\lambda_2 > 0$

$\quad\lambda_1 > 0$, $\lambda_2 > 0$, $C_0 < 0$ – (reelle) Ellipse,

(hier wie im folgenden sind die jeweils entsprechenden Fälle weggelassen; z. B. ergibt $\lambda_1 < 0$, $\lambda_2 < 0$, $C_0 > 0$ natürlich ebenfalls eine reelle Ellipse)

$\quad\lambda_1 > 0$, $\lambda_2 > 0$, $C_0 > 0$ – imaginäre Ellipse,

(2) $\lambda_1 \neq \lambda_2$, $\lambda_1\lambda_2 < 0$ \qquad – Hyperbel;

(3) $\lambda_1 = \lambda_2 \neq 0$

$\quad\lambda_1 = \lambda_2 > 0$, \quad $C_0 < 0$ – (reeller) Kreis,

$\quad\lambda_1 = \lambda_2 > 0$, \quad $C_0 > 0$ – imaginärer Kreis,

II. für $C_0 = 0$:

(4) $\lambda_1 \neq \lambda_2$, $\lambda_1\lambda_2 > 0$ – zwei imaginäre Gerade,

$\qquad\qquad\quad \lambda_1\lambda_2 < 0$ – zwei reelle Gerade;

III. aus der Gleichung

$$\lambda_1 y_1^2 + \lambda_2 y_2^2 + d_1 y_1 + d_2 y_2 + c_0 = 0$$

erhält man

(5) für $\lambda_1 \neq 0$, $\lambda_2 = 0$, $d_2 \neq 0$ – Parabel;

(6) für $\lambda_1 \neq 0$, $\lambda_2 = 0$, $d_1 = d_2 = 0$, $\lambda_1 c_0 < 0$ – zwei parallele reelle Gerade,

$\qquad\quad \lambda_1 \neq 0$, $\lambda_2 = 0$, $d_1 = d_2 = 0$, $\lambda_1 c_0 > 0$ – zwei parallele imaginäre Gerade;

(7) für $\lambda_1 \neq 0$, $\lambda_2 = 0$, $d_1 = d_2 = c_0 = 0$ – zwei zusammenfallende Gerade

$\qquad\qquad\qquad\qquad\qquad\qquad\qquad\qquad\qquad\quad$ (y_2-Achse).

Im Falle dreier Veränderlicher ($n = 3$) erhält man ganz analog für $\lambda_1, \lambda_2, \lambda_3 \neq 0$ aus (∗) die Diagonalform (∗∗), dann durch quadratische Ergänzung

$$\lambda_1 \left(y_1 + \frac{d_1}{2\lambda_1} \right)^2 + \lambda_2 \left(y_2 + \frac{d_2}{2\lambda_2} \right)^2 + \lambda_3 \left(y_3 + \frac{d_3}{2\lambda_3} \right)^3 + C_0 = 0$$

mit

$$d_1 = r_{11}b_1 + r_{21}b_2 + r_{31}b_3, \quad d_2 = r_{12}b_1 + r_{22}b_2 + r_{32}b_3,$$

$$d_3 = r_{13}b_1 + r_{23}b_2 + r_{33}b_3, \quad C_0 = -\left(\frac{d_1^2}{4\lambda_1} + \frac{d_2^2}{4\lambda_2} + \frac{d_3^2}{4\lambda_3} \right) + c_0$$

und hieraus die folgenden Flächen 2. Ordnung:

I. Für $C_0 \neq 0$:

(1) $\lambda_1 > 0$, $\lambda_2 > 0$, $\lambda_3 > 0$, $C_0 < 0$ – (reelles) Ellipsoid,

$\quad \lambda_1 > 0$, $\lambda_2 > 0$, $\lambda_3 > 0$, $C_0 > 0$ – imaginäres Ellipsoid,

(2) $\lambda_1 > 0$, $\lambda_2 > 0$, $\lambda_3 < 0$, $C_0 < 0$ – einschaliges Hyperboloid,

$\quad \lambda_1 > 0$, $\lambda_2 > 0$, $\lambda_3 < 0$, $C_0 > 0$ – zweischaliges Hyperboloid;

II. für $C_0 = 0$:

(3) $\lambda_1 > 0$, $\lambda_2 > 0$, $\lambda_3 < 0$ – (reeller) Kegel,

$\quad \lambda_1 > 0$, $\lambda_2 > 0$, $\lambda_3 > 0$ – imaginärer Kegel;

III. aus der Gleichung

$$\lambda_1 y_1^2 + \lambda_2 y_2^2 + \lambda_3 y_3^2 + d_1 y_1 + d_2 y_2 + d_3 y_3 + c_0 = 0$$

erhält man

(4) für $\lambda_1 > 0$, $\lambda_2 > 0$, $\lambda_3 = 0$, $d_3 \neq 0$ – elliptisches Paraboloid,

$\quad\;\; \lambda_1 > 0$, $\lambda_2 < 0$, $\lambda_3 = 0$, $d_3 \neq 0$ – hyperbolisches Paraboloid,

(5) für $\lambda_1 \neq 0$, $\lambda_2 = 0$, $\lambda_3 = 0$, $d_2 = 0$, $d_3 \neq 0$ – parabolischer Zylinder,

(6) für $\lambda_1 > 0$, $\lambda_2 > 0$, $\lambda_3 = 0$, $d_1 = d_2 = d_3 = 0$, $c_0 < 0$
$\qquad$ – (reeller) elliptischer Zylinder,

$\quad\;\;\lambda_1 > 0$, $\lambda_2 > 0$, $\lambda_3 = 0$, $d_1 = d_2 = d_3 = 0$, $c_0 > 0$
$\qquad$ – imaginärer elliptischer Zylinder,

$\quad\;\;\lambda_1 > 0$, $\lambda_2 < 0$, $\lambda_3 = 0$, $d_1 = d_2 = d_3 = 0$, $c_0 < 0$
$\qquad$ hyperbolischer Zylinder;

(7) für $\lambda_1 > 0$, $\lambda_2 = 0$, $\lambda_3 = 0$, $d_1 = d_2 = d_3 = 0$, $c_0 < 0$
$\qquad$ – Paar paralleler (reeller) Ebenen,

$\quad\;\;\lambda_1 > 0$, $\lambda_2 = 0$, $\lambda_3 = 0$, $d_1 = d_2 = d_3 = 0$, $c_0 > 0$
$\qquad$ – Paar paralleler imaginärer Ebenen;

(8) für $\lambda_1 > 0$, $\lambda_2 < 0$, $\lambda_3 = 0$, $d_1 = d_2 = d_3 = 0$, $c_0 = 0$
$\qquad$ – Paar sich schneidender (reeller) Ebenen,

$\quad\;\;\lambda_1 > 0$, $\lambda_2 > 0$, $\lambda_3 = 0$, $d_1 = d_2 = d_3 = 0$, $c_0 = 0$,
$\qquad$ – Paar sich schneidender imaginärer Ebenen,

$\quad\;\;\lambda_1 > 0$, $\lambda_2 = 0$, $\lambda_3 = 0$, $d_1 = d_2 = d_3 = 0$, $c_0 = 0$
$\qquad$ – zwei zusammenfallende Ebenen.

Beispiel 5.24: Wir betrachten den durch die Gleichung

$$5x_1^2 + 2x_2^2 - 4x_1x_2 + 2x_1 - 6x_2 + 4 = 0$$

beschriebenen Kegelschnitt. Diese Gleichung erhält die Form (5.44), wenn

$$A = \begin{bmatrix} 5 & -2 \\ -2 & 2 \end{bmatrix}, \quad b = \begin{bmatrix} 2 \\ -6 \end{bmatrix}, \quad c_0 = 4$$

gesetzt wird. Aus der charakteristischen Gleichung

$$\begin{bmatrix} 5 - \lambda & -2 \\ -2 & 2 - \lambda \end{bmatrix} = \lambda^2 - 7\lambda + 6 = 0$$

ergeben sich die Eigenwerte

$$\lambda_1 = 1, \quad \lambda_2 = 6.$$

Da sie voneinander verschieden und beide positiv sind, handelt es sich um eine Ellipse. Aus den beiden Gleichungssystemen $(A - \lambda_k E)\, r_k = o$ werden die Eigenvektoren

$$r_1 = \frac{1}{\sqrt{5}} \begin{bmatrix} 1 \\ 2 \end{bmatrix}, \quad r_2 = \frac{1}{\sqrt{5}} \begin{bmatrix} 2 \\ -1 \end{bmatrix}$$

berechnet. Als Transformationsgleichungen erhält man gemäß (5.45)

$$x_1 = \frac{1}{\sqrt{5}} (y_1 + 2y_2), \qquad x_2 = \frac{1}{\sqrt{5}} (2y_1 - y_2). \qquad (5.47)$$

Wir setzen nun diese Substitutionen in die gegebene Kegelschnittgleichung ein. Es entsteht dann

$$y_1^2 + 6y_2^2 - 2\sqrt{5}\,y_1 + 2\sqrt{5}\,y_2 + 4 = 0$$

und daraus

$$\frac{(y_1 - \sqrt{5})^2}{\dfrac{11}{6}} + \frac{\left(y_2 + \dfrac{\sqrt{5}}{6}\right)^2}{\dfrac{11}{36}} = 1.$$

Aus dieser Form der Ellipsengleichung können die Koordinaten $y_1^{(m)}$, $y_2^{(m)}$ des Ellipsenmittelpunkts und die Längen a, b der Halbachsen abgelesen werden:

$$y_1^{(m)} = \sqrt{5}, \quad a = \sqrt{11/6},$$

$$y_2^{(m)} = -\sqrt{5/6}, \quad b = \sqrt{11/6}.$$

Der Ellipsenmittelpunkt kann mit Hilfe der Formeln (5.47) auch im x-Koordinatensystem beschrieben werden:

$$x_1^{(m)} = 2/3, \quad x_2^{(m)} = 13/6.$$

Die Längen der Halbachsen sind auch im x-System die gleichen, da die beiden Koordinatensysteme durch eine *orthogonale* Transformation auseinander hervorgehen. Die *Richtung* der Ellipsen-Hauptachsen wird im x-System durch die Eigenvektoren r_1, r_2 angegeben.

Als Anwendungsbeispiel in der Mechanik sei auf die Ermittlung der Hauptspannungsrichtungen im Rahmen der Untersuchungen des allgemeinen Spannungs- und Deformationszustandes hingewiesen.

5.2.8.2. Trägerschwingung mit Einzelmassen

Von den in der mathematischen Praxis auftretenden Eigenwertproblemen darf behauptet werden, daß sie zum großen Teil aus der Technik, und dort wiederum aus der Physik, Chemie und den verwandten Gebieten Mechanik und Elektrotechnik stammen. Es sind in den meisten Fällen Schwingungsvorgänge, aber auch Probleme bei Knickungs- oder bei Dehnungsvorgängen in der Mechanik oder bei energetischen Untersuchungen in der Physik, die auf Eigenwertprobleme führen. In nahezu allen dieser Fälle erfolgt die Beschreibung des praktischen Problems zunächst durch differentielle Beziehungen, die letztlich zu einem Eigenwertproblem bei Differentialgleichungen führen, und erst bei der mathematischen Lösung eines solchen Problems, sei es durch Diskretisierung oder durch Ansatzmethoden, treten Matrizeneigenwertprobleme auf.

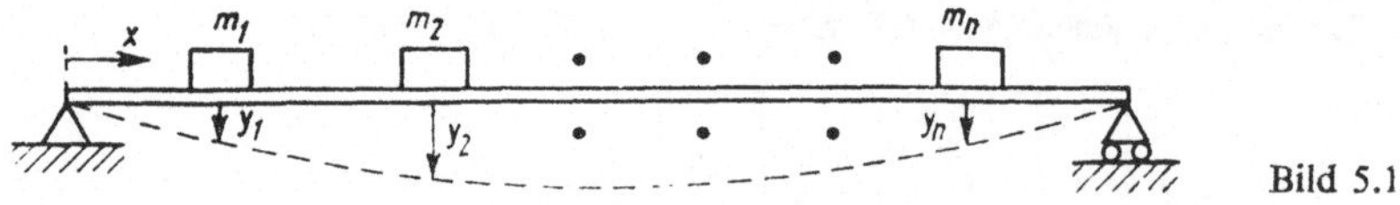

Bild 5.1

Als typisches Beispiel für das Auftreten von Eigenwertaufgaben bei Schwingungsvorgängen wählen wir die Schwingung eines Trägers mit Einzelmassen (Bild 5.1). Der Träger sei beiderseits gelenkig gelagert, habe die Länge l und die Biegesteifigkeit EJ; seine Masse soll gegenüber den Einzelmassen vernachlässigbar sein. Die n Einzelmassen seien, vom linken Aufpunkt an gerechnet, in den Entfernungen $x_1, x_2, \ldots, x_n$ angebracht. Die Ausbiegung y des Trägers soll nur an den Stellen untersucht werden, an denen die Massen angebracht sind, es sind also nur die Auslenkungen $y_1, y_2, \ldots, y_n$

zu bestimmen. Auf die Berechnung der Einflußkoeffizienten a_{jk}, die über die Beziehung

$$y_k = a_{jk} K_j$$

den Einfluß einer an der Stelle x_j wirkenden Kraft K_j auf die Auslenkung y_k an der Stelle x_k angeben, können wir hier nicht eingehen, sondern müssen das Ergebnis angeben:

$$a_{jk} = \frac{x_j^2(l - x_j)^2}{6EJl}\left(2\,\frac{x_k}{x_j} + \frac{x_k}{l - x_j} - \frac{x_k^3}{x_j^2(l - x_j)}\right) \quad (\text{für } k \leqq j)$$

und sonst gilt $a_{kj} = a_{jk}$. Zusammen mit dem Trägheitsprinzip

$$K_j = -m_j \ddot{y}_j$$

und der Symmetrie der Einflußkoeffizienten $a_{jk} = a_{kj}$ ergibt sich daraus das lineare System von Differentialgleichungen zweiter Ordnung

$$y_1 = -a_{11}m_1\ddot{y}_1 - a_{12}m_2\ddot{y}_2 - \ldots - a_{1n}m_n\ddot{y}_n$$
$$y_2 = -a_{12}m_1\ddot{y}_1 - a_{22}m_2\ddot{y}_2 - \ldots - a_{2n}m_n\ddot{y}_n$$
$$\cdots\cdots\cdots\cdots\cdots\cdots\cdots\cdots\cdots\cdots\cdots\cdots\cdots$$
$$y_n = -a_{1n}m_1\ddot{y}_1 - a_{2n}m_2\ddot{y}_2 - \ldots - a_{nn}m_n\ddot{y}_n,$$

welches mit den Matrizen

$$\mathbf{A} = \begin{bmatrix} a_{11} & a_{12} & \ldots & a_{1n} \\ a_{12} & a_{22} & \ldots & a_{2n} \\ \cdots & \cdots & \cdots & \cdots \\ a_{1n} & a_{2n} & \ldots & a_{nn} \end{bmatrix}, \quad \mathbf{M} = \begin{bmatrix} m_1 & 0 & \ldots & 0 \\ 0 & m_2 & \ldots & 0 \\ \cdots & \cdots & \cdots & \cdots \\ 0 & 0 & \ldots & m_n \end{bmatrix}$$

und dem Vektor $\mathbf{y}^{\mathrm{T}} = [y_1, y_2, \ldots, y_n]$ in der Gestalt

$$y = -\mathbf{A}\mathbf{M}\ddot{y} \tag{5.48}$$

geschrieben werden kann. Wir wollen nur die sogenannten Eigenschwingungen betrachten, bei denen alle Massen mit gleicher Frequenz ω und gleicher Phase schwingen. Für den zeitlichen Verlauf der Durchbiegung $y_k(t)$ kann dann der Ansatz

$$y_k(t) = y_k \cos \omega t$$

gemacht werden. Eingesetzt in (5.48) ergibt sich wegen $\ddot{y}_k = -\omega^2 y_k$ das Eigenwertproblem

$$\mathbf{y} = \omega^2 \mathbf{A}\mathbf{M}\mathbf{y},$$

das nach der Substitution $\lambda = \dfrac{1}{\omega^2}$ die Form einer speziellen Eigenwertaufgabe annimmt:

$$\mathbf{A}\mathbf{M}\mathbf{y} = \lambda \mathbf{y}; \tag{5.49}$$

dabei ist jedoch die Matrix $\mathbf{A}\mathbf{M}$ im allgemeinen nicht symmetrisch. Eine für die weitere Behandlung günstigere Form der Aufgabe entsteht durch die Substitution

$$\mathbf{z} = \mathbf{M}\mathbf{y},$$

denn damit erhält (5.49) die Form einer allgemeinen Eigenwertaufgabe

$$\mathbf{A}\mathbf{z} = \lambda \mathbf{M}^{-1}\mathbf{z}$$

mit einer symmetrischen Matrix **A** und der positiv definiten Matrix

$$
\mathbf{M}^{-1} = \begin{bmatrix} \dfrac{1}{m_1} & 0 \ldots 0 \\[2mm] 0 & \dfrac{1}{m_2} \ldots 0 \\ \cdots\cdots\cdots \\ 0 & 0 \ldots \dfrac{1}{m_n} \end{bmatrix}.
$$

Dieses Eigenwertproblem erfüllt somit alle Voraussetzungen des für diese Aufgaben im Abschnitt 5.2.7. angegebenen Satzes 5.29.

5.2.9.   Aufgaben

* **5.1**: Man berechne die Eigenwerte und zugehörigen Eigenvektoren der Matrix

$$
\begin{bmatrix} 5 & -1 & -1 \\ 1 & 3 & 1 \\ -2 & 2 & 4 \end{bmatrix}.
$$

* **5.2**: Zur Matrix

$$
\begin{bmatrix} 4 & 0 & 2 \\ -6 & 1 & -4 \\ -6 & 0 & -3 \end{bmatrix}
$$

sind die Eigenwerte und ein vollständiges System von Eigenvektoren (d. h., ein System mit maximaler Zahl linear unabhängiger Eigenvektoren) zu berechnen.

* **5.3**: Man berechne die Eigenwerte und Eigenvektoren der Matrix

$$
\begin{bmatrix} 1 & 2 & -1 \\ -2 & 3 & 1 \\ -3 & 8 & 1 \end{bmatrix}.
$$

* **5.4**: Die Matrix

$$
\begin{bmatrix} 1 & -1 & 0 \\ -1 & 3 & \sqrt{2} \\ 0 & \sqrt{2} & 1 \end{bmatrix}
$$

ist durch eine Ähnlichkeitstransformation in Diagonalgestalt zu überführen. Wie lautet die Transformationsmatrix **R**?

* **5.5**: Man beweise: Eine quadratische Matrix **A** ist genau dann regulär, wenn ihre Eigenwerte sämtlich von null verschieden sind.

* **5.6**: Die beiden Matrizen

$$
\mathbf{A} = \begin{bmatrix} 2 & \sqrt{3}/2 \\ \sqrt{3}/2 & 1 \end{bmatrix}, \quad \mathbf{B} = \begin{bmatrix} 2/\sqrt{3} & -1/2 \\ -1/2 & \sqrt{3} \end{bmatrix}
$$

sind vertauschbar und diagonalähnlich; sie haben folglich nach Satz 5.27 gleiche Eigenvektoren. Man überzeuge sich von diesen Eigenschaften durch Nachprüfen der Vertauschbarkeit und Berechnung der Eigenvektoren.

5.7: Es ist zu zeigen, daß die quadratische Gleichung   *

$$5x^2 + 6y^2 + 7z^2 - 4xy - 4yz = 36$$

ein Ellipsoid darstellt, dessen Halbachsen die Längen $2 \cdot \sqrt{3}$, $\sqrt{6}$ und 2 haben und in Richtung der Vektoren

$$\mathbf{r}_1 = \begin{bmatrix} 2 \\ 2 \\ 1 \end{bmatrix}, \quad \mathbf{r}_2 = \begin{bmatrix} 2 \\ -1 \\ -2 \end{bmatrix}, \quad \mathbf{r}_3 = \begin{bmatrix} -1 \\ 2 \\ -2 \end{bmatrix}$$

weisen.

5.8: Das in Abschnitt 5.2.8.2. beschriebene Problem der Balkenschwingung erhält bei einander * gleichen Einzellasten die Form einer speziellen Eigenwertaufgabe. Für den Fall von drei gleichen und gleichabständig verteilten (s. Bild 5.2) Lasten berechne man die charakteristischen Kreisfrequenzen ω und die zugehörigen Ausbiegungs-Vektoren.

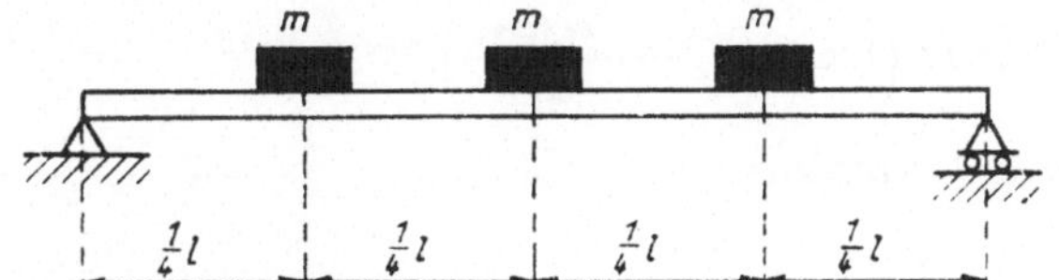

Bild 5.2

5.3.   Austauschverfahren

5.3.1.   Der Austauschschritt

Eine lineare Funktion

$$y_1 = a_{11}x_1 + a_{12}x_2 + k, \quad a_{11}, a_{12}, k \text{ konstant,}$$

stellt geometrisch eine Ebene im Raum dar. Für $k = 0$ enthält die Ebene den Nullpunkt; es wird in diesem Fall von einer *Linearform* oder einer *homogenen linearen Funktion* gesprochen.

Es seien zwei Linearformen gegeben:

$$y_1 = a_{11}x_1 + a_{12}x_2 \tag{5.50}$$

und

$$y_2 = a_{21}x_1 + a_{22}x_2. \tag{5.51}$$

Für $a_{11} \neq 0$ ist

$$x_1 = \frac{1}{a_{11}} y_1 - \frac{a_{12}}{a_{11}} x_2. \tag{5.52}$$

(5.52) setzen wir in (5.51) ein und erhalten

$$y_2 = \frac{a_{21}}{a_{11}} y_1 + \left(a_{22} - \frac{a_{12}a_{21}}{a_{11}} \right) x_2. \tag{5.53}$$

(5.52) und (5.53) stellen zwei abgeleitete Linearformen dar; x_1 ist abhängige Veränderliche, y_1 unabhängige Veränderliche geworden. *x_1 und y_1 sind also ausgetauscht worden*, daher die Bezeichnung „*Austauschschritt*". Die folgende schematische Darstellung erleichtert die Übersicht:

$$
\begin{array}{c|cc}
 & x_1 & x_2 \\
\hline
y_1 & a_{11} & a_{12} \\
y_2 & a_{21} & a_{22}
\end{array}
\quad\rightarrow\quad
\begin{array}{c|cc}
 & y_1 & x_2 \\
\hline
x_1 & \dfrac{1}{a_{11}} & -\dfrac{a_{12}}{a_{11}} \\
y_2 & \dfrac{a_{21}}{a_{11}} & a_{22}-\dfrac{a_{12}a_{21}}{a_{11}}
\end{array}
\tag{5.54}
$$

Als Stützelement oder Pivotelement[1]*) bezeichnet man das im Kreuzungspunkt der Spalte (Pivotspalte) und der Zeile (Pivotzeile) der miteinander auszutauschenden Elemente (hier: Spalte unter x_1 bzw. Zeile neben y_1) stehende Element (hier: a_{11}).*

Bei der Durchführung der Austauschschritte gilt für alle Elemente, die nicht in der Pivotzeile oder in der Pivotspalte stehen, die sog. *Rechteckregel*:

Diagonal gegenüber dem Stütz- oder Pivotelement (hier: beim Element a_{22}) wird folgende „Korrektur" angebracht: Es wird das durch das Pivotelement dividierte Produkt der beiden in der anderen Diagonale als das Pivotelement stehenden Elemente (von diesem Element) subtrahiert $\left(\text{hier: } a_{22} - \dfrac{a_{12}a_{21}}{a_{11}}\right)$.

Linearformen von mehreren Variablen:

$$
y_i = \sum_{k=1}^{4} a_{ik}x_k; \quad i = 1, 2, 3.
\tag{5.55}
$$

Beliebiger Austausch z. B. von x_3 mit y_2: Voraussetzung ist, daß a_{23} (3. Spalte ist „Pivotspalte", 2. Zeile ist „Pivotzeile") ungleich null ist.

Schema:

$$
\begin{array}{c|cccc}
 & x_1 & x_2 & x_3 & x_4 \\
\hline
y_1 & a_{11} & a_{12} & a_{13} & a_{14} \\
y_2 & a_{21} & a_{22} & a_{23} & a_{24} \\
y_3 & a_{31} & a_{32} & a_{33} & a_{34}
\end{array}
\tag{5.56}
$$

$$
\begin{array}{c|cccc}
 & x_1 & x_2 & y_2 & x_4 \\
\hline
y_1 & a_{11}-\dfrac{a_{21}a_{13}}{a_{23}} & a_{12}-\dfrac{a_{22}a_{13}}{a_{23}} & \dfrac{a_{13}}{a_{23}} & a_{14}-\dfrac{a_{24}a_{13}}{a_{23}} \\[3ex]
x_3 & -\dfrac{a_{21}}{a_{23}} & -\dfrac{a_{22}}{a_{23}} & \dfrac{1}{a_{23}} & -\dfrac{a_{24}}{a_{23}} \\[3ex]
y_3 & a_{31}-\dfrac{a_{21}a_{33}}{a_{23}} & a_{32}-\dfrac{a_{22}a_{33}}{a_{23}} & \dfrac{a_{33}}{a_{23}} & a_{34}-\dfrac{a_{24}a_{33}}{a_{23}}
\end{array}
\tag{5.57}
$$

Die am Austausch nicht beteiligten Elemente x_1, x_2, x_4 verhalten sich wie x_2 vom Beispiel (5.54) und y_1, y_3 wie y_2 vom Beispiel (5.54).

---

[1]) pivot, frz. Angel, Zapfen, Stütze

Regel:

a) *Das Pivotelement (Stützelement) geht in seinen reziproken Wert über*;

b) *die übrigen Elemente der Pivotspalte werden durch das Pivotelement dividiert*;

c) *die übrigen Elemente der Pivotzeile werden durch das Pivotelement dividiert und mit dem entgegengesetzten Vorzeichen versehen.*

d) *Die restlichen Elemente der Matrix werden transformiert, indem man jeweils das Rechteck aus 4 Elementen derart bildet, daß in der dem zu transformierenden Element gegenüberliegenden Ecke das Pivotelement steht; dann wird die Rechteckregel angewendet.*

Der Austauschprozeß ist reversibel; wenn man auf (5.57) den Austausch mit dem Pivotelement $\dfrac{1}{a_{23}}$ ausübt, gelangt man zu (5.56), d. h., wenn $x_1, x_2, x_3, x_4, y_1, y_2, y_3$ die Relationen (5.57) erfüllen, so erfüllen sie auch die Relationen (5.56).

5.3.1.1. Beispiel

Beispiel 5.25:

$$
\begin{array}{c|ccc}
 & x_1 & x_2 & x_3 \\
\hline
y_1 & 2 & \underline{1} & 3 \\
y_2 & 4 & \underline{2} & 5 \\
y_3 & \underline{3} & \underline{\underline{2}} & \underline{1} \\
\hline
 & -1,5 & & -0,5
\end{array}
\quad\rightarrow\quad
\begin{array}{c|ccc}
 & x_1 & y_3 & x_3 \\
\hline
y_1 & 0,5 & 0,5 & 2,5 \\
y_2 & 1 & 1 & 4 \\
x_2 & -1,5 & 0,5 & -0,5
\end{array}
\qquad (5.58)
$$

In (5.58) ist unter die alte Matrix die neue Pivotzeile – ohne das Element der Pivotspalte – geschrieben, die sog. „Kellerzeile". Nun ist z. B. a_{11} folgendermaßen zu transformieren:

$$a_{11} \rightarrow a_{11} - \frac{a_{31}a_{12}}{a_{32}} = a_{11} + \left(-\frac{a_{31}}{a_{32}}\right) a_{12};$$

oder a_{21} folgendermaßen:

$$a_{21} \rightarrow a_{21} - \frac{a_{31}a_{22}}{a_{32}} = a_{21} + \left(-\frac{a_{31}}{a_{32}}\right) a_{22};$$

oder a_{23} folgendermaßen:

$$a_{23} \rightarrow a_{23} - \frac{a_{33}a_{22}}{a_{32}} = a_{23} + \left(-\frac{a_{33}}{a_{32}}\right) a_{22}.$$

Dabei sind $-\dfrac{a_{31}}{a_{32}}$ und $-\dfrac{a_{33}}{a_{32}}$ die unter den zu transformierenden Elementen stehenden Elemente der Kellerzeile und a_{12} sowie a_{22} die neben den zu transformierenden Elementen stehenden Elemente der Pivotspalte. Damit kann die letzte Teilregel (d) für einen Austauschschritt folgendermaßen formuliert werden:

d) *Ein Element im Rest der Matrix wird transformiert, indem man zu diesem das Produkt addiert, welches aus dem darunterstehenden Element der Kellerzeile und dem danebenstehenden Element der Pivotspalte gebildet wird.*

Die Berechnung eines transformierten Elementes erfordert hiernach genau eine Multiplikation oder Division; also ergibt sich: *Ein Austauschschritt für m Funktionen und n Veränderliche erfordert mn* Multiplikationen und Divisionen, für $m = n$ also n^2 Operationen.

5.3.1.2. Der Austauschschritt wird rückgängig gemacht

Wir vertauschen y_3 wieder mit x_2.

	x_1	y_3	x_3				x_1	x_2	x_3
y_1	0,5	0,5	2,5		y_1		2	1	3
y_2	1	1	4	$\rightarrow$	y_2		4	2	5
x_2	$-1,5$	0,5	$-0,5$		y_3		3	2	1
	3		1						

Als Transformierte erhalten wir die Ausgangsmatrix.

5.3.1.3. Summenkontrollen

Wenn die Zeilensumme gleich 1 ist und alle $x_k = 1$ gesetzt werden, dann sind alle $y_i = 1$. Da die Zeilensummen nur in Ausnahmefällen gleich 1 sind, machen wir sie zu 1, indem wir eine Spalte (die σ-Spalte) anfügen; bei dem Austauschschritt wird die angefügte σ-Spalte wie jede x-Spalte transformiert. Die Rechenkontrolle besteht darin, daß nach der Transformation die Zeilensummen der transformierten Matrix ebenfalls gleich 1 sein müssen. Wir betrachten wiederum (5.58)

	x_1	x_2	x_3	σ			x_1	y_3	x_3	σ
y_1	2	1	3	-5		y_1	0,5	0,5	2,5	$-2,5$
y_2	4	2	5	-10	$\rightarrow$	y_2	1	1	4	-5
y_3	3	2	1	-5		x_2	$-1,5$	0,5	$-0,5$	2,5
	$-1,5$		$-0,5$	2,5						

$$(5.59)$$

5.3.2. Transponierte Beschriftung

Aus der Matrix (5.56) können auch Linearformen gebildet werden, indem man sie nach Spalten statt nach Zeilen liest:

	v_1	v_2	v_3	v_4
$-u_1$	a_{11}	a_{12}	a_{13}	a_{14}
$-u_2$	a_{21}	a_{22}	a_{23}	a_{24}
$-u_3$	a_{31}	a_{32}	a_{33}	a_{34}

$$(5.60)$$

Ausgeschrieben:

$$\text{z. B.:}\quad v_1 = -a_{11}u_1 - a_{21}u_2 - a_{31}u_3$$

oder allgemein:

$$v_i = -\sum_{k=1}^{3} a_{ki}u_k \quad \text{für}\quad i = 1, 2, 3, 4. \tag{5.61}$$

Die Formen v_i in (5.61) heißen die zu den ursprünglichen Formen (5.56) transponierten Formen. Es soll mit (5.61) ein Austauschschritt vorgenommen werden, und zwar soll wiederum mit dem Pivotelement a_{23} gearbeitet werden, d. h. v_3 soll unabhängige und u_2 abhängige Variable werden. Durchführung nach den Regeln a) bis d), nur daß in b) und c) die Wörter „Spalte" und „Zeile" vertauscht werden:

	v_1	v_2	v_3	v_4
$-u_1$	a_{11}	a_{12}	$\underline{a_{13}}$	a_{14}
$-u_2$	$\underline{a_{21}}$	$\underline{a_{22}}$	$\underline{\underline{a_{23}}}$	$\underline{a_{24}}$
$-u_3$	a_{31}	a_{32}	$\underline{a_{33}}$	a_{34}

$\rightarrow$

	v_1	v_2	$-u_2$	v_4
$-u_1$	α_{11}	α_{12}	$-\dfrac{a_{13}}{a_{23}}$	α_{14}
v_3	$\dfrac{a_{21}}{a_{23}}$	$\dfrac{a_{22}}{a_{23}}$	$\dfrac{1}{a_{23}}$	$\dfrac{a_{24}}{a_{23}}$
$-u_3$	α_{31}	α_{32}	$-\dfrac{a_{33}}{a_{23}}$	α_{34}

mit

$$\alpha_{11} = a_{11} - \frac{a_{21}a_{13}}{a_{23}}, \qquad \alpha_{12} = a_{12} - \frac{a_{22}a_{13}}{a_{23}},$$

$$\alpha_{14} = a_{14} - \frac{a_{24}a_{13}}{a_{23}}, \qquad \alpha_{31} = a_{31} - \frac{a_{21}a_{33}}{a_{23}},$$

$$\alpha_{32} = a_{32} - \frac{a_{22}a_{33}}{a_{23}}, \qquad \alpha_{34} = a_{34} - \frac{a_{24}a_{33}}{a_{23}}.$$

Nachträgliche Vorzeichenänderung ergibt schließlich:

	v_1	v_2	u_2	v_4
$-u_1$	α_{11}	α_{12}	$\dfrac{a_{13}}{a_{23}}$	α_{14}
$-v_3$	$\dfrac{-a_{21}}{a_{23}}$	$\dfrac{-a_{22}}{a_{23}}$	$\dfrac{1}{a_{23}}$	$\dfrac{-a_{24}}{a_{23}}$
$-u_3$	α_{31}	α_{32}	$\dfrac{a_{33}}{a_{23}}$	α_{34}

$$\tag{5.62}$$

Damit stimmt (5.62) genau mit (5.57) überein. Es gilt der folgende

Satz 5.30 (*Dualitätssatz*): *Ein Austauschschritt für gegebene Linearformen stimmt voll-* **S.5.30**
ständig überein mit dem Austauschschritt für die transponierten Formen, der dasselbe Pivotelement benutzt.

Den entstehenden Nachteil, daß nach (5.54) die Vorzeichen in der Pivotzeile geändert werden müssen, d. h. die Pivotzeile anders behandelt werden muß als die Pivotspalte, kann man vermeiden, indem (5.57) folgendermaßen geschrieben wird:

	x_1	x_2	y_2	x_4
y_1	α_{11}	α_{12}	$\dfrac{a_{13}}{a_{23}}$	α_{14}
$-x_3$	$\dfrac{a_{21}}{a_{23}}$	$\dfrac{a_{22}}{a_{23}}$	$\dfrac{-1}{a_{23}}$	$\dfrac{a_{24}}{a_{23}}$
y_3	α_{31}	α_{32}	$\dfrac{a_{33}}{a_{23}}$	α_{34}

Man spricht hier von einem modifizierten Austausch.

5.3.3. Inversion

Bei n gegebenen Linearformen von n Variablen soll versucht werden, durch wiederholte Austauschschritte alle x an den linken Rand und alle y an den oberen Rand zu bringen. Wir greifen zurück auf Beispiel 5.25 (vgl. (5.58)).

Nach Austausch von x_2 und y_3 ergab sich

	x_1	x_2	x_3			x_1	y_3	x_3
y_1	$\underline{2}$	$\underline{1}$	3		y_1	$0,5$	$0,5$	$2,5$
y_2	4	$\underline{2}$	5	$\rightarrow$	y_2	1	1	4
y_3	$\underline{3}$	$\underset{=}{2}$	$\underline{1}$		x_2	$-1,5$	$0,5$	$-0,5$
	$-1,5$		$-0,5$					

Wir wenden das Verfahren noch einmal an; zu diesem Zweck suchen wir ein Pivotelement, das ungleich 0 ist, z. B. a_{11}:

	x_1	y_3	x_3			y_1	y_3	x_3
y_1	$\underset{=}{0,5}$	$0,5$	$2,5$		x_1	2	-1	-5
y_2	$\underline{1}$	1	4	$\rightarrow$	y_2	2	0	-1
x_2	$\underline{-1,5}$	$0,5$	$-0,5$		x_2	-3	2	7
		-1	-5					

Das letzte Pivotelement ist nicht mehr wählbar; es ist hier a_{23}:

	y_1	y_3	x_3			y_1	y_3	y_2
x_1	2	-1	$\underline{-5}$		x_1	-8	-1	5
y_2	$\underline{2}$	0	$\underset{=}{-1}$	$\rightarrow$	x_3	2	0	-1
x_2	-3	$\underline{2}$	$\underline{7}$		x_2	11	2	-7
	2	0						

Das Resultat schreiben wir in folgender Form:

$$
\begin{aligned}
x_1 &= -8y_1 + 5y_2 - y_3 \\
x_2 &= 11y_1 - 7y_2 + 2y_3 \\
x_3 &= 2y_1 - y_2
\end{aligned}
\tag{5.63}
$$

Die zugehörige Matrix

$$
\begin{bmatrix}
-8 & 5 & -1 \\
11 & -7 & 2 \\
2 & -1 & 0
\end{bmatrix}
\tag{5.64}
$$

ist die inverse Matrix von (5.58).

Für einen Austauschschritt bei einer Matrix vom Format (n, n) brauchen wir n^2 Multiplikationen und Divisionen, für die Inversion einer solchen Matrix demnach n^3 Divisionen und Multiplikationen, da n Austauschschritte erforderlich sind.

Beispiel 5.26: Das folgende Gleichungssystem soll durch Inversion gelöst werden:

$$
\begin{aligned}
2x_1 + x_2 + 3x_3 &= 4, \\
4x_1 + 2x_2 + 5x_3 &= 6, \\
3x_1 + 2x_2 + x_3 &= -3.
\end{aligned}
\tag{5.65}
$$

Die Koeffizientenmatrix A ist die Ausgangsmatrix von (5.58) (Beispiel 5.25). Es wird verlangt, daß y_1, y_2, y_3 die Werte 4, 6, -3 haben sollen. Setzt man diese Werte in die inversen Formen (5.63) ein, so ergibt sich

$$
x_1 = 1, \quad x_2 = -4, \quad x_3 = 2
\tag{5.66}
$$

als Lösung des Gleichungssystems. Wegen der eingangs (vgl. 5.3.1.) nachgewiesenen Reversibilität des Austauschprozesses stellt (5.66) tatsächlich eine Lösung von (5.65) dar. – Das Einsetzen in die inversen Formen verlangt n^2 Multiplikationen.

Wenn k Gleichungssysteme mit derselben Koeffizientenmatrix A und k verschiedenen rechten Seiten aufzulösen sind, müssen also

$$
n^3 + kn^2
$$

Multiplikationen und Divisionen durchgeführt werden.

Beispiel 5.27: Wenn in (5.65) die rechten Seiten alle gleich null sind, also das zugehörige homogene Gleichungssystem

$$
\begin{aligned}
2x_1 + x_2 + 3x_3 &= 0, \\
4x_1 + 2x_2 + 5x_3 &= 0, \\
3x_1 + 2x_2 + x_3 &= 0
\end{aligned}
\tag{5.67}
$$

zu lösen ist, so gibt es bei diesem Beispiel nur die triviale Lösung (oder Null-Lösung)

$$
x_1 = x_2 = x_3 = 0,
$$

weil sich aus (5.63) ergibt, daß für $y_1 = y_2 = y_3 = 0$ auch

$$
x_1 = x_2 = x_3 = 0
$$

folgt.

Beispiel 5.28: Es soll die Inversion für folgende Linearformen durchgeführt werden:

	x_1	x_2	x_3	x_4
y_1	-4	-1	1	3
y_2	-16	-14	2	7
y_3	-60	-55	7	25
y_4	-28	-17	5	16
	4	1		-3

$\rightarrow$

	x_1	x_2	y_1	x_4
x_3	4	1	1	-3
y_2	-8	-12	2	1
y_3	-32	-48	7	4
y_4	-8	-12	5	1
	8	12	-2	

$\rightarrow$

	x_1	x_2	y_1	y_2
x_3	-20	-35	7	-3
x_4	8	12	-2	1
y_3	0	0	-1	4
y_4	0	0	3	1

$$(5.68)$$

Die Inversion von (5.68) kann nicht weitergeführt werden, weil alle Elemente, die als Pivotelement in Frage kommen, gleich null sind.

Folgerungen:

a) Die verbleibenden y-Zeilen ergeben die Relationen

$$y_3 = -y_1 + 4y_2; \quad y_4 = 3y_1 + y_2$$

d. h., die gegebenen Linearformen sind voneinander abhängig.

b) Die sich für die y-Zeilen ergebenden Relationen können als „*partielle Inversion*" angesehen werden.

Beispiel 5.29: Nun soll das zum Beispiel 5.28 gehörige homogene Gleichungssystem betrachtet werden:

Wenn in (5.68) $y_1 = y_2 = y_3 = y_4 = 0$ gesetzt wird, so ergibt sich

$$x_3 = -20x_1 - 35x_2, \quad x_4 = 8x_1 + 12x_2. \tag{5.69}$$

Werden x_1 und x_2 beliebig gewählt und x_3 und x_4 dann ausgerechnet, so stellen diese 4 Werte eine nichttriviale Lösung des homogenen Gleichungssystems dar (wegen der Reversibilität des Austauschprozesses); (5.69) stellt bei beliebigen x_1, x_2 die allgemeine Lösung dar (zweifach unendlich viele Lösungen).

Es gilt also:

S. 5.31 **Satz 5.31:** *Wenn der Inversionsprozeß bei einem homogenen Gleichungssystem vollständig durchgeführt werden kann, so besitzt dieses Gleichungssystem nur die triviale Lösung.*

Beispiel 5.30: Das inhomogene lineare Gleichungssystem

$$\begin{aligned}
- x_1 + 2x_2 - x_3 &= 3, \\
-2x_1 - x_2 - x_3 &= 0, \\
3x_1 - x_2 + 2x_3 &= 2
\end{aligned} \tag{5.70}$$

ist nicht lösbar (Addition ergibt $0 = 5$, eine unsinnige Aussage).

Daraus ergibt sich nun folgendes hinreichende Kriterium für die Lösbarkeit linearer Gleichungen:

> *Ein System von n linearen Gleichungen mit n Unbekannten ist eindeutig lösbar, wenn das zugehörige homogene System nur die triviale Lösung besitzt.*

Man vergleiche die hier erhaltenen Ergebnisse mit den Sätzen 3.1 und 3.2 sowie den diesbezüglichen Überlegungen in den Abschnitten 4.1. und 4.2.

5.3.4. Abschließende Bemerkungen

1. Der Austauschschritt versagt, wenn das Pivotelement gleich null ist.
2. Der Austauschschritt wird ungenau, wenn der Betrag des Pivotelements klein ist, d. h., wenn sein Wert nahe bei der Null, dem Ausnahmewert, liegt.
3. Unter allen als Pivotelement in Frage kommenden Elementen wählt man stets das absolut größte aus.
4. Wenn die als Pivotelemente in Frage kommenden Elemente gegenüber den übrigen Elementen klein sind, so befindet man sich in der Nähe eines Ausnahmefalles (2). Die Inversion wird in ihrem weiteren Verlauf unsicher.

5.4. Matrizen und Vektoren in der Betriebswirtschaft

I. Matrizen und andere Hilfsmittel der linearen Algebra können in der Betriebswirtschaft zur übersichtlichen Darstellung bekannter betriebswirtschaftlicher Größen und Zusammenhänge benutzt werden (z. B. Gewinn, Leistungsbilanzen);

II. betriebswirtschaftliche Aufgaben lassen sich oftmals mit Hilfe elementarer Methoden der linearen Algebra lösen (z. B. Selbstkostenermittlung, Planungsaufgaben);

III. es ist möglich, mit den einmal eingeführten Begriffen der linearen Algebra mathematisch und betriebswirtschaftlich sinnvolle Fragen zu stellen (z. B. lineare Optimierungsprobleme), zu deren Lösung die dafür entwickelten mathematischen Methoden herangezogen werden können.

Im folgenden werden zu diesen drei Punkten Beispiele angegeben und an einem Modellbetrieb erläutert.

5.4.1. Modellbetrieb, Definitionen[1])

Vorgelegt sei als Modellbetrieb ein *Betrieb mit kontinuierlicher Fertigung*, der aus zwei Teilbetrieben besteht und aus zwei *Eingangsleistungen* (Rohbraunkohle, Geld) zwei *Ausgangsleistungen* (Dampf, elektr. Energie) erzeugt. Die Beziehungen zwischen

---

[1]) Bemerkungen zur Schreibweise

λ_i (Skalar): Durchlaufmenge der Leistung α_i im Gesamtbetrieb

$\mathbf{I}_i$ (Vektor): Leistungsvektor des i-ten Teilbetriebes;

τ (Skalar): Produktionsdauer (= Durchsatzkomponente);

$\mathbf{t}$ (Vektor): Durchsatzvektor der nichtbeeinflußbaren Durchsatzgrößen.

den Teilbetrieben können in einem Flußbild (Bild 5.3) oder in einer sogenannten Leistungstabelle (Tab. 5.1) angegeben werden. Dabei soll ein fester Rechnungsabschnitt (z. B. 1 Stunde) zugrunde liegen.

Im folgenden werden Erzeugung durch ein positives und Verbrauch durch ein negatives Vorzeichen gekennzeichnet; Aufwände und Fertigprodukte sollen schlechthin als Leistungen bezeichnet werden.

Ein Betrieb bestehe nun allgemein aus n Teilbetrieben und erzeuge (bzw. verbrauche) in kontinuierlichem Fertigungsprozeß m Leistungen $\alpha_1, \alpha_2, \alpha_3, \ldots, \alpha_m$; λ_i sei die (vorzeichenbehaftete) Durchlaufmenge der Leistung α_i während eines festen Rechnungszeitraumes im Gesamtbetrieb, gemessen in Einheiten der Leistung α_i; λ_{ik} sei die

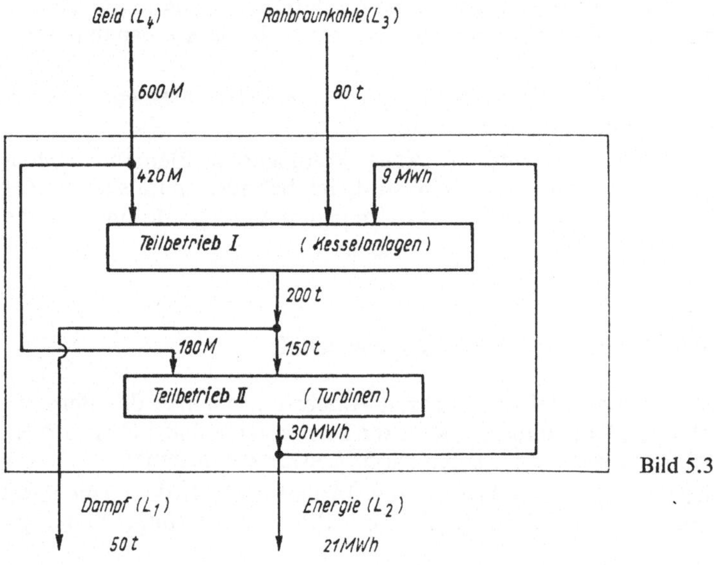

Bild 5.3

Tabelle 5.1

			Gesamt-betrieb	Teilbetrieb I	Teilbetrieb II	Mengen-einheiten
Leistungen	Fertigprodukte	L_1 Dampf	50	200	-150	t
		L_2 elektr. Energie	21	-9	30	MWh
	Aufwände	L_3 Rohbraunkohle	-80	-80		t
		L_4 Geld	-600	-420	-180	M

entsprechende Menge im k-ten Teilbetrieb ($i = 1, 2, ..., m$; $k = 1, 2, ..., n$). (Im Modellbetrieb gilt $n = 2$, $m = 4$ und z.B. $\lambda_2 = 21, \lambda_4 = -600, \lambda_{31} = -80, \lambda_{22} = 30$ usw.).

Gemäß unserer Vorzeichenvereinbarung gilt dann

$$\lambda_i = \sum_{k=1}^{n} \lambda_{ik} \tag{5.71}$$

oder

$$\mathbf{l} = \sum_{k=1}^{n} \mathbf{l}_k \quad (Kopplungsgleichung),$$

wobei

$$\mathbf{l} = \begin{bmatrix} \lambda_1 \\ \lambda_2 \\ \vdots \\ \lambda_m \end{bmatrix}, \qquad \mathbf{l}_k = \begin{bmatrix} \lambda_{1k} \\ \lambda_{2k} \\ \vdots \\ \lambda_{mk} \end{bmatrix}$$

als *Leistungsvektoren des Gesamtbetriebes bzw. k-ten Teilbetriebes* eingeführt werden; $\mathbf{l}$ und $\mathbf{l}_k$ ($k = 1, ..., n$) sind also die als Vektoren aufgefaßten Spalten der Leistungstabelle.

$\mathbf{L} = [\mathbf{l}, \mathbf{l}_1, ..., \mathbf{l}_n]$ heißt *Leistungsmatrix des Betriebes* während des vorgegebenen Rechnungsabschnittes.

In unserem Beispiel ist

$$\mathbf{L} = [\mathbf{l}, \mathbf{l}_1, \mathbf{l}_2] = \begin{bmatrix} 50 & 200 & -150 \\ 21 & -9 & 30 \\ -80 & -80 & 0 \\ -600 & -420 & -180 \end{bmatrix}.$$

Die auf zwei (oder mehrere) Rechnungsabschnitte bezogene Leistungsmatrix erhält man durch einfache Addition der Leistungsmatrizen der zugehörigen einzelnen Rechnungsabschnitte. Die Leistungen in der Leistungstabelle wollen wir der Einfachheit halber so angeordnet annehmen, daß $\alpha_1, \alpha_2, ..., \alpha_\nu$ Endprodukte und $\alpha_{\nu+1}, ..., \alpha_m$ Aufwände bedeuten. Dabei wird (einschränkend) vorausgesetzt, daß keine Zwischenprodukte oder dgl. auftreten, die weder zu den Fertigprodukten noch zu den Aufwänden gerechnet werden könnten, d. h., alle in den verschiedenen Teilbetrieben hergestellten Erzeugnisse sollen verkaufbar sein. Die Vektoren

$$\mathbf{f} = \begin{bmatrix} \lambda_1 \\ \vdots \\ \lambda_\nu \end{bmatrix}, \qquad \mathbf{f}_k = \begin{bmatrix} \lambda_{1k} \\ \vdots \\ \lambda_{\nu k} \end{bmatrix}$$

sollen als *Fertigproduktvektoren* und

$$\mathbf{a} = \begin{bmatrix} \lambda_{\nu+1} \\ \vdots \\ \lambda_m \end{bmatrix}, \qquad \mathbf{a}_k = \begin{bmatrix} \lambda_{\nu+1,k} \\ \vdots \\ \lambda_{mk} \end{bmatrix}$$

als *Aufwandvektoren des Gesamtbetriebes bzw. des k-ten Teilbetriebes* ($k = 1, ..., n$) bezeichnet werden; es gilt also

$$\mathbf{l} = \begin{bmatrix} \mathbf{f} \\ \mathbf{a} \end{bmatrix}, \qquad \mathbf{l}_k = \begin{bmatrix} f_k \\ \mathbf{a}_k \end{bmatrix} \quad (k = 1, ..., n). \tag{5.72}$$

In unserem Modellbetrieb ist $\nu = 2$ und z. B.

$$\mathbf{f}_1 = \begin{bmatrix} 200 \\ -9 \end{bmatrix}, \qquad \mathbf{a}_1 = \begin{bmatrix} -80 \\ -420 \end{bmatrix}, \qquad \mathbf{l}_1 = \begin{bmatrix} \mathbf{f}_1 \\ \mathbf{a}_1 \end{bmatrix} = \begin{bmatrix} 200 \\ -9 \\ -80 \\ -420 \end{bmatrix}.$$

5.4.2. Darstellung des Gewinns

Ist ϱ_i der zu zahlende bzw. zu fordernde Preis pro Einheit der Leistung α_i ($i = 1$, ..., m) (ϱ_i unabhängig von sign λ_i), so ergibt sich der *Gewinn G des Gesamtbetriebes* zu

$$G = \sum_{i=1}^{m} \varrho_i \lambda_i = \mathbf{p}^T \mathbf{l}$$

$$= [\mathbf{p}_f^T, \mathbf{p}_a^T] \begin{bmatrix} \mathbf{f} \\ \mathbf{a} \end{bmatrix} = \mathbf{p}_f^T \mathbf{f} + \mathbf{p}_a^T \mathbf{a} \tag{5.73}$$

und der *Gewinn G_k des k-ten Teilbetriebes* zu

$$G_k = \sum_{i=1}^{m} \varrho_i \lambda_{ik} = \mathbf{p}^T \mathbf{l}_k$$

$$= [\mathbf{p}_f^T, \mathbf{p}_a^T] \begin{bmatrix} \mathbf{f}_k \\ \mathbf{a}_k \end{bmatrix} = \mathbf{p}_f^T \mathbf{f}_k + \mathbf{p}_a^T \mathbf{a}_k, \tag{5.74}$$

wenn

$$\mathbf{p}^T = [\varrho_1, ..., \varrho_m] = [\mathbf{p}_f^T, \mathbf{p}_a^T],$$

(mit $\mathbf{p}_f^T = [\varrho_1, ..., \varrho_\nu]$, $\mathbf{p}_a^T = [\varrho_{\nu+1}, ..., \varrho_m]$) als Preisvektor eingeführt wird.
Die Gleichungen (5.73) und (5.74) lassen sich zusammenfassen zu

$$[G, G_1, ..., G_n] = \mathbf{p}^T \mathbf{L}. \tag{5.75}$$

Unter Beachtung von (5.74) und der Kopplungsgleichung (5.71) erhält man aus (5.73) noch die nahezu selbstverständliche Beziehung

$$G = \sum_{k=1}^{n} G_k. \tag{5.76}$$

Nimmt man in unserem Modellbetrieb folgende Preise an:

$$\varrho_1 = 6 \text{ M pro t Dampf}, \qquad \varrho_3 = 4 \text{ M pro t Kohle},$$
$$\varrho_2 = 40 \text{ M pro MWh}, \qquad \varrho_4 = 1 \text{ M (pro M)},$$

so ergibt sich ein Gewinn (stündlich) von

$$G = \mathbf{p}^T \mathbf{l} = [6, 40, 4, 1] \begin{bmatrix} 50 \\ 21 \\ -80 \\ -600 \end{bmatrix}$$

$$= 6 \cdot 50 + 40 \cdot 21 + 4 \cdot (-80) + 1 \cdot (-600) = 220 \text{ M}.$$

5.4.3. Kostenrechnung

Kostenrechnung beinhaltet eine Bewertung der Fertigprodukte (= Ermittlung der Selbstkosten für die Fertigprodukte), die hier so durchgeführt wird, daß

a) gleiche Erzeugnisse (etwa aus verschiedenen Teilbetrieben) auch gleich bewertet werden und

b) der Gewinn jedes Teilbetriebes verschwinden würde, wenn man die Fertigprodukte zum Selbstkostenpreis verkaufen würde (Kostendeckung).

Es sei

$$\mathbf{p}^{*\mathrm{T}} = (\sigma_1, \ldots, \sigma_v, \varrho_{v+1}, \ldots, \varrho_m) = (\mathbf{s}^\mathrm{T}, \mathbf{p}_\mathbf{a}^\mathrm{T}).$$

Gesucht ist mithin ein *Selbstkostenvektor*

$$\mathbf{s}^\mathrm{T} = [\sigma_1, \ldots, \sigma_v]$$

derart, daß

$$\mathbf{G}_k^* = \mathbf{G}^{*\mathrm{T}}\mathbf{l}_k = [\mathbf{s}^\mathrm{T}, \mathbf{p}_\mathbf{a}^\mathrm{T}] \begin{bmatrix} \mathbf{f}_k \\ \mathbf{a}_k \end{bmatrix} = \mathbf{s}^\mathrm{T}\mathbf{f}_k + \mathbf{p}_\mathbf{a}^\mathrm{T}\mathbf{a}_k = \mathbf{o} \tag{5.77}$$

für $k = 1, 2, \ldots, n$ gilt.

(5.77) ist ein lineares inhomogenes Gleichungssystem mit n Gleichungen und v Unbekannten; mit den Matrizen $\mathbf{F} = [\mathbf{f}_1, \ldots, \mathbf{f}_n]$, $\mathbf{A} = [\mathbf{a}_1, \ldots, \mathbf{a}_n]$ läßt es sich in der Form

$$\mathbf{F}^\mathrm{T}\mathbf{s} = -\mathbf{A}^\mathrm{T}\mathbf{p}_\mathbf{a} \tag{5.78}$$

schreiben. Im Falle $v = n$ und det $\mathbf{F}^\mathrm{T} \neq 0$ erhält man die eindeutige Lösung

$$\mathbf{s} = -\mathbf{F}^{\mathrm{T}-1}\mathbf{A}^\mathrm{T}\mathbf{p}_\mathbf{a}.$$

Weiterhin kann (5.77) mehrdeutig lösbar sein; dann können, je nach Rangabfall des Systems, für einen Teil der Fertigprodukte Selbstkosten vorgegeben werden. Sollte (5.77) unlösbar sein, so läßt sich nach Pichler (Pichler, O.: Mathematik in der Betriebswirtschaft, MTW-Mitteilungen III, 1956, S. 105–112, S. 170–175) durch Aufspaltung von Leistungsarten („Pooling") oder Zusammenfassung von Teilbetrieben (oder beides zugleich) das Gleichungssystem (5.77) in ein lösbares System überführen.

Im angegebenen Modellbetrieb erhält man $\mathbf{p}^{*\mathrm{T}} = [\mathbf{s}^\mathrm{T}, \mathbf{p}_\mathbf{a}^\mathrm{T}] = [\sigma_1, \sigma_2, 4, 1]$, das Gleichungssystem (5.77) ergibt sich zu

$$\mathbf{s}^\mathrm{T}\mathbf{f}_1 + \mathbf{p}_\mathbf{a}^\mathrm{T}\mathbf{a}_1 = 0,$$
$$\mathbf{s}^\mathrm{T}\mathbf{f}_2 = \mathbf{p}_\mathbf{a}^\mathrm{T}\mathbf{a}_2 = 0,$$

also

$$[\sigma_1, \sigma_2] \begin{bmatrix} 200 \\ -9 \end{bmatrix} + [4, 1] \begin{bmatrix} -80 \\ -420 \end{bmatrix} = 0,$$

$$[\sigma_1, \sigma_2] \begin{bmatrix} -150 \\ 30 \end{bmatrix} + [4, 1] \begin{bmatrix} 0 \\ -180 \end{bmatrix} = 0,$$

d. h.

$$200\sigma_1 - 9\sigma_2 = 740,$$
$$-150\sigma_1 + 30\sigma_2 = 180.$$

Das System ist eindeutig lösbar, die Lösungen sind die Selbstkosten für Dampf

$$\sigma_1 = 5{,}12 \text{ M pro t}$$

und für Energie

$$\sigma_2 = 31{,}61 \text{ M pro MWh}.$$

Mit Hilfe der Selbstkosten läßt sich der Gesamtgewinn noch auf die einzelnen Fertigprodukte aufteilen; aus den Gleichungen (5.77) und (5.74) ergibt sich

$$G = \mathbf{p}_f^T \mathbf{f} + \mathbf{p}_a^T \mathbf{a} = (\mathbf{p}_f^T - \mathbf{s}^T)\,\mathbf{f} = \sum_{i=1}^{\nu} (\varrho_i - \sigma_i)\,\lambda_i = \sum_{i=1}^{\nu} \overline{G}_i,$$

$\overline{G}_i$ ist der *Gewinnanteil des i-ten Fertigprodukts* α_i $(i = 1, ..., \nu)$.

5.4.4.   Planungsaufgaben

Die Produktionshöhe eines Betriebes bzw. Teilbetriebes hängt ab von gewissen Parametern, z. B. Einsatzmengen der unterschiedlichen Rohstoffe in den einzelnen Teilbetrieben, Produktionsdauer (Zeit), Rohstoffeigenschaften, Luftdruck, Lufttemperatur u. a., die im folgenden als *Durchsatzgrößen* bezeichnet werden sollen. Diese Abhängigkeit kann nach Pichler als linear angenommen werden, wenn nur genügend viele, das Betriebsgeschehen beeinflussende Parameter als Durchsatzgrößen berücksichtigt werden. Sind $\delta_{1k}, ..., \delta_{s_k k}$ diese Durchsätze im k-ten Teilbetrieb, so gilt demnach

$$\lambda_{ik} = \omega_{i1}^{(k)}\delta_{1k} + \omega_{i2}^{(k)}\delta_{2k} + ... + \omega_{is_k}^{(k)}\delta_{s_k k} \tag{5.79}$$

mit gewissen Konstanten $\omega_{ij}^{(k)}$ $(i = 1, ..., m;\ j = 1, ..., s_k;\ k = 1, ..., n)$, deren Ermittlung ein technologisches Problem ist bzw. auf Erfahrungswerten oder statistischen Erhebungen beruht. Wir stellen uns hier auf den Standpunkt, daß diese Konstanten bekannt sind.

Mit den sogenannten *Kopplungsmatrizen* $\mathbf{W}_k = [\omega_{ij}^{(k)}]$ lassen sich die Gleichungen (5.79) zu

$$\mathbf{l}_k = \mathbf{W}_k \mathbf{d}_k \quad (k = 1, ..., n) \tag{5.80}$$

zusammenfassen;

$$\mathbf{d}_k = \begin{bmatrix} \delta_{1k} \\ \vdots \\ \delta_{s_k k} \end{bmatrix}$$

ist der *Durchsatzvektor des k-ten Teilbetriebes.*

Für den Gesamtbetrieb erhält man aus der Kopplungsgleichung (5.80)

$$\mathbf{l} = \sum_{k=1}^{n} \mathbf{l}_k = \sum_{k=1}^{n} \mathbf{W}_k \mathbf{d}_k = [\mathbf{W}_1, ..., \mathbf{W}_n] \begin{bmatrix} \mathbf{d}_1 \\ \vdots \\ \mathbf{d}_n \end{bmatrix}. \tag{5.81}$$

Es ist möglich, daß einzelne Durchsatzgrößen im Vektor $\begin{bmatrix} \mathbf{d}_1 \\ \vdots \\ \mathbf{d}_n \end{bmatrix}$ mehrfach auftreten,

z. B. ist es denkbar, daß die Lufttemperatur für mehrere Teilbetriebe Durchsatzgröße ist; die Zeit (Produktionsdauer) kann in jedem Teilbetrieb Durchsatzgröße sein.

Aus $\begin{bmatrix} \mathbf{d}_1 \\ \vdots \\ \mathbf{d}_n \end{bmatrix}$ soll nun ein Vektor $\bar{\mathbf{d}}$ abgeleitet werden, der jede in $\begin{bmatrix} \mathbf{d}_1 \\ \vdots \\ \mathbf{d}_n \end{bmatrix}$ vorkommende Durchsatzgröße genau einmal als Komponente enthält. Addiert man in der Matrix $[\mathbf{W}_1, \ldots, \mathbf{W}_n]$ die zu gleichen Durchsatzgrößen gehörigen Spalten und ordnet alle Spalten entsprechend der Konstruktion von $\bar{\mathbf{d}}$ an, so erhält man die *Gesamt-Kopplungsmatrix* $\mathbf{W}$; Gleichung (5.81) läßt sich damit vereinfachen zu

$$\mathbf{l} = \mathbf{W}\bar{\mathbf{d}}. \tag{5.82}$$

Weiterhin wollen wir die vorgegebenen *nichtbeeinflußbaren Durchsatzgrößen* (z. B. Lufttemperatur) des Vektors $\bar{\mathbf{d}}$ zu einem Vektor $\mathbf{t}$ zusammenfassen und die restlichen, sogenannten *freien Durchsätze* zu einem Vektor $\mathbf{d}$. Ohne Beschränkung der Allgemeinheit sei $\bar{\mathbf{d}}$ so angeordnet, daß

$$\bar{\mathbf{d}} = \begin{bmatrix} \mathbf{d} \\ \mathbf{t} \end{bmatrix}$$

gilt. Gleichung (5.82) läßt sich dann in der Form

$$\mathbf{l} = \begin{bmatrix} \mathbf{f} \\ \mathbf{a} \end{bmatrix} = \begin{bmatrix} \mathbf{q}_{11} & \mathbf{q}_{12} \\ \mathbf{q}_{21} & \mathbf{q}_{22} \end{bmatrix} \begin{bmatrix} \mathbf{d} \\ \mathbf{t} \end{bmatrix} \tag{5.83}$$

schreiben (mit $\mathbf{f} = \mathbf{q}_{11}\mathbf{d} + \mathbf{q}_{12}\mathbf{t}$). Gleichung (5.83), die *Grundgleichung für den Betriebsablauf*, zeigt:

Sind die freien und nichtbeeinflußbaren Durchsatzgrößen festgelegt, so lassen sich die daraus ergebende Produktionshöhe und der erforderliche Aufwand $\mathbf{a}$ *sofort ablesen.*

Größere Bedeutung hat (5.83) aber bei der Lösung folgender *Planungsaufgabe*:

Wie hoch sind die *Aufwendung* (a) und die einzelnen *Durchsätze* (d) festzulegen, um eine *vorgegebene Produktionshöhe* (f) zu erreichen?

Ist $\mathbf{q}_{11}$ quadratisch und det $\mathbf{q}_{11} \neq 0$, so läßt sich die Lösung dieser Aufgabe sofort angeben; es ist (vgl. (5.83))

$$\mathbf{q}_{11}^{-1}\mathbf{f} = \mathbf{d} + \mathbf{q}_{11}^{-1}\mathbf{q}_{12}\mathbf{t}$$

und also

$$\begin{bmatrix} \mathbf{d} \\ \mathbf{a} \end{bmatrix} = \begin{bmatrix} \mathbf{q}_{11}^{-1} & -\mathbf{q}_{11}^{-1}\mathbf{q}_{12} \\ \mathbf{q}_{21}\mathbf{q}_{11}^{-1} & \mathbf{q}_{22} - \mathbf{q}_{21}\mathbf{q}_{11}^{-1}\mathbf{q}_{12} \end{bmatrix} \begin{bmatrix} \mathbf{f} \\ \mathbf{t} \end{bmatrix} = \mathbf{P} \begin{bmatrix} \mathbf{f} \\ \mathbf{t} \end{bmatrix}; \tag{5.84}$$

$\mathbf{P}$ wird *Strukturmatrix* genannt.

In allen anderen Fällen hat man das inhomogene Gleichungssystem $\mathbf{f} = \mathbf{q}_{11}\mathbf{d}$ zu untersuchen, das entweder eindeutig oder mehrdeutig lösbar ist (zur Erreichung der vorgegebenen Produktionshöhe $\mathbf{f}$ können je nach Rangabfall des Systems noch einige freie Durchsätze beliebig festgelegt werden) oder überhaupt nicht lösbar ist (die vorgegebene Produktionshöhe kann nicht erreicht werden, wie auch immer die Durchsätze gewählt werden mögen).

Anwendung im Modellbetrieb

Als Durchsatzgrößen im Teilbetrieb I werden

δ_1 = abgegebene Dampfmenge,

τ = Produktionsdauer

und im Teilbetrieb II

$$\delta_2 = \text{erzeugte Energie,}$$
$$\tau = \text{Produktionsdauer}$$

angenommen, also

$$\mathbf{d}_1 = \begin{bmatrix} \delta_1 \\ \tau \end{bmatrix}, \qquad \mathbf{d}_2 = \begin{bmatrix} \delta_2 \\ \tau \end{bmatrix}$$

(in Bild 5.3: $\delta_1 = 200$ t, $\delta_2 = 30$ MWh, $\tau = 1$ Std.).
  Mit den Kopplungsmatrizen

$$\mathbf{W}_1 = \begin{bmatrix} 1{,}00 & 0 \\ -0{,}04 & -1 \\ -0{,}40 & 0 \\ -1{,}00 & -220 \end{bmatrix} \quad \text{und} \quad \mathbf{W}_2 = \begin{bmatrix} -5 & 0 \\ 1 & 0 \\ 0 & 0 \\ -2 & -120 \end{bmatrix} \tag{5.85}$$

erhält man $\left(\text{bei } \mathbf{d}_1 = \begin{bmatrix} 200 \\ 1 \end{bmatrix},\ \mathbf{d}_2 = \begin{bmatrix} 30 \\ 1 \end{bmatrix}\right)$ die Leistungsvektoren $\mathbf{l}_k$ (vgl. (5.80)) zu

$$\mathbf{l}_1 = \begin{bmatrix} 1{,}00 & 0 \\ -0{,}04 & -1 \\ -0{,}40 & 0 \\ -1{,}00 & -220 \end{bmatrix} \begin{bmatrix} 200 \\ 1 \end{bmatrix} = \begin{bmatrix} 200 \\ -9 \\ -80 \\ -420 \end{bmatrix}, \quad \mathbf{l}_2 = \begin{bmatrix} -5 & 0 \\ 1 & 0 \\ 0 & 0 \\ -2 & -120 \end{bmatrix} \begin{bmatrix} 30 \\ 1 \end{bmatrix} = \begin{bmatrix} -150 \\ 30 \\ 0 \\ -180 \end{bmatrix}$$

und

$$\mathbf{l} = \mathbf{l}_1 + \mathbf{l}_2 = [\mathbf{W}_1, \mathbf{W}_2] \begin{bmatrix} \mathbf{d}_1 \\ \mathbf{d}_2 \end{bmatrix} = \mathbf{W}\bar{\mathbf{d}}$$

und

$$\mathbf{W} = \begin{bmatrix} 1{,}00 & -5 & 0 \\ -0{,}04 & 1 & -1 \\ -0{,}40 & 0 & 0 \\ -1{,}00 & -2 & -340 \end{bmatrix}, \qquad \bar{\mathbf{d}} = \begin{bmatrix} \delta_1 \\ \delta_2 \\ \tau \end{bmatrix} = \begin{bmatrix} 200 \\ 30 \\ 1 \end{bmatrix}$$

(die 2. Spalte von $\mathbf{W}_1$ und die 2. Spalte von $\mathbf{W}_2$ gehören beide zur gleichen Durchsatzgröße τ, diese beiden gleichartigen Einflußspalten werden addiert und ergeben die 3. Spalte von $\mathbf{W}$; entsprechend erscheint τ als 3. Komponente im Durchsatzvektor $\bar{\mathbf{d}}$).
Nimmt man δ_1, δ_2 als freie Durchsätze an, also $\bar{\mathbf{d}} = \begin{bmatrix} \delta_1 \\ \delta_2 \end{bmatrix}$ t $= \tau$, so liefert (5.83)

$$\mathbf{q}_{11} = \begin{bmatrix} 1{,}00 & -5 \\ -0{,}04 & 1 \end{bmatrix}, \quad \mathbf{q}_{12} = \begin{bmatrix} 0 \\ -1 \end{bmatrix},$$

$$\mathbf{q}_{21} = \begin{bmatrix} -0{,}40 & 0 \\ -1{,}00 & -2 \end{bmatrix}, \quad \mathbf{q}_{22} = \begin{bmatrix} 0 \\ -340 \end{bmatrix};$$

q_{11} ist quadratisch und det $q_{11} \neq 0$, gemäß (5.84) erhält man die Strukturmatrix P zu

$$P = \begin{bmatrix} q_{11}^{-1} & -q_{11}^{-1}q_{12} \\ q_{21}q_{11}^{-1} & q_{22} - q_{21}q_{11}^{-1}q_{12} \end{bmatrix}$$

$$= \begin{bmatrix} 1{,}25 & 6{,}25 & 6{,}25 \\ 0{,}05 & 1{,}25 & 1{,}25 \\ \hdashline -0{,}50 & -2{,}50 & -2{,}50 \\ -1{,}35 & -8{,}75 & -348{,}75 \end{bmatrix}. \tag{5.86}$$

Als Produktionshöhe für den Gesamtbetrieb im Produktionszeitraum von 2 Stunden seien 200 t Dampf und 10 MWh elektrische Energie vorgeschrieben, d. h. $f = \begin{bmatrix} 200 \\ 10 \end{bmatrix}$, $t = [2]$. Gesucht sind die dazu erforderlichen Aufwände a, die Durchsätze d und die Leistungsvektoren l_1 und l_2.

Die Gleichungen (5.84) und (5.86) liefern sofort

$$\begin{bmatrix} d \\ a \end{bmatrix} = \begin{bmatrix} 1{,}25 & 6{,}25 & 6{,}25 \\ 0{,}05 & 1{,}25 & 1{,}25 \\ \hdashline -0{,}50 & -2{,}50 & -2{,}50 \\ -1{,}35 & -8{,}75 & -348{,}75 \end{bmatrix} \begin{bmatrix} 200 \\ 10 \\ 2 \end{bmatrix} = \begin{bmatrix} 325 \\ 25 \\ -130 \\ -1055 \end{bmatrix} = \begin{bmatrix} \delta_1 \\ \delta_2 \\ \lambda_3 \\ \lambda_4 \end{bmatrix},$$

aus (5.80) und (5.85) folgt

$$l_1 = W_1 d_1 = \begin{bmatrix} 1{,}00 & 0 \\ -0{,}04 & -1 \\ -0{,}40 & 0 \\ -1{,}00 & -220 \end{bmatrix} \begin{bmatrix} 325 \\ 2 \end{bmatrix} = \begin{bmatrix} 325 \\ -15 \\ -130 \\ -765 \end{bmatrix},$$

$$l_2 = W_2 d_2 = \begin{bmatrix} -5 & 0 \\ 1 & 0 \\ 0 & 0 \\ -2 & -120 \end{bmatrix} \begin{bmatrix} 25 \\ 2 \end{bmatrix} = \begin{bmatrix} -125 \\ 25 \\ 0 \\ -290 \end{bmatrix}.$$

Erforderlich sind mithin 130 t Rohbraunkohle und 1055 M. Teilbetrieb I muß 325 t Dampf abgeben und Teilbetrieb II 25 MWh Energie – alles bezogen auf 2 Stunden.

5.4.5. Ein Optimierungsproblem

Jeder Betrieb ist bestrebt, einen möglichst hohen Gewinn zu erreichen. Diesem Bestreben sind naturgemäß Grenzen gesetzt: Kapazitätsgrenzen für gewisse Durchsätze, Zuteilungsgrenzen für bestimmte Aufwände, Mindestforderungen nach einigen wenig Gewinn bringenden Fertigprodukten usw. Es müssen also folgende (komponentenweise zu verstehende) Ungleichungen erfüllt werden:

$$l_n \leq l \leq l_0, \qquad \bar{d}_n \leq \bar{d} \leq \bar{d}_0.$$

(Unter den Komponenten von $l_n, \bar{d}_n$ kann auch $-\infty$ auftreten, ebenso $+\infty$ unter den Komponenten von $l_0, \bar{d}_0$; die entsprechenden Komponenten von l oder $\bar{d}$ sind dann nach oben bzw. unten unbeschränkt.)

Mittels Gleichung (5.82) läßt sich das Bestreben, einen möglichst großen Gewinn zu erzielen, folgendermaßen formulieren:

Es ist ein Durchsatzvektor $\bar{\mathbf{d}}$ zu bestimmen, der der linearen Form

$$G = \mathbf{p}^T\mathbf{l} = (\mathbf{p}^T\mathbf{W})\,\mathbf{d}$$

unter den Nebenbedingungen

$$\mathbf{l}_n \leqq \mathbf{W}\bar{\mathbf{d}} \leqq \mathbf{l}_0,$$

$$\mathbf{d}_n \leqq \bar{\mathbf{d}} \leqq \bar{\mathbf{d}}_0$$

einen maximalen Wert erteilt.

Das ist ein sogenanntes lineares Optimierungsproblem, für das in Band 14 Lösungsmethoden bereitgestellt werden.

5.5. Matrizen in der Mechanik – Lösung des Biegeproblems eines beliebig gestützten geraden Trägers

5.5.1. Zur Theorie der Balkenbiegung

Der elementaren Balkentheorie liegt die *lineare Differentialgleichung der elastischen Linie* zugrunde. Unter der *elastischen Linie* versteht man eine Kurve durch die Punkte der einzelnen Trägerquerschnitte, die bei einer Biegung des Trägers spannungsfrei bleiben. Mit den Bezeichnungen nach Bild 5.4 lautet die Differentialgleichung

$$\eta''(\xi) = -\frac{M(\xi)}{B(\xi)} \tag{5.87}$$

mit

$B(\xi)\ \ = EJ(\xi)$ (Biegesteifigkeit),
$M(\xi)\ -$ Biegemoment,
$E\ \ \ \ \ -$ Elastizitätsmodul,
$J(\xi)\ \ -$ Flächenträgheitsmoment.

Bei kleinen Durchsenkungen η gilt für den Biegewinkel φ:

$$\eta' = \tan\varphi \approx \sin\varphi \approx \varphi > \eta'(\xi) \approx \varphi(\xi).$$

Unter diesen Voraussetzungen soll das Zeichen „$\approx$" in den folgenden Ausführungen durch „$=$" ersetzt werden, d. h.

$$\eta'(\xi) = \varphi(\xi). \tag{5.88}$$

Um zwischen den mechanischen Größen *Biegemoment, Querkraft* und *Streckenlast* analytische Beziehungen herleiten zu können, ist es erforderlich, ein Balkenelement

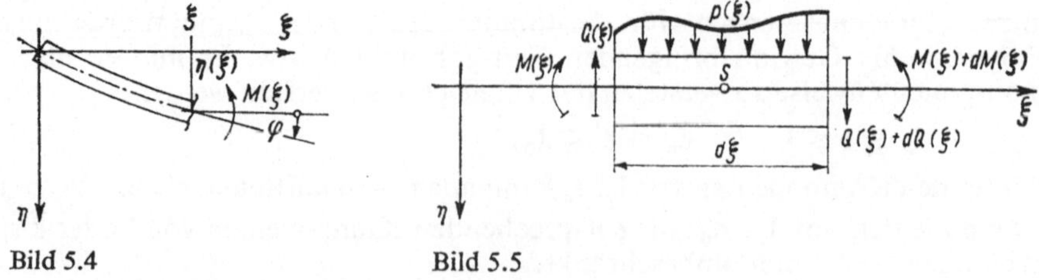

Bild 5.4   Bild 5.5

mit den dazugehörigen Schnittgrößen (Biegemoment und Querkraft) zu betrachten (Bild 5.5).

Die in Bild 5.5 eingetragenen Schnittgrößen müssen mit der äußeren Last $p(\xi)$ im Gleichgewicht stehen.

Es gilt demzufolge:

$$-Q(\xi) + p(\xi)\,\mathrm{d}\xi + Q(\xi) + \mathrm{d}Q(\xi) = 0,$$

$$M(\xi) + Q(\xi)\frac{\mathrm{d}\xi}{2} + Q(\xi)\frac{\mathrm{d}\xi}{2} + \mathrm{d}Q(\xi)\frac{\mathrm{d}\xi}{2} - M(\xi) - \mathrm{d}M(\xi) = 0.$$

Man erhält dann wegen $\frac{1}{2}\,\mathrm{d}Q(\xi)\,\mathrm{d}\xi \approx 0$

$$\frac{\mathrm{d}M(\xi)}{\mathrm{d}\xi} = Q(\xi),$$

$$\frac{\mathrm{d}Q(\xi)}{\mathrm{d}\xi} = -p(\xi),$$

$$(5.89)$$

Setzt man diese Beziehungen in die zweimal differenzierte Differentialgleichung (5.87) ein, so erhält man die lineare Differentialgleichung 4. Ordnung der elastischen Linie

$$\{B(\xi)\,\eta''(\xi)\}'' = p(\xi). \tag{5.90}$$

Für den Fall *konstanter Biegesteifigkeit*, auf den wir uns im weiteren beschränken wollen, erhält (5.90) die Form

$$B\eta^{(4)}(\xi) = p(\xi). \tag{5.91}$$

5.5.2. Herleitung der Feldmatrix

Einen Balken, der sich aus n Teilabschnitten konstanter Biegesteifigkeit B_ν ($\nu = 1$, 2, ..., n) zusammensetzt, zeigt Bild 5.6.

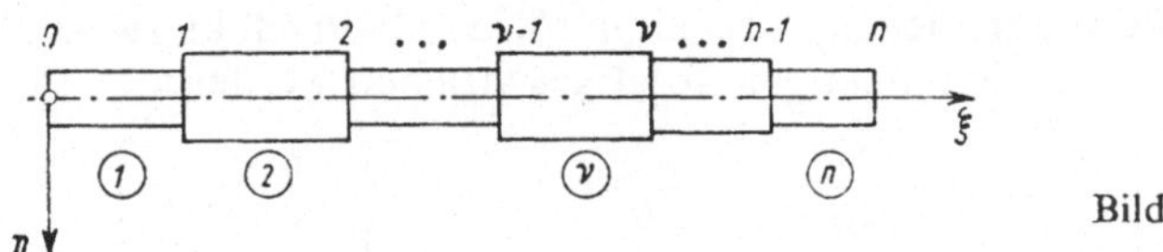

Bild 5.6

Ein Stück konstanter Biegesteifigkeit des Trägers, z. B. der durch ν gekennzeichnete Abschnitt, soll das ν-te Feld genannt werden. Die Feldgrenzen sollen die Indizes „$\nu - 1$" für die linke Seite und „ν" für die rechte Seite erhalten. Die Länge des ν-ten Feldes ist dann $l_\nu = \xi_\nu - \xi_{\nu-1}$. Die Differentialgleichung (5.91) läßt sich dann für den ν-ten Abschnitt in folgender Form schreiben:

$$B_\nu\eta_\nu^{(4)}(\xi_\nu) = p_\nu(\xi_\nu). \tag{5.92}$$

Integriert man (5.92) und führt als Integrationskonstanten die mechanischen Größen an der linken Feldgrenze (Index „$\nu - 1$") ein, so erhält man für die Größen

$$\eta_\nu(\xi_\nu),\ \varphi_\nu(\xi_\nu),\ M_\nu(\xi_\nu),\ Q_\nu(\xi_\nu)\ \text{und}\ p_\nu(\xi_\nu)$$

an einer beliebigen Stelle $\xi_{\nu-1}$ innerhalb des ν-ten Feldes fünf lineare Gleichungen:

$$\eta_\nu(\xi_\nu)' = \eta_{\nu-1} + \xi_\nu \varphi_{\nu-1} - \frac{\xi_\nu^2}{2B_\nu} M_{\nu-1} - \frac{\xi_\nu^3}{6B_\nu} Q_{\nu-1} + \overline{\eta_\nu}(\xi_\nu) \cdot 1$$

$$\varphi_\nu(\xi_\nu) = \qquad \varphi_{\nu-1} - \frac{\xi_\nu}{B_\nu} M_{\nu-1} - \frac{\xi_\nu^2}{2B_\nu} Q_{\nu-1} + \overline{\varphi_\nu}(\xi_\nu) \cdot 1$$

$$M_\nu(\xi_\nu) = \qquad\qquad M_{\nu-1} + \xi_\nu\, Q_{\nu-1} + \overline{M_\nu}(\xi_\nu) \cdot 1 \qquad\qquad (5.93)$$

$$Q_\nu(\xi_\nu) = \qquad\qquad\qquad Q_{\nu-1} + \overline{Q_\nu}(\xi_\nu) \cdot 1$$

$$1 = \qquad\qquad\qquad\qquad 1$$

Die überstrichenen Glieder auf der rechten Seite von (5.93) haben ihren Ursprung in der Belastung des ν-ten Feldes. Sie bedeuten im einzelnen:

$$\overline{Q_\nu}(\xi_\nu) = - \int_0^{\xi_\nu} p_\nu(z)\, \mathrm{d}z,$$

$$\overline{M_\nu}(\xi_\nu) = \int_0^{\xi_\nu} \overline{Q_\nu}(z)\, \mathrm{d}z,$$

$$\overline{\varphi_\nu}(\xi_\nu) = - \frac{1}{B_\nu} \int_0^{\xi_\nu} \overline{M_\nu}(z)\, \mathrm{d}z, \qquad\qquad (5.94)$$

$$\overline{\eta_\nu}(\xi_\nu) = \int_0^{\xi_\nu} \overline{\varphi_\nu}(z)\, \mathrm{d}z.$$

Die letzte der Gleichungen (5.93) resultiert aus der Differentialgleichung (5.92), die durch $p_\nu(\xi_\nu) \neq 0$ dividiert wurde.

Da bei der Berechnung der Biegung gerader Träger die mechanischen Beziehungen linear sind, erhalten wir auch ein lineares Gleichungssystem.

Faßt man die mechanischen Größen einschließlich der „1" zu einem Vektor zusammen – einem sogenannten *Zustandsvektor*, da er den mechanischen Zustand an einer bestimmten Stelle widerspiegelt, – so kann (5.93) als Produkt zweier Matrizen wegen der Linearität der Gleichungen wie folgt geschrieben werden:

$$\begin{bmatrix} \eta_\nu(\xi_\nu) \\ \varphi_\nu(\xi_\nu) \\ M_\nu(\xi_\nu) \\ Q_\nu(\xi_\nu) \\ 1 \end{bmatrix} = \begin{bmatrix} 1 & \xi_\nu & -\dfrac{\xi_\nu^2}{2B_\nu} & -\dfrac{\xi_\nu^3}{6B_\nu} & \overline{\eta_\nu}(\xi_\nu) \\ 0 & 1 & -\dfrac{\xi_\nu}{B_\nu} & -\dfrac{\xi_\nu^2}{2B_\nu} & \overline{\varphi_\nu}(\xi_\nu) \\ 0 & 0 & 1 & \xi_\nu & \overline{M_\nu}(\xi_\nu) \\ 0 & 0 & 0 & 1 & \overline{Q_\nu}(\xi_\nu) \\ 0 & 0 & 0 & 0 & 1 \end{bmatrix} \begin{bmatrix} \eta_{\nu-1} \\ \varphi_{\nu-1} \\ M_{\nu-1} \\ Q_{\nu-1} \\ 1 \end{bmatrix}. \qquad (5.95)$$

Die Zustandsvektoren sollen mit $\mathbf{x}_\nu$ bezeichnet werden. Die transponierten Vektoren aus (5.95) lauten dann:

$$\mathbf{x}_\nu^\mathrm{T}(\xi_\nu) = [\eta_\nu(\xi_\nu),\, \varphi_\nu(\xi_\nu),\, M_\nu(\xi_\nu),\, Q_\nu(\xi_\nu),\, 1],$$

$$\mathbf{x}_{\nu-1}^\mathrm{T} = [\eta_{\nu-1},\, \varphi_{\nu-1},\, M_{\nu-1},\, Q_{\nu-1},\, 1].$$

Die in (5.95) vorkommende Dreiecksmatrix ist eine *Übertragungsmatrix* (speziell eine Feldmatrix), da sie den mechanischen Zustand vom Anfang des ν-ten Feldes auf eine beliebige Stelle im Innern des ν-ten Feldes überträgt. Die *Feldmatrix* für das ν-te Feld soll mit $F_\nu(\xi_\nu)$ bezeichnet werden. Damit läßt sich dann das Matrixprodukt (5.95) schreiben:

$$x_\nu(\xi_\nu) = F_\nu(\xi_\nu)\, x_{\nu-1}. \tag{5.95'}$$

Den Zustandsvektor $x_\nu(\lambda_\nu) = x_\nu$ erhält man dadurch, daß man in der Feldmatrix $\xi_\nu = \lambda_\nu$ setzt:

$$x_\nu = F_\nu(\lambda_\nu)\, x_{\nu-1} = F_\nu x_{\nu-1}. \tag{5.95''}$$

Für den in Bild 5.6 dargestellten Träger mit n Feldern[1]) kann man dann schreiben

$$
\begin{aligned}
x_n &= F_n x_{n-1}, \\
x_{n-1} &= F_{n-1} x_{n-2}, \\
&\cdots\cdots\cdots \\
x_1 &= F_1 x_0, \\
x_n &= F_n F_{n-1} F_{n-2} F_{n-3} \cdots F_1 x_0.
\end{aligned}
$$

Dabei läßt sich das Produkt der n Feldmatrizen noch zusammenfassen zu einer Gesamtübertragungsmatrix U. Es gilt dann

$$x_n = U x_0 \tag{5.96}$$

Für die praktische Behandlung eines Trägers nach Bild 5.6, der z. B. an beiden Seiten gestützt ist, wäre es aber sehr vorteilhaft, die in (5.96) vorkommende Übertragungsmatrix U zu bilden. Die Rechnung verläuft wesentlich einfacher, wenn man nach dem Falkschen Schema für die Matrizenmultiplikation zunächst bildet

$$
\begin{aligned}
x_1 &= F_1 x_0, \\
x_2 &= F_2(F_1 x_0) = F_2 x_1, \\
&\cdots\cdots\cdots\cdots \\
x_n &= F_n(F_{n-1} x_{n-2}) = F_n x_{n-1}.
\end{aligned}
$$

Da die Elemente der Zustandsvektoren und der Feldmatrizen mechanische Größen bzw. Querschnittsgrößen und Längen sind, haben sie unterschiedliche Dimensionen. Es macht sich dabei erforderlich, dimensionslose Größen einzuführen. Um aber auch in den Matrizen Elemente zu erhalten, die größenmäßig nicht zu unterschiedlich sind, werden die folgenden Vereinbarungen getroffen:

λ_0 [m] und Q [kN] werden Bezugsgrößen,

$$
\begin{aligned}
\eta_\nu^* &= 10^2 \lambda_0^{-1} \eta_\nu, & \varphi_\nu^* &= 10^2 \varphi_\nu, \\
M_\nu^* &= M(\hat{Q}\lambda_0)^{-1}, & Q_\nu^* &= Q_\nu \hat{Q}^{-1}, \\
\beta_\nu &= \frac{\lambda_\nu}{\lambda_0}, & \alpha_\nu &= \frac{B_\nu 10^{-2}}{\hat{Q}\lambda_0^2}, \\
\beta_\nu(\xi_\nu) &= \frac{\xi_\nu}{\lambda_0}, & (\nu &= 1, 2, ..., n).
\end{aligned}
\tag{5.97}
$$

---

[1]) ohne Zwischenstützen

Tabelle 5.2

Belastungsart (v-tes Feld)	$\overline{\eta}_v^*$	$\overline{q}_v^*$	$\overline{M}_v^*$	$\overline{Q}_v^*$
	[1]) 0	0	0	$-p_v^*$
	[1]) 0	0	M_v^*	0
	$p_v^* \dfrac{\beta_v^4}{24\varkappa_v}$	$p_v^* \dfrac{\beta_v^3}{6\varkappa_v}$	$-p_v^* \dfrac{\beta_v^2}{2}$	$-p_v^* \beta_v$
	$(4p_{v-1}^* + p_v^*)\dfrac{\beta_v^4}{120\varkappa_v}$	$(3p_{v-1}^* + p_v^*)\dfrac{\beta_v^3}{24\varkappa_v}$	$-(2p_{v-1}^* + p_v^*)\dfrac{\beta_v^2}{6}$	$-(p_{v-1}^* + p_v^*)\dfrac{\beta_v}{2}$
	[2]) $-\dfrac{10^2}{2}\hat{\alpha}_t\,\varDelta t\,\dfrac{\lambda_0\beta_v^2}{h_v}$	$-10^2\hat{\alpha}_t\,\varDelta t\,\dfrac{\lambda_0\beta_v}{h_v}$	0	0

$$\left(\text{zur Bezeichnungsweise: } P_v^* = \frac{P_v}{\hat{Q}}, \quad M_v^* = \frac{M_v}{\hat{Q}l_0}, \quad p_v^* = \frac{p_v l_0}{\hat{Q}}\right),$$

---

[1]) Die Felder sind so zu legen, daß sie unmittelbar hinter den Einzelkräften und -momenten enden.
[2]) Linearer Temperaturausdehnungskoeffizient für das Material des v-ten Trägerabschnittes.

Der dimensionslose, transponierte Zustandsvektor wird mit $\mathbf{x}_{\nu}^{*T}$ bezeichnet, und *die dimensionslose Feldmatrix* heißt $\mathbf{F}_{\nu}^{*}(\xi_{\nu})$ bzw. $\mathbf{F}_{\nu}^{*}$:

$$\mathbf{x}_{\nu}^{*T} = [\eta_{\nu}^{*}, \varphi_{\nu}^{*}, M_{\nu}^{*}, Q_{\nu}^{*}, 1],$$

$$\mathbf{F}_{\nu}^{*}(\xi_{\nu}) = \begin{bmatrix} 1 & \beta_{\nu}(\xi_{\nu}) & -\dfrac{\beta_{\nu}^{2}(\xi_{\nu})}{2\alpha_{\nu}} & -\dfrac{\beta_{\nu}^{3}(\xi_{\nu})}{6\alpha_{\nu}} & \overline{\eta}_{\nu}^{*}(\xi_{\nu}) \\[2ex] 0 & 1 & -\dfrac{\beta_{\nu}(\xi_{\nu})}{\alpha_{\nu}} & -\dfrac{\beta_{\nu}^{2}(\xi_{\nu})}{2\alpha_{\nu}} & \overline{\varphi}_{\nu}^{*}(\xi_{\nu}) \\[2ex] 0 & 0 & 1 & \beta_{\nu}(\xi_{\nu}) & \overline{M}_{\nu}^{*}(\xi_{\nu}) \\[2ex] 0 & 0 & 0 & 1 & \overline{Q}_{\nu}^{*}(\xi_{\nu}) \\[2ex] 0 & 0 & 0 & 0 & 1 \end{bmatrix}, \tag{5.98}$$

$$\mathbf{F}_{\nu}^{*}(\lambda_{\nu}) = \mathbf{F}_{\nu}^{*} = \begin{bmatrix} 1 & \beta_{\nu} & -\dfrac{\beta_{\nu}^{2}}{2\alpha_{\nu}} & -\dfrac{\beta_{\nu}^{3}}{6\alpha_{\nu}} & \overline{\eta}_{\nu}^{*} \\[2ex] 0 & 1 & -\dfrac{\beta_{\nu}}{\alpha_{\nu}} & -\dfrac{\beta_{\nu}^{2}}{2\alpha_{\nu}} & \overline{\varphi}_{\nu}^{*} \\[2ex] 0 & 0 & 1 & \beta_{\nu} & \overline{M}_{\nu}^{*} \\[2ex] 0 & 0 & 0 & 1 & \overline{Q}_{\nu}^{*} \\[2ex] 0 & 0 & 0 & 0 & 1 \end{bmatrix}. \tag{5.98'}$$

Die Elemente der letzten Spalte der Feldmatrizen errechnet man mit den dimensionslosen mechanischen Größen entsprechend (5.94). Für (5.95'') hat man somit zu schreiben

$$\mathbf{x}_{\nu}^{*} = \mathbf{F}_{\nu}^{*}\mathbf{x}_{\nu-1}^{*}; \tag{5.99}$$

analog dazu gilt:

$$\mathbf{x}_{n}^{*} = \mathbf{F}_{n}^{*}\mathbf{F}_{n-1}^{*} \cdots \mathbf{F}_{2}^{*}\mathbf{F}_{1}^{*}\mathbf{x}_{0}^{*}.$$

Für die wichtigsten Belastungsfälle sind die Elemente der letzten Spalte der Feldmatrix in der Tabelle 5.2 angegeben (die Größen in der Tabelle sind nach (5.97) bezeichnet).

Mit den oben entwickelten Feldmatrizen kann man einen geraden Träger vollständig behandeln, wenn dessen Felder lediglich durch Änderungen der konstanten Biegefestigkeit B_{ν} ($\nu = 1, 2, \ldots, n$) gekennzeichnet sind. Wenn dagegen neben der Änderung der Biegefestigkeit an einem Feldende noch eine Zwischenbedingung auftritt, reichen die bisher entwickelten Hilfsmittel nicht mehr aus (vgl. hierzu Manteuffel/ Seiffart, Einführung in die lineare Algebra und lineare Optimierung, Abschnitt 4.2.3. bis 4.2.5.).

6.   Bemerkungen zur geschichtlichen Entwicklung

Zu den Teilgebieten der Mathematik, die in den letzten Jahrzehnten Eingang in die mathematische Grundausbildung der Ingenieure, Naturwissenschaftler, Ökonomen und Landwirte gefunden haben, gehört die lineare Algebra. Methoden und Modelle aus diesem Gebiet liegen zahlreichen und unterschiedlichen Anwendungen in den verschiedenartigsten Bereichen der gesellschaftlichen Praxis zugrunde.

Im wesentlichen sind es wohl drei Komponenten, die die lineare Algebra im Laufe der Entwicklung geprägt haben. Da sind zunächst diejenigen Methoden und Hilfsmittel, die jeweils zur Bewältigung von anfallenden praktischen Problemen benötigt wurden. So wurde der Begriff der geometrischen Addition von gerichteten Strecken von Simon Stevin (1548–1620) für das Kräfteparallelogramm und das Kräftepolygon gebraucht. Der eigentliche Auf- und Ausbau der Vektorrechnung begann im 19. Jahrhundert, als man die geometrische Addition von gerichteten Strecken zur Darstellung von Zusammenhängen in der Geometrie, in der Mechanik, in der Elektrotechnik benutzte. Die anschauliche Interpretation von Netzplänen basiert auf der Betrachtung von Knoten und (gerichteten) Kanten, und verschiedene Rechenoperationen mit komplexen Zahlen gestatten eine vektorielle Deutung.

Determinanten wurden bereits von G. W. v. Leibniz (1646–1716) verwendet. Einige zahlentheoretische Untersuchungen über quadratische Formen von C. F. Gauß (1777–1855) lassen vermuten, daß ihm der Begriff der Matrix vertraut war; explizit hat er ihn nicht benutzt.

Im 19. Jahrhundert erfolgten die ersten Anwendungen des Matrixbegriffes in der Geometrie (Transformationen) und in der Elektrotechnik; in der Gegenwart sind Technische Mechanik, Netzplantechnik, Spieltheorie und viele andere Gebiete ohne das Hilfsmittel Matrizen nicht mehr denkbar. Die theoretischen Untersuchungen wurden durch G. Frobenius (1849–1917), I. Schur (1875–1941) und viele andere etwa bis zum gegenwärtigen Stand gebracht.

Die Untersuchungen von Zahlen werden seit frühester Zeit durchgeführt, und solange es schriftliche Überlieferungen gibt, befinden sich darunter auch Darstellungen von Rechengesetzen, Aussagen über Eigenschaften von Zahlen. Das ist auch völlig verständlich, sind doch „Zahl und Figur nirgends anders hergenommen als aus der wirklichen Welt" (F. Engels).

Aus den Überlieferungen der Babylonier, der Chinesen, der Ägypter, der Griechen entnehmen wir die Kenntnis vieler Ergebnisse der elementaren Zahlentheorie. Linearformen mit zwei und mehr Unbestimmten untersuchte schon Diophant (um 250 u. Z.), um Aussagen über lineare Kongruenzen, über Dreiecks- und Pyramidalzahlen zu machen. Daneben haben quadratische Formen z. B. bei der Untersuchung von Kongruenzen, bei der Zerlegung einer Zahl in eine Summe von zwei und mehr Quadraten, bei Untersuchungen über Primzahlen eine Rolle gespielt. Viele berühmte Namen finden sich unter denen, die Ergebnisse zu diesen Problemen vorlegten: Pythagoras (570–501 v. u. Z.), G. W. Leibniz (1646–1716), P. de Fermat (1601–1665), L. Euler (1707–1783), C. F. Gauß (1777–1855), J. L. Lagrange (1736–1816), A. M. Legendre (1752–1833), Ch. Hermite (1822–1901), J. J. Sylvester (1814–1897), P. L. Tschebyscheff (1821–1894) und viele andere.

Die zweite wesentliche Komponente ist die Entwicklung und Herausbildung des allgemeinen Raumbegriffs. Schon Diophant versuchte, neben den zweiten bzw. dritten Potenzen als Quadrate und Kuben sich auch für höhere Potenzen eine entsprechende anschauliche Terminologie zu verschaffen. Bei Stifel (1487–1545) wurden diese Bestrebungen ebenfalls sehr deutlich. Als J. d'Alembert (1717–1783) vorschlug, die Zeit als vierte Dimension einzuführen und J. L. Lagrange (1736–1813) mechanische Systeme mit allgemeinen Koordinaten beschrieb, war die Herausbildung des Begriffs des n-dimensionalen Raumes fast vollendet. C. G. Jacobi (1804–1850) berechnete das Volumen einer n-dimensionalen Kugel und A. Cayley (1821–1895) prägte den Begriff der n-dimensionalen Geometrie. Die gegenseitigen Lagebeziehungen mehrdimensionaler Ebenen zueinander wurden für den n-dimensionalen Raum von H. Graßmann (1809–1877) untersucht, und L. Schlaefli (1814–1895) klassifizierte die regelmäßigen Polyeder. Die mehrdimensionale Geometrie erwies sich vor allem auch für die moderne Physik als von außerordentlicher Bedeutung (Relativitätstheorie, Quantenmechanik), und die Formulierung der Axiome des n-dimensionalen Euklidischen Raumes geht auf Publikationen von H. Weyl (1885 bis 1955) (Raum, Zeit, Materie; 1918) und J. v. Neumann (1903–1957) (Mathematische Grundlagen der Quantenmechanik, 1932) zurück. Wesentlich für die Formulierung der Axiome ist der Begriff der linearen Abhängigkeit von Vektoren. Eine weitere Verallgemeinerung und Abstrahierung führt zur Betrachtung topologischer Räume, die wir u. a. D. Hilbert (1862–1943) und J. Dieudonné verdanken.

Als dritte Komponente ist die Entwicklung der Mengenlehre anzusehen. Das Bemühen, mathematische Aussagen nicht für einzelne Objekte, sondern für Gesamtheiten von Objekten, die eindeutig charakterisiert werden können, zu formulieren, ist wohl so alt wie die Mathematik selbst. Und es ist keineswegs ein bemerkenswertes, sondern im Gegenteil das übliche, gerechtfertigte und durchdachte Vorgehen, daß z. B. eine Aussage über die Summe der Innenwinkel nicht für ein spezielles Dreieck, sondern allgemein für die Menge aller möglichen Dreiecke gemacht wird. Um so erstaunlicher ist es, daß der Mengenbegriff und damit die Mengenlehre erst im letzten Drittel des 19. Jahrhunderts entstanden sind. Der Begründer der Mengenlehre ist G. Cantor (1845–1918). Die von ihm gegebenen Begriffsbildungen und Schlußweisen wurden zunächst nicht nur mißverstanden, sondern sogar abgelehnt. Aber mit dem 20. Jahrhundert begannen sich diese Ideen durchzusetzen, und sie erwiesen sich als grundlegend für die gesamte Mathematik. Ohne Mengenlehre sind die Teilgebiete der Mathematik heute nicht mehr denkbar; sie hat der Zersplitterung der Mathematik in viele nebeneinanderstehende Gebiete entgegengewirkt und ist – wenn auch meist nur implizit – wesentlicher Bestandteil unserer Schulmathematik.

Als theoretische Grundlagen der gesamten heutigen linearen Algebra darf man die Betrachtung von Substitutionen und Transformationen in topologischen linearen Räumen ansehen.

Die Anwendungen der entwickelten Methoden und Theorien sind – wie wir gesehen haben – i. allg. recht schnell erfolgt. Bemerkt sei noch, daß in der im 1. Jahrtausend v. u. Z. in China geschriebenen „Mathematik in neun Büchern" bereits lineare Gleichungssysteme von n Gleichungen mit n Unbekannten gelöst werden. Auch den indischen Mathematikern des 7. Jahrhunderts u. Z. ist die Lösung solcher Gleichungssysteme bekannt.

Erwähnen wollen wir den Beginn des umfassenderen Einsatzes gerade von Verfahren der linearen Algebra auf ökonomische Problemstellungen. L. W. Kantorowitsch beschäftigte sich 1939 mit der Anwendung mathematischer Methoden auf Fragen der Planung und Organisation der Produktion; O. Pichler untersuchte 1942 Fragen der Planung beim kontinuierlichen Fertigungsprozeß in der chemischen Industrie. Gerade die aus ökonomischen Aufgabenstellungen kommenden Impulse und Anforderungen erwiesen sich in der Folgezeit und besonders in den letzten 40 Jahren als außerordentlich wesentlich für die Erweiterung des Einsatzbereiches der Mathematik.

Technik, Physik, Ökonomie und die Mathematik selbst sind zum Einsatzgebiet der linearen Algebra geworden, es wird immer wieder bestätigt, daß „... alle wissenschaftlichen Abstraktionen die Natur tiefer, getreuer, vollständiger widerspiegeln" (W. I. Lenin).

Die allseitige Entwicklung der Informationswissenschaft und die immer bessere Beherrschung der mathematisch-kybernetischen Betrachtungsweise sind wesentliche Voraussetzungen für den erfolgreichen und effektiven Einsatz mathematischer Methoden. Die Mathematik ist durch den Einbau abstrakter Begriffe wie Menge, Matrix, Körper, Raum nicht weltfremd geworden, sondern sie hat ihre Anwendungsbereiche erweitert. Die entwickelten mathematischen Hilfsmittel haben die Denk- und Arbeitsmöglichkeiten erweitert; ihr Einsatz zeigt uns, daß der dialektische Weg der Erkenntnis der Wahrheit, der Erkenntnis der objektiven Realität von der lebendigen Anschauung zum abstrakten Denken und von diesem zur Praxis führt.

7. Lösungen der Aufgaben

1.1: Es ist $a_1a_2 = a_1a_3 = a_2a_3 = 0$ und $a_1 = a_2 = a_3 \ (= 15)$, Volumen $V = 3375$.

1.2: $g = \dfrac{\mu \mathbf{a} + \lambda \mathbf{b}}{\mu + \lambda}$.

1.3:

$$OAB: \mathbf{f}_1 = \frac{1}{2}\,(\mathbf{b} \times \mathbf{a}),$$

$$OBC: \mathbf{f}_2 = \frac{1}{2}\,(\mathbf{c} \times \mathbf{b}),$$

$$ABC: \mathbf{f}_3 = \frac{1}{2}\,\{(\mathbf{c} - \mathbf{b}) \times (\mathbf{a} - \mathbf{b})\} = \frac{1}{2}\,\{\mathbf{c} \times \mathbf{a} - \mathbf{c} \times \mathbf{b} - \mathbf{b} \times \mathbf{a}\},$$

$$OAC: \mathbf{f}_4 = \frac{1}{2}\,(\mathbf{a} \times \mathbf{c}),$$

$$\mathbf{f}_1 + \mathbf{f}_2 + \mathbf{f}_3 + \mathbf{f}_4 = \frac{1}{2}\,\{\mathbf{b} \times \mathbf{a} + \mathbf{c} \times \mathbf{b} + \mathbf{c} \times \mathbf{a} - \mathbf{c} \times \mathbf{b} - \mathbf{b} \times \mathbf{a} + \mathbf{a} \times \mathbf{c}\} \equiv 0.$$

1.4: $\omega = 2\pi n = 500\pi \left[\dfrac{1}{\min}\right]$ ist die Winkelgeschwindigkeit der Rotation; führt man $\omega = \omega\,\dfrac{\mathbf{e}_1 - 3\mathbf{e}_2 + 2\mathbf{e}_3}{|\mathbf{e}_1 - 3\mathbf{e}_2 + 2\mathbf{e}_3|}$ als Vektor der Winkelgeschwindigkeit ein, so gilt $\mathbf{v} = \omega \times \mathbf{r}$, wobei $\mathbf{r} = \overrightarrow{OP}$ der Ortsvektor zum Punkt P ist.

$$\mathbf{v} = \frac{500\pi}{\sqrt{14}}\,(\mathbf{e}_1 + \mathbf{e}_2 + \mathbf{e}_3); \quad |\mathbf{v}| = \frac{500\pi\sqrt{3}}{\sqrt{14}} \approx 726 \left[\frac{m}{\min}\right].$$

1.5:

$$\mathbf{b} + \lambda(\mathbf{a} - \mathbf{b}) = \mu\left(\mathbf{b} + \frac{\mathbf{a}}{2}\right); \tag{1}$$

$$\mathbf{a} + \nu(\mathbf{b} - \mathbf{a}) = \varkappa\left(\mathbf{a} + \frac{\mathbf{b}}{2}\right); \tag{2}$$

(1) liefert $\left(\lambda - \dfrac{\mu}{2}\right)\mathbf{a} + (1 - \lambda - \mu)\,\mathbf{b} = \mathbf{o}$, d. h. $\lambda = \dfrac{1}{3}$, $\mu = \dfrac{2}{3}$;

(2) entsteht aus (1) durch Vertauschung von $\mathbf{a}$ und $\mathbf{b}$, d. h. $\nu = \lambda = \dfrac{1}{3}$.

1.6: Verhältnis $1 : 2$.

Höhenschnittpunkt: H sei der Schnittpunkt zweier Höhen $\mathbf{h}_1 = \overrightarrow{AH}$ und $\mathbf{h}_2 = \overrightarrow{BH}$. $\mathbf{d}$ sei der Vektor $\overrightarrow{CH}$. Es gilt $\mathbf{h}_1(\mathbf{d} - \mathbf{h}_2) = 0$ und $\mathbf{h}_2(\mathbf{d} - \mathbf{h}_1) = 0$, d. h. $\mathbf{h}_1\mathbf{d} = \mathbf{h}_1\mathbf{h}_2 = \mathbf{h}_2\mathbf{d}$ oder $\mathbf{d}(\mathbf{h}_1 - \mathbf{h}_2) = 0$. $\mathbf{d}$ steht mithin senkrecht auf der Gegenseite $\overrightarrow{AB}$; $\mathbf{d}$ ist Höhe, da die Höhe im Dreieck eindeutig bestimmt ist.

1.7: Wählt man ein Tetraeder mit der Kantenlänge 1 und ein Koordinatensystem wie im Bild angegeben, so gilt:

$$\overrightarrow{OA} = \begin{bmatrix} 1 \\ 0 \\ 0 \end{bmatrix}, \quad \overrightarrow{OB} = \begin{bmatrix} \dfrac{1}{2} \\ \dfrac{\sqrt{3}}{2} \\ 0 \end{bmatrix}, \quad \overrightarrow{OC} = \begin{bmatrix} \dfrac{1}{2} \\ \dfrac{\sqrt{3}}{6} \\ \sqrt{\dfrac{2}{3}} \end{bmatrix},$$

$$\mathbf{R} = \begin{bmatrix} 1 \\ 0 \\ 0 \end{bmatrix} + 2\begin{bmatrix} \dfrac{1}{2} \\ \dfrac{\sqrt{3}}{2} \\ 0 \end{bmatrix} + 3\begin{bmatrix} \dfrac{1}{2} \\ \dfrac{\sqrt{3}}{6} \\ \sqrt{\dfrac{2}{3}} \end{bmatrix} = \begin{bmatrix} \dfrac{7}{2} \\ \dfrac{3}{2}\sqrt{3} \\ \sqrt{6} \end{bmatrix},$$

$$|\mathbf{R}| = 5, \quad \cos(\mathbf{R}, \overrightarrow{OA}) = \frac{7}{10}, \quad \cos(\mathbf{R}, \overrightarrow{OB}) = \frac{8}{10}, \quad \cos(\mathbf{R}, \overrightarrow{OC}) = \frac{9}{10}.$$

1.8: Kegelmantel; Öffnungswinkel 120°, Seitenlänge $s = |\mathbf{x}| = 1$.

1.9: $\mathbf{g} = k\,\dfrac{\mathbf{b} \times \mathbf{c}}{(\mathbf{abc})}$.

1.10: a sei der Ortsvektor zum Mittelpunkt des Kreises, **g** der Ortsvektor zum Punkt P. Kreis: $(\mathbf{x} - \mathbf{a})^2 - r^2 = 0$, Gerade durch P: $\mathbf{x} = \mathbf{p} + \lambda\mathbf{e}$, dabei sei **e** ein veränderlicher Einheitsvektor. Schnittpunkte:

$$(\mathbf{p} + \lambda\mathbf{e} - \mathbf{a})^2 - r^2 = 0$$

oder $\lambda^2 + 2\lambda\mathbf{e}(\mathbf{p} - \mathbf{a}) + (\mathbf{p} - \mathbf{a})^2 - r^2 = 0$; das ist eine quadratische Gleichung mit den Lösungen λ_1, λ_2; $|\lambda_1|, |\lambda_2|$ sind die fraglichen Abstände, ihr Produkt ist $\lambda_1\lambda_2 = (\mathbf{p} - \mathbf{a})^2 - r^2 = $ const (nach Vieta unabhängig von **e**).

1.11: (a) Schnittgerade $\mathbf{x} = \begin{bmatrix} 1 \\ 2 \\ 0 \end{bmatrix} + t\begin{bmatrix} 1 \\ 2 \\ 1 \end{bmatrix}$;

(b) $\varphi = \dfrac{\pi}{2}$,

(c) $P_1(-1, 1, 6)$, $Q_1(0, 2, 1)$; Schatten $\overrightarrow{P_1Q_1} = \begin{bmatrix} 1 \\ -4 \\ -5 \end{bmatrix}$;

Schattenlänge $|\overrightarrow{P_1Q_1}| = \sqrt{42}$.

1.12: $\mathbf{r} = a\mathbf{e}_1 + \lambda(b\mathbf{e}_2 - a\mathbf{e}_1) + \mu(c\mathbf{e}_3 - a\mathbf{e}_1) = (1 - \lambda - \mu)\,a\mathbf{e}_1 + \lambda b\mathbf{e}_2 + \mu c\mathbf{e}_3$ (Achsenabschnittsgleichung der Ebene).

2.1:

$$C = \begin{bmatrix} 5 & 0 & -5 & -3 \\ 0 & -10 & -20 & -21 \\ 7 & 7 & 7 & 12 \\ 10 & 9 & 8 & 14 \end{bmatrix}.$$

2.2:

$$\text{a) } P = \begin{bmatrix} 2 & 0 \\ 0 & 3 \end{bmatrix}; \quad \text{b) } P = \begin{bmatrix} 1 & 0 & 0 \\ 0 & 2 & 0 \\ 0 & 0 & 5 \end{bmatrix}.$$

2.3:

$$\text{a) } A^3 = \begin{bmatrix} a^3 & 3a^2 \\ 0 & a^3 \end{bmatrix}; \quad \text{b) } A^3 = \begin{bmatrix} a^6 & 3a^4 \\ 0 & a^6 \end{bmatrix}; \quad \text{c) } A^3 = \begin{bmatrix} 13 & -14 \\ 21 & -22 \end{bmatrix}.$$

2.4:

$$A^n = \begin{bmatrix} \cos n\varphi & -\sin n\varphi \\ \sin n\varphi & \cos n\varphi \end{bmatrix}. \quad \text{Man benutze vollständige Induktion.}$$

2.5:

$$\lambda = \frac{1}{3}, \quad \varkappa = 2, \quad \mu = \frac{1}{3}, \quad c_1 = \begin{bmatrix} -\dfrac{2}{3} \\ \dfrac{1}{3} \\ \dfrac{2}{3} \end{bmatrix}, \quad c_2 = \begin{bmatrix} \dfrac{2}{3} \\ -\dfrac{1}{3} \\ -\dfrac{2}{3} \end{bmatrix}.$$

2.6: Man beachte, daß hier $(E - A)(E + A) = (E + A)(E - A)$ und $(E - A)^T = (E + A)$ gilt.

2.7: a) Es gilt $(-1)^n \det(A + \lambda_i E) = \det(-A - \lambda_i E) = \det(A^T - \lambda_i E) = \det(A - \lambda_i E)^T = 0$ also $\varphi(-\lambda_i) = 0$.

b) $(-\lambda_i)^n \det\left(A - \dfrac{1}{\lambda_i} E\right) = \det(-\lambda_i A + E) = \dfrac{1}{\det(A^T)} \det(-\lambda_i E + A^T) = \dfrac{1}{\det(A^T)}$

$\det(A - \lambda_i E)^T = 0$, also

$$\varphi\left(\frac{1}{\lambda_i}\right) = 0.$$

2.8:

$$\text{a) } A^{-1} = \begin{bmatrix} -\dfrac{8}{3} & \dfrac{4}{3} & -\dfrac{1}{3} \\ -\dfrac{1}{3} & \dfrac{2}{3} & \dfrac{1}{3} \\ \dfrac{8}{3} & -\dfrac{7}{3} & -\dfrac{2}{3} \end{bmatrix}; \quad \text{b) } A^{-1} = \begin{bmatrix} 1 & -a & 0 & 0 \\ 0 & 1 & -a & 0 \\ 0 & 0 & 1 & -a \\ 0 & 0 & 0 & 1 \end{bmatrix};$$

$$\text{c) } A^{-1} = \begin{bmatrix} 1 & a & 2a^2 & 2a^3 \\ 0 & 1 & a & 0 \\ 0 & 0 & 1 & a \\ 0 & 0 & 0 & 1 \end{bmatrix}; \qquad \text{d) } A^{-1} = -\frac{1}{18}\begin{bmatrix} -5 & 1 & 1 \\ 1 & -5 & 1 \\ 1 & 1 & -5 \end{bmatrix};$$

2.9:

$$\text{e) } A^{-1} = \begin{bmatrix} 1 & -3 & 0 & 0 \\ 0 & 1 & -3 & 0 \\ 0 & 0 & 1 & -3 \\ 0 & 0 & 0 & 1 \end{bmatrix}. \qquad (AB)^{-1} = \begin{bmatrix} -4 & 4 & 1 \\ \frac{1}{2} & -1 & \frac{1}{2} \\ 1 & 1 & 1 \end{bmatrix}.$$

2.10: $\det A = -16$.   **2.11:** $\det C = -2$.

2.12: 24.   **2.13:** a) $x_1 = 3$,   b) $x_1 = -3$,
                              $x_2 = -9$, $x_2 = 9$.

214.:

$$\det A = \begin{vmatrix} 1 & 3 & 3 & 2 \\ 0 & 0 & 2 & 7 \\ 0 & 0 & -3 & 1 \\ 0 & 0 & 0 & -4 \end{vmatrix} = 0.$$

2.15: Man schreibe $a \times (b + c)$ mit Hilfe einer Determinante und forme um.

2.16:

$$[abc]\,[abc] = \begin{vmatrix} aa & ab & ac \\ ba & bb & bc \\ ca & cb & cc \end{vmatrix}.$$

2.17: Man benutze vollständige Induktion.

2.18: D kann aufgefaßt werden als Polynom n-ten Grades in x_n, $\varphi(\alpha)$ ist dann Polynom 1. Grades in x_n.

Multipliziert man in D die k-te Zeile mit α_ν^{k-1} $(k = 1, \ldots, n)$ und addiert anschließend alle Zeilen zur ersten Zeile, so kann aus der ersten Zeile der gemeinsame Faktor $\varphi(\alpha_\nu)$ herausgezogen werden. D ist also durch $\varphi(\alpha_\nu)$ $(\nu = 1, \ldots, n)$ teilbar; da die $\varphi(\alpha_\nu)$ lineare Polynome in x_n sind, ist D auch durch $\varphi(\alpha_1)\,\varphi(\alpha_2) \ldots \varphi(\alpha_n)$ teilbar. Das Produkt $\varphi(\alpha_1) \ldots \varphi(\alpha_n)$ ist selbst ein Polynom n-ten Grades in x_n, also gilt

$$D = C \cdot \varphi(\alpha_1) \ldots \varphi(\alpha_n), \qquad (1)$$

wobei C nicht von x_n abhängt. Durch Vergleich des Koeffizienten von x_n^n auf beiden Seiten von (1) ergibt sich $C = (-1)^{\frac{(n-1)(n-2)}{2}}$.

2.19: Man bilde die Transponierte, $D = D^{\mathrm{T}} = \bar{D}$, also $D = \bar{D}$.

2.20: Es sei $D = \alpha + i\beta$. Multipliziert man jede Zeile von D mit $(-i)$, so erhält man $(-i)^n D$ $= (\overline{D^T}) = \tilde{D} = \alpha - i\beta$. Es gilt:

$$
(-i)^n = \begin{cases}
\ \ 1 \text{ für } n = 4m, \\
-i \text{ für } n = 4m + 1, \\
-1 \text{ für } n = 4m + 2, \\
\ \ i \text{ für } n = 4m + 3,
\end{cases}
$$

damit ergibt sich:

zu a) $D = \tilde{D}$ (nur) für $n = 4m$, $\qquad\qquad$ D reell;

$\quad$ b) $D = -\tilde{D}$ (nur) für $n = 4m + 2$, $\qquad$ D rein imaginär.

2.21: Es ist

$$
\mathbf{AB} = \left[\sum_{k=1}^{n} a_{ik} A_{lk}\right] = \begin{bmatrix}
\det \mathbf{A} & 0 & \dots & 0 \\
0 & \det \mathbf{A} & \dots & 0 \\
0 & . & & . \\
. & . & . & . \\
0 & \dots & 0 & \det \mathbf{A}
\end{bmatrix},
$$

also $\det(\mathbf{AB}) \equiv \det \mathbf{A} \cdot \det \mathbf{B} = (\det \mathbf{A})^n$;

1. Fall $\det \mathbf{A} \neq 0 \to \det \mathbf{B} = (\det \mathbf{A})^{n-1}$;

2. Fall $\det \mathbf{A} = 0 \to \sum_{k=1}^{n} a_{1k} A_{lk} = \begin{cases} \det \mathbf{A} = 0 \text{ für } i = 1 \\ 0 \text{ sonst} \end{cases} = 0$

(für alle i; die Spalten von $\mathbf{B}$ sind also linear abhängig, d. h. $\det \mathbf{B} = 0$, d. h. auch $\det \mathbf{B} = (\det \mathbf{A})^{n-1}$ $(= 0)$.

2.22: Es gilt $\det \mathbf{A} = \det(\mathbf{A}^T) = \det(-\mathbf{A}) = (-1)^n \det \mathbf{A} = -\det \mathbf{A}$, also $\det \mathbf{A} = 0$.

3.1: $x_1 = \dfrac{1}{4}, \quad x_2 = \dfrac{5}{8}, \quad x_3 = \dfrac{7}{8}$. $\qquad\qquad$ **3.2:** $x_1 = 7 - p$.

3.3: $k = 14$. $\qquad\qquad$ **3.4:** $x_1 = -7 + p$. $\qquad$ **3.5:** $x_1 = -\dfrac{1}{2}(t^3 + t)$.

3.6: $k = 2; \quad x_2 = 0$. $\qquad\qquad$ **3.7:** $k = -2$.

3.8: $\det(\mathbf{A} - \lambda \mathbf{E}) = 0$ ist zu lösen.

$\det(\mathbf{A} - \lambda \mathbf{E}) = -(\lambda^3 - 4\lambda^2 + 5\lambda - 2) \equiv -(\lambda - 1)^2 (\lambda - 2)$.

$\lambda_1 = \lambda_2 = 1$: Rang der Koeffizientenmatrix des Gleichungssystems ist 1; $\quad$ Lösung:

$$
\mathbf{x} = \begin{bmatrix}
-t_1 - \dfrac{2}{3} t_2 \\
t_1 \\
-t_2
\end{bmatrix},
$$

t_1, t_2 beliebig;

$\lambda_3 = 2$: Rang der Koeffizientenmatrix des Gleichungssystems ist 2; $\quad$ Lösung:

$$
\mathbf{x} = t \begin{bmatrix} 1 \\ 2 \\ 3 \end{bmatrix}, \quad t \text{ beliebig.}
$$

3.9: $x = \dfrac{23}{9}$, $y = z = -\dfrac{10}{9}$.   **3.10:** $\lambda = 0$; $\begin{bmatrix} x \\ y \\ z \end{bmatrix} = \mu \begin{bmatrix} 1 \\ -2 \\ 1 \end{bmatrix}$, μ beliebig.

3.11: $\displaystyle\sum_{i=1}^{n} x_i L_i = \sum_{i,k=1}^{n} a_{ik} x_i x_k = \sum_{i=1}^{n} a_{ii} x_i^2 + \sum_{\substack{i,k=1 \\ i<k}}^{n} (a_{ik} + a_{ki}) x_i x_k \equiv 0,$

d. h. $a_{ii} = 0$, $a_{ik} = -a_{ki}$ $(i, k = 1, 2, ..., n)$. Die Matrix $[a_{ik}]$ ist also schiefsymmetrisch, also det $[a_{ik}] = 0$, da n ungerade.

4.1: Die Vektoren aller Systeme sind jeweils voneinander linear unabhängig, stellen demnach Basen dar.

4.2: Der Nullvektor erfüllt alle Axiome und Gesetze.

4.3: Bestätigung durch Ausrechnen.

4.4: Zum Beispiel ist $\mathbf{a}_4 = (-1, 1, -1, 1)$ ein geeigneter Vektor.

4.5: $\mathbf{a}_4 = 2\mathbf{a}_1 + 2\mathbf{a}_2 + \mathbf{a}_3$.

4.6: Die Vektoren $\mathbf{a}_i$, $i = 1, 2, 3, 4$, sind eine Basis; $\mathbf{a} = \dfrac{3}{4}\mathbf{a}_1 + \dfrac{7}{4}\mathbf{a}_2 - \dfrac{5}{4}\mathbf{a}_3 - \mathbf{a}_4$; die Vektoren $\mathbf{b}_i$, $i = 1, 2, 3, 4$, sind linear abhängig.

4.7: Die Abbildungen Φ_0 und Φ_1 genügen den Linearitätsbedingungen.

5.1: Eigenwerte: $\lambda_1 = 2$, $\lambda_2 = 4$, $\lambda_3 = 6$; Eigenvektoren:

$$\mathbf{r}_1 = \begin{bmatrix} 0 \\ 1 \\ -1 \end{bmatrix}, \quad \mathbf{r}_2 = \begin{bmatrix} 1 \\ 1 \\ 0 \end{bmatrix}, \quad \mathbf{r}_3 = \begin{bmatrix} 1 \\ 0 \\ -1 \end{bmatrix}.$$

5.2: Eigenwerte: $\lambda_1 = 0$, $\lambda_2 = \lambda_3 = 1$;

Eigenvektoren:

$$\mathbf{r}_1 = \begin{bmatrix} 1 \\ -2 \\ -2 \end{bmatrix}, \quad \mathbf{r}_2 = \begin{bmatrix} 0 \\ 1 \\ 0 \end{bmatrix}, \quad \mathbf{r}_3 = \begin{bmatrix} 2 \\ 0 \\ -3 \end{bmatrix}.$$

5.3: Eigenwerte: $\lambda_1 = \lambda_2 = 0$, $\lambda_3 = 5$
Eigenvektoren: Zum doppelten Eigenwert $\lambda = 0$ existiert nur ein Eigenvektor $\mathbf{r}_1$;

$$\mathbf{r}_1 = \begin{bmatrix} 5 \\ 1 \\ 7 \end{bmatrix}, \quad \mathbf{r}_3 = \begin{bmatrix} 0 \\ 1 \\ 2 \end{bmatrix}.$$

5.4: Transformationsmatrix

$$\mathbf{R} = \begin{bmatrix} -1/2 & 2/\sqrt{6} & -\sqrt{3}/6 \\ -1/2 & 0 & \sqrt{3}/2 \\ 1/\sqrt{2} & 1/\sqrt{3} & 1/\sqrt{6} \end{bmatrix}.$$

5.5: a) A regulär, $Ar = \lambda r$, $r \neq o \to A^{-1}$ existiert $\to A^{-1}Ar = \lambda A^{-1}r \to o \neq r = \lambda A^{-1}r \to \lambda \neq 0$.
b) Es sei $\lambda \neq 0$ für alle Eigenwerte $\to$ Das homogene lineare Gleichungssystem $Ar = o$ hat nur die triviale Lösung (denn wäre r eine nichttriviale Lösung, so hätte A den Eigenwert $\lambda = 0$ mit r als zugehörigem Eigenvektor) $\to$ A ist regulär.

5.6: Vertauschbarkeit:

$$AB = \begin{bmatrix} 3\sqrt{3} & 1/2 \\ 1/2 & 3\sqrt{3/4} \end{bmatrix} = BA;$$

Eigenwerte von A: $\lambda_1 = 1/2$, $\lambda_2 = 5/2$;

Eigenwerte von B: $\mu_1 = 7\sqrt{3}/6$, $\mu_2 = \sqrt{3}/2$.

Da beide Matrizen nur einfache Eigenwerte haben, sind sie diagonalähnlich. Gemeinsame Eigenvektoren von A und B sind

$$r_1 = \begin{bmatrix} 1/2 \\ -\sqrt{3/2} \end{bmatrix}, \quad r_2 = \begin{bmatrix} \sqrt{3/2} \\ 1/2 \end{bmatrix}.$$

5.7: Zugehörige symmetrische Formmatrix:

$$A = \begin{bmatrix} 5 & -2 & 0 \\ -2 & 6 & -2 \\ 0 & -2 & 7 \end{bmatrix};$$

Eigenwerte: $\lambda_1 = 3$, $\lambda_2 = 6$, $\lambda_3 = 9$;
Eigenvektoren: r_1, r_2, r_3 (siehe Aufgabenstellung);
Transformierte quadratische Form (5.46):

$$3y_1^2 + 6y_2^2 + 9y_3^2 = 36.$$

5.8: Mit der Abkürzung $\mu = \dfrac{\lambda}{\alpha m} = \dfrac{1}{\alpha m \omega^2} = \dfrac{768EJ}{l^3 m \omega^2}$ ergibt sich

$$\mu_1 = 16 + 11\sqrt{2} \quad \text{(Grundschwingung)},$$

$$\mu_2 = 2 \quad \text{(1. Oberschwingung)},$$

$$\mu_3 = 16 - 11\sqrt{2} \quad \text{(2. Oberschwingung)}.$$

Die zugehörigen Ausbiegungs-Vektoren sind

$$r_1 = \begin{bmatrix} 23/44 \\ \sqrt{2} \\ 23/44 \end{bmatrix}, \quad r_2 = \begin{bmatrix} 2 \\ 0 \\ -1 \end{bmatrix}, \quad r_3 = \begin{bmatrix} -23/44 \\ \sqrt{2} \\ -23/44 \end{bmatrix}.$$

Literatur

[1] *Barsow, A. S.*: Was ist lineare Optimierung? (Übers. a. d. Russ.), 4. Aufl. Leipzig: BSB B. G. Teubner Verlagsgesellschaft 1972.

[2] *Boseck, H.*: Einführung in die Theorie der linearen Vektorräume. 4. Aufl. Berlin: VEB Deutscher Verlag der Wissenschaften 1981.

[3] *Brehmer, S.; Belkner, H.*: Einführung in die analytische Geometrie und lineare Algebra. 4. Aufl. Berlin: VEB Deutscher Verlag der Wissenschaften 1974.

[4] *Churchman, C. W.; Ackoff, R. L.; Arnoff, E. L.*: Operations Research, Eine Einführung in die Unternehmensforschung. (Übers. a. d. Engl.). 4. dtschspr. Aufl. Berlin: Verlag Die Wirtschaft 1968.

[5] *Dallmann, H.; Elster, K.-H.*: Einführung in die höhere Mathematik. Bd. II. Jena: VEB Gustav Fischer Verlag 1981.

[6] *Dietrich, G.; Stahl, H.*: Grundzüge der Matrizenrechnung. 9. Aufl. Leipzig: VEB Fachbuchverlag 1975.

[7] *Dück, W.; Bliefernich, M.* (Herausgeber): Operationsforschung 2, Mathematische Grundlagen, Methoden und Modelle. Berlin: Verlag Die Wirtschaft 1971.

[8] *Dück, W.; Körth, H.; Runge, W.; Wunderlich, L.*: Mathematik für Ökonomen. Bd. 1. Berlin: Verlag Die Wirtschaft 1979.

[9] *Faddejew, D. K.; Faddejewa, W. N.*: Numerische Methoden der linearen Algebra (Übers. a. d. Russ.). 2. Aufl. Berlin: VEB Deutscher Verlag der Wissenschaften 1970.

[10] *Gantmacher, F. R.*: Matrizenrechnung I und II (Übers. a. d. Russ.). 2. Aufl. Berlin: VEB Deutscher Verlag der Wissenschaften 1965 und 1966.

[11] *Gastinel, N.*: Lineare numerische Analysis (Übers. a. d. Franz.). Berlin: VEB Deutscher Verlag der Wissenschaften 1972.

[12] *Geise, G.*: Grundkurs Lineare Algebra. Leipzig: BSB B. G. Teubner Verlagsgesellschaft 1979.

[13] *Hadley, G.*: Nichtlineare und dynamische Programmierung (Übers. a. d. Engl.). Berlin: Verlag Die Wirtschaft 1969.

[14] *Kochendörffer, R.*: Determinanten und Matrizen. 5. Aufl. Leipzig: B. G. Teubner Verlagsgesellschaft 1967.

[15] *Körth, H.; Otto, C.; Runge, W.; Schoch, M.* (Herausgeber): Mathematik für ökonomische und ingenieurökonomische Fachrichtungen, Teil I – Mathematische Grundlagen. Berlin: Verlag Die Wirtschaft 1971.

[16] *Manteuffel, K.*: Über einige Entwicklungstendenzen in der Mathematik. Magdeburg 1964.

[17] *Manteuffel, K.; Seiffart, E.*: Einführung in die lineare Algebra und lineare Optimierung. Leipzig: BSB B. G. Teubner Verlagsgesellschaft 1970.

[18] *Oniščik, A. L.; Sulanke, R.*: Algebra und Geometrie. Berlin: VEB Deutscher Verlag der Wissenschaften 1977.

[19] *Poloshi, G. N.*: Mathematisches Praktikum (Übers. a. d. Russ.). Leipzig: B. G. Teubner Verlagsgesellschaft 1963.

[20] *Rosenfeld, B. A.; Jaglom, J. M.*: Mehrdimensionale Räume, in: Enzyklopädie der Elementarmathematik, Bd. V, Geometrie (Übers. a. d. Russ.). Berlin: VEB Deutscher Verlag der Wissenschaften 1971.

[21] *Schäfer, W.; Georgi, K.*: Vorbereitung auf das Hochschulstudium. 7. Aufl. Leipzig: BSB B. G. Teubner Verlagsgesellschaft 1989.

[22] *Uskow, A. J.*: Vektorräume und lineare Transformationen, in: Enzyklopädie der Elementarmathematik, Bd. II, Algebra (Übers. a. d. Russ.). Berlin: VEB Deutscher Verlag der Wissenschaften 1956.

[23] *Zurmühl, R.*: Matrizen und ihre technischen Anwendungen. 4. Aufl. Berlin-Göttingen-Heidelberg: Springer-Verlag 1964.

Register

Mathematik für Ingenieure, Naturwissenschaftler, Ökonomen und Landwirte